JN096147

# 入門微分積分

石崎克也

（改訂版）入門微分積分（'22）

©2022　石崎克也

装丁・ブックデザイン：畑中　猛

s-69

# まえがき

　皆さんは数学の問題文を文頭から読んでいきますか。おそらく，問題文中の鍵となる数式や用語が，先に頭の中に飛び込んできて，難しいとか易しいとか直感的に判断されると思います。もし，その中に皆さんにとって知識の外にある記号や概念（未定義語）がある場合には，新たに挑戦的学習意欲が湧いてくることもあるでしょうし，一方，少し遠回りしようと消極的になることがあるかもしれません。

　本書「入門微分積分（'22）」は，放送大学導入科目として「入門微分積分（'16）」の改訂であり，「微分と積分（'10）」の後継科目として書かれています。主に，実1変数関数を取り扱っています。微分積分学が，現代の自然科学，社会現象の記述に不可欠なことは言うまでもないことと思います。大学入学当初に学習する教養としての微分積分学と，将来理工系に進む人が求められる基礎知識を織り込んであります。

　本書の特徴のひとつは，従来の知識伝達型の定型構造ではなく，各章の冒頭において当該の章で取り組む学習内容を凝縮した課題を出題し，読者がその後に伝達される知識によって課題解決をしていく「課題解決・知識伝達併用型」の構造になっていることです。これは，当然のことながら放送教材との相乗効果を期待する一方で，ひとつの教科書として読者に課題解決に参加してもらえるように試みたものです。もちろん，伝達するべき内容に従来のものとの差が生じないようにも心がけました。

　1章から3章で実数，数列，関数の基本事項を学習した後は，4章から8章までは微分法について学びます。9章から13章までは積分法に関する内容になっています。14と15章では級数について解説します。章末ごとに，読者に参加してもらう演習問題を用意してあります。本論の内容にそったものを出題してありますので，是非，手を動かして解決し

てみてください。解答とそのヒントは巻末にありますので参考にして下さい。

　本書での学習を終えましたら，微分方程式論，多変数関数論，複素関数論などへと学びの領域を広げていってください。

　すべての章にではありませんが，学びの扉として，やや発展的な内容や，ページの関係で書ききれなかった内容を設置してあります。興味のある人はこの扉を開けてみてください。

　本書の執筆にあたっては，多くの方に支えられました。隈部正博先生からは放送大学における導入科目担当の機会をいただき，最も多くのご助言をいただきました。演習問題の作成に関しては，青木隆さんにご協力いただき，内容について，原田和光さん，木村直文さんから貴重なご意見をいただきました。また，編集にあたっては教育振興会の飯塚真帆氏，制作部の瀬古章氏に大変お世話になりました。これらの皆様には，こころより感謝申しあげます。

　本書を通して，読者の皆さんが微分積分学に興味を持っていただければ，著者にとってこれに過ぎる喜びはありません。

2022 年 1 月 1 日

石崎克也

# 目次

# 1 │ 実数・数列

《**目標＆ポイント**》　微分積分学を学ぶにあたり，その基本的な概念を学習します。集合などに登場する用語や記号に慣れることも目標のひとつです。数の体系や実数の連続性に関わる話もいたします。数列の基本性質を通して極限の学習をします。収束・発散については，直感的な処理だけではなく論理的な手法も紹介いたします。

《**キーワード**》　集合，有理数，実数，上界・下界，上限・下限，数列，数列の極限，収束・発散，$\varepsilon$–$N$（イプシロン－エヌ）論法

## 1.1　1章の課題

いよいよ，入門微分積分の始まりです。1章の課題は，集合，数列に関する内容を出題しました。まず，自分で課題から受ける直感的なイメージや思いついた解法を書いてみましょう。本書にある直感図と一致している必要はありません。

**課題 1.A**　集合

$$A = \left\{ \frac{2n-1}{n} \;\middle|\; n \in \mathbb{N} \right\} \tag{1.1}$$

の上限と下限を求めよ。

**課題 1.B**　命題

$$\text{「収束する数列 } \{a_n\} \text{ は有界である」} \tag{1.2}$$

を証明せよ。

**課題 1.C** 漸化式

$$a_1 = 1, \quad a_{n+1} = \sqrt{a_n + 2}, \ n \geqq 1 \tag{1.3}$$

で定まる数列 $\{a_n\}$ に対して，$\displaystyle\lim_{n\to\infty} a_n$ を求めよ。

＊＊＊＊＊＊＊＊＊

▶ 課題 1.A は，集合の問題です。まず，集合の記号に慣れましょう。上限・下限については初めてかもしれません。定義を理解するように心がけましょう。

**課題 1.A 直感図**

# 集合

$$A = \left\{ \frac{2n-1}{n} \ \middle| \ n \in \mathbb{N} \right\}$$

## の上限と下限を求めよ。

───── 覚えよう ─────
- 集合
- 上界・下界
- 上限・下限
- 実数の連続性

───── 思い出そう ─────
- 自然数
- 有理数
- 数直線

ものの集まりである集合について，はじめから説明をしていきます。自然数，整数，有理数，実数などの定義も確認しましょう。本論では，実数の性質について学習していきます。論理的な議論も少なくありません。焦らず，じっくりと考えてみましょう。◀

▶ 課題 1.B は，証明問題です。数列の収束，有界性などの数学的な定義を確認しましょう。

## 課題 1.B 直感図

命題

「収束する数列 $\{a_n\}$ は **有界** である」

を **証明** せよ。

――― 覚えよう ―――
- 数列の極限
- 収束・発散
- 有界性

――― 思い出そう ―――
- 証明
- 不等式

　ここでは，感覚的ではない数列の収束の定義を要求しています。本論では，例や定理の証明を通して，$\varepsilon$–$N$ 論法（イプシロン－エヌ論法）の使い方に慣れるように，説明してあります。◀

　▶ 課題 1.C では，1 章で学んだことをどう使うか考えてみましょう。漸化式の中に根号が入っています。解析学基本定理が使えるように工夫してみて下さい。

## 課題 1.C 直感図

# 漸化式

$$a_1 = 1, \quad a_{n+1} = \sqrt{a_n + 2}, \, n \geq 1$$

で定まる数列 $\{a_n\}$ に対して，$\displaystyle \lim_{n \to \infty} a_n$ を求めよ。

――― 覚えよう ―――
- 解析学基本定理
- 単調性
- 漸化式

――― 思い出そう ―――
- 根号の計算
- 2 次方程式
- 数学的帰納法

**12**

あたえられた漸化式から，有界性と単調性を導いて下さい。帰納的な議論も必要です。極限値の存在が示されれば，漸化式からその値を導き出すことができるでしょう。◀

## 1.2 実　数

　最も身近で，数の構成要素の基礎をなす自然数

$$1,\ 2,\ 3,\ \cdots$$

については，よくご存じのことと思います。この印刷教材では，自然数全体の集合は，$\mathbb{N}$ で表現することにします。いま，何の断りも無しに使ってしまった "集合" とは，ある条件をみたすものの集まりのことをいいます。集合を構成している個々のものを，その集合の要素（または，元）といいます。$a$ が集合 $A$ の要素であることを，$a \in A$ と書いて，$a$ は $A$ に属するともいいます[*1]。

　自然数の範囲では，加法と乗法が行われます。上で導入した記号を用いると，$n,\ m \in \mathbb{N}$ ならば，$n+m,\ nm \in \mathbb{N}$ となります。しかし，減法に意味をもたせるとすると，0 および負の整数を導入して，整数 $\mathbb{Z}$

$$0,\ \pm 1,\ \pm 2,\ \cdots$$

の範囲まで拡張する必要があります。さらに，除法の普遍性をもたせるためには，分数を考えて有理数

$$0,\ \pm \frac{p}{q},\quad p,\ q \in \mathbb{N}$$

の範囲まで拡張しなくてはなりません。このようにして，加減乗除を実行することのできる有理数 $\mathbb{Q}$ の範囲にやってきました。

　実数が数直線上の点で表されることもご存じでしょう。自然数はもちろん数直線上にあります。自然数から有理数の範囲まで広げてきましたが，有理数をすべてならべても数直線を埋め尽くすことはできません。

---

[*1] $a$ が $A$ に属さないとき，$a \notin A$ と表します。

実数であって，有理数でない数を無理数といいます。以降，実数全体の集合を $\mathbb{R}$ と書くことにします。

　集合をある条件をみたすものの集まりと定義しました。たとえば，3 以下の実数の集合 $S$ は，$S = \{x \in \mathbb{R} \mid x \leqq 3\}$ と表します。このように "ある条件" や "ある性質" を $\mathfrak{P}$*2 で表すことにすると，$\mathfrak{P}$ をみたす実数の集合 $S$ は，

$$S = \{x \in \mathbb{R} \mid \mathfrak{P}\}$$

と表されます。実数の中で考えていることが自明な場合には，単に $S = \{x \mid \mathfrak{P}\}$ と表します。しばらく，実数の中で考えることにしましょう。

　この表現を用いると，

$$\text{閉区間}\quad [a,b] = \{x \mid a \leqq x \leqq b\},$$

$$\text{開区間}\quad (a,b) = \{x \mid a < x < b\}$$

となります。$[a,b)$, $(a,b]$ は半開区間（または，半閉区間，半開半閉区間）といい，それぞれ $\{x \mid a \leqq x < b\}$, $\{x \mid a < x \leqq b\}$ のことです。これらの長さが有限な区間を有限区間といいます。これに対して，$\{x \mid a \leqq x\}$, $\{x \mid a < x\}$, $\{x \mid x \leqq b\}$, $\{x \mid x < b\}$ を半無限区間（単に，無限区間）といい，それぞれ $[a,\infty)$, $(a,\infty)$, $(-\infty,b]$, $(-\infty,b)$ と書きます。実数全体の集合 $\mathbb{R}$ は，$(-\infty,\infty)$ と書くことができます。

　もし，$\mathfrak{P}$ をみたす実数が存在しないときはどうなるでしょうか。要素をもたない集まりも（ものの集まりになっていませんが）集合と考えることにし，空集合と呼びます。記号では $\emptyset$ と表します。たとえば，2 乗して $-1$ になる実数は存在しませんから $\{x \in \mathbb{R} \mid x^2 = -1\} = \emptyset$ となります。

　2 つの集合 $A$, $B$ を考えます。

$$A \cup B = \{x \mid x \in A \text{ または } x \in B\},$$

$$A \cap B = \{x \mid x \in A \text{ かつ } x \in B\}$$

と書いて，それぞれ $A$ と $B$ の和集合，積集合（共通部分）といいます。

---

*2 $\mathfrak{P}$ は，ドイツ文字フラクトゥールの $P$ です。

積集合 $A \cap B = \emptyset$ のとき，$A$ と $B$ は交わらないといいます。集合の差については，
$$A \setminus B = \{x \mid x \in A \text{ かつ } x \notin B\}$$
とします。

集合 $B$ の要素が，すべて集合 $A$ の要素であるとき，$B$ は $A$ に含まれる（$B$ は $A$ の部分集合）といい
$$B \subset A \tag{1.4}$$
と表します[*3]。(1.4) が成り立つとき，$B \setminus A = \emptyset$ となります。また，(1.4) の定義から，$A \subset A$ が成り立ちます。
$$B \subset A \text{ かつ } B \neq A$$
であるとき，$B$ は $A$ に真に含まれる（$B$ は $A$ の真部分集合）といいます。

集合 $A$ は，$\mathbb{R}$ の部分集合とします。集合 $A$ のすべての数がある一定の数 $M$ より大きくない，すなわち，
$$a \in A \quad \text{ならば} \quad a \leqq M$$
であるとき $A$ は上に有界といいます。数 $M$ を集合 $A$ の 1 つの上界といいます。同様に，集合 $A$ のすべての数が，ある一定の数 $L$ より小さくないとき，すなわち，$a \in A$ ならば $a \geqq L$ であるとき $A$ は下に有界といって，数 $L$ を集合 $A$ の 1 つの下界といいます。集合 $A$ が上にも下にも有界であるとき，単に，有界といいます。

集合の最大値（最小値）の定義をあたえましょう。集合 $A$ は，上（下）に有界とします。

(i) $a \in A$

(ii) $x \in A$ ならば $x \leqq a$ $(x \geqq a)$

をみたす $a$ が存在するとき，$a$ を $A$ の最大値（最小値）といいます。記

---

[*3] この表現で $A$ と $B$ が一致する場合も含みます。$B \subseteq A$，$B \subseteqq A$ も (1.4) と同じ意味で用いることがあります。

号では，$a = \max A$ $(a = \min A)$ と表します。これらの値は，たとえ $A$ が有界な集合でも必ずしも存在するとは限りません。

**例 1.1** 閉区間 $[a, b]$ においては，$\max[a, b] = b$，$\min[a, b] = a$ です。半開区間 $(a, b]$ においては，$\max(a, b] = b$ ですが $\min(a, b]$ をあたえる数が $(a, b]$ に存在しません。上の条件 (i) がみたされません。したがって，$\min(a, b]$ は存在しません。同じように考えれば，半開区間 $[a, b)$ においては，$\min[a, b) = a$ ですが，$\max[a, b)$ は存在しません。また，開区間 $(a, b)$ においては，$\min(a, b)$ も $\max(a, b)$ も存在しません。

集合 $A$ を上に有界な集合とします。$M$ を $A$ の上界のひとつとすると，$M' > M$ なる $M'$ はやはり $A$ の上界になります。同様に，$A$ が下に有界の場合も $L$ を $A$ の下界のひとつとすると，$L' < L$ なる $L'$ はやはり $A$ の下界になります。

自然数からはじめて，有理数に範囲を広げてきました。さらに，実数まで範囲を広げると，有理数の範囲で考察を行うことと比べて本質的な違いが出てきます。これが，実数の連続性といわれる性質です。そのひとつの表現が，最小上界・最大下界の存在定理と呼ばれているものです。これを，入り口として，実数の性質を学んでいきましょう。

---

**定理 1.1** 実数 $\mathbb{R}$ の部分集合 $A$ が上（下）に有界ならば，最小（大）の上（下）界が存在する。

---

最小の上界のことを上限，最大の下界のことを下限といいます。記号では，集合 $A$ の上限を **sup $A$**，下限を **inf $A$** と表します。

上限 $\sup A$，下限 $\inf A$ は，$A$ に属すこともあれば，属さないこともあります。もし，属す場合は $\sup A$ は，$A$ の最大値であり，$\max A$ と一致します。同様に，下限 $\inf A$ が $A$ に属す場合は $\inf A$ は，$A$ の最小値であり，$\min A$ と同じになります。

また，集合 $A$ が上界，下界をもたないとき，それぞれ，$\sup A = \infty$，

$\inf A = -\infty$ と約束します。

**例 1.2**  集合

$$A = \left\{ \frac{n+2}{n} \;\middle|\; n \in \mathbb{N} \right\}$$

について，上限と下限を求めてみましょう。$\frac{n+2}{n} = 1 + \frac{2}{n}$ と表せば，$n$ が大きくなれば，$\frac{n+2}{n}$ は小さくなることがわかります。3 以上の実数はすべて $A$ の上界ですから，上限（最小上界）については，$\sup A = 3$ です。1 以下の実数はすべて，$A$ の下界ですから，下限（最大下界）については，$\inf A = 1$ です。$\sup A$ は，$n = 1$ のときにあたえられる $A$ の要素なので $\max A = \sup A = 3$ です。しかしながら，どのような自然数に対しても $\frac{n+2}{n} = 1$ となりませんから，$\inf A$ は集合 $A$ には属しません。したがって，$\min A$ は存在しません。

## 1.3 課題1.A の解決

例 1.2 と同じように考えることができます。$\frac{2n-1}{n} = 2 - \frac{1}{n}$ と表せば，$\frac{2n-1}{n}$ は 2 より小さいことがわかります。したがって，2 以上の実数はすべて $A$ の上界ですから，上限（最小上界）については，$\sup A = 2$ となります。

また，$n$ が大きくなれば，$\frac{1}{n}$ は小さくなりますから，$\frac{2n-1}{n}$ は増加していくことがわかります。$n = 1$ のときの値が 1 ですから，1 以下の実数はすべて，$A$ の下界になって，下限（最大下界）については，$\inf A = 1$ です。

ちなみに，$\inf A$ は，$n = 1$ のときにあたえられる $A$ の要素なので，$\min A = \inf A = 1$ です。一方，どのような自然数に対しても $\frac{2n-1}{n} = 2$ となりませんから，$\sup A$ は集合 $A$ には属しません。したがって，$\max A$

は存在しないことになります。

## 1.4 数　列

自然数に対応させた数の集合
$$\{a_n\} = \{a_1, a_2, \cdots, a_n, \cdots\} \tag{1.5}$$
を数列といいます。数列 $\{a_n\}$ は無限個の項をもつものとしています。$n$ を大きくしていったときに，$a_n$ がどのような振る舞いをするかを調べることを問題意識としましょう。

数列 $\{a_n\}$ において，$n$ を限りなく大きくするとき，$a_n$ がある有限な値 $\alpha$ に限りなく近づくとき，
$$\lim_{n \to \infty} a_n = \alpha \tag{1.6}$$
と表し，$\{a_n\}$ は $\alpha$ に収束するといいます。

収束しないときに，$\{a_n\}$ は発散するといいます。特に，$n$ を限りなく大きくするとき，$a_n$ が限りなく大きくなるならば
$$\lim_{n \to \infty} a_n = \infty \tag{1.7}$$
と表します。

以下の性質が成り立ちます。

---

**定理 1.2**　数列 $\{a_n\}$, $\{b_n\}$ は収束するとする。$\lambda$ を定数として，以下の性質が成り立つ。

(i) $\displaystyle \lim_{n \to \infty} (a_n + b_n) = \lim_{n \to \infty} a_n + \lim_{n \to \infty} b_n$

(ii) $\displaystyle \lim_{n \to \infty} (\lambda a_n) = \lambda \lim_{n \to \infty} a_n$

(iii) $\displaystyle \lim_{n \to \infty} (a_n b_n) = \left( \lim_{n \to \infty} a_n \right) \left( \lim_{n \to \infty} b_n \right)$

---

さて，「限りなく大きくする」とか，「限りなく $\alpha$ に近づく」という表現は，感覚的であります。そこで，数列の収束 (1.6) の定義を論理的に

あたえる方法を紹介しましょう。「任意の $\varepsilon > 0$ に対して, ある自然数 $N$ があって, $n > N$ ならば

$$|a_n - \alpha| < \varepsilon$$

が成り立つ」とき, $a_n$ が $\alpha$ に収束すると定義するのです。このような方法を **$\varepsilon$-$N$ 論法**といいます。ここで, $N$ は, あたえられた $\varepsilon$ に依存して決まってもよいのです。もちろん, $N$ の候補はひとつとは限りません。

発散する数列の中で, 無限大に発散する場合 (1.7) を考えます。厳密に記述するには以下のようにします。「任意の $K > 0$ に対して, ある自然数 $N$ があって, $n > N$ ならば

$$a_n > K$$

が成り立つ」とき, $a_n$ が正の無限大に発散すると定義するのです。

また, 「ある $K > 0$ があって,

$$|a_n| \leqq K$$

がすべての $n$ に対して成り立つ」とき, $\{a_n\}$ は有界であるといいます。

**例 1.3** 数列 $\{a_n\}$ において, $a_n = \dfrac{1}{n}$ の場合を考えてみましょう。$n$ が限りなく大きくなれば, $a_n$ は限りなく $0$ に近づきます。すなわち, $\lim_{n\to\infty} a_n = 0$ は感覚的に自明です。これを, $\varepsilon$-$N$ 論法で説明してみます。

任意に $\varepsilon$ を与えます。$\dfrac{1}{\varepsilon}$ より大きい自然数 $N$ を選びます。このとき, $n > N$ であれば,

$$|a_n - 0| = \frac{1}{n} < \frac{1}{N} < \varepsilon$$

ですので, $\lim_{n\to\infty} a_n = 0$ となります。

以下の定理の証明には $\varepsilon$-$N$ 論法が有効です。

---

**定理 1.3** 2つの数列 $\{a_n\}$, $\{b_n\}$ は収束して, $\lim_{n\to\infty} a_n = \alpha$, $\lim_{n\to\infty} b_n = \beta$ とする。任意の $n$ に対して, $a_n \leqq b_n$ であるならば, $\alpha \leqq \beta$ である。

---

　背理法を用いて証明しましょう。定理の条件のもとに，その主張 $\alpha \leqq \beta$ が成り立たないとします。すなわち，$\alpha > \beta$ と仮定します。

　$\alpha - \beta > 0$ なので，$\varepsilon = \dfrac{\alpha - \beta}{2}$ ととれば，ある番号 $N_1$ があって，$n > N_1$ のとき，$|a_n - \alpha| < \varepsilon$，よって，$\alpha - \varepsilon < a_n$ となります。また，ある番号 $N_2$ があって，$n > N_2$ のとき，$|b_n - \beta| < \varepsilon$，よって，$b_n < \beta + \varepsilon$ が成り立ちます。ここで，$N = \max(N_1, N_2)$ とすれば，$n > N$ に対して，

$$b_n < \beta + \varepsilon = \beta + \frac{\alpha - \beta}{2} = \alpha - \frac{\alpha - \beta}{2} = \alpha - \varepsilon < a_n$$

となり，定理の条件 $a_n \leqq b_n$ が任意の $n$ に対して成り立つことに矛盾します。したがって，定理 1.3 は証明されました。

---

**定理 1.4**　3つの数列 $\{a_n\}$，$\{b_n\}$，$\{c_n\}$ について，$\{a_n\}$，$\{c_n\}$ は収束して，$\displaystyle\lim_{n\to\infty} a_n = \lim_{n\to\infty} c_n = \alpha$ であるとする。任意の $n$ に対して，

$$a_n \leqq b_n \leqq c_n \tag{1.8}$$

であるならば，数列 $\{b_n\}$ も収束し，$\displaystyle\lim_{n\to\infty} b_n = \alpha$ である。

---

　定理 1.3 の証明と同じ手法で証明ができそうです。数列 $\{a_n\}$，$\{c_n\}$ が $\alpha$ に収束することから，ある番号 $N_1$ があって，$n > N_1$ のとき，$|a_n - \alpha| < \varepsilon$，よって，$\alpha - \varepsilon < a_n$ となります。また，ある番号 $N_3$ があって，$n > N_3$ のとき，$|c_n - \alpha| < \varepsilon$，よって，$c_n < \alpha + \varepsilon$ が成り立ちます。ここで，(1.8) を使います。$N_2 = \max(N_1, N_3)$ とすれば，$n > N_2$ に対して，

$$\alpha - \varepsilon < a_n \leqq b_n \leqq c_n < \alpha + \varepsilon$$

となり，$|b_n - \alpha| < \varepsilon$ を得ます。このことは，$\displaystyle\lim_{n\to\infty} b_n = \alpha$ であることに他なりません。

## 1.5 課題 1.B の解決

数列 $\{a_n\}$ が有界であるとは，ある $K > 0$ があって，$|a_n| \leqq K$ がすべ
ての $n$ に対して成り立つことでした。どのように，$K$ を定めるかが証明
のポイントになります。それでは，命題 (1.2) を証明しましょう。

極限値 $\lim_{n \to \infty} a_n = \alpha$ とおきましょう。任意の $\varepsilon$ に対して，ある番号 $N$
があって，$n > N$ ならば $|a_n - \alpha| < \varepsilon$ とできます。ここで，$\varepsilon_0$ をひとつ
とって固定し，これに対する番号を $N_0$ としましょう。このとき，$n > N_0$
に対して $|a_n - \alpha| < \varepsilon_0$，すなわち，$\alpha - \varepsilon_0 < a_n < \alpha + \varepsilon_0$ となります。
そこで，
$$K = \max(|a_1|, |a_2|, \cdots, |a_{N_0}|, |\alpha| + \varepsilon_0)$$
とすれば，任意の $n$ に対して，$|a_n| \leqq K$ となり，命題 (1.2) は示されま
した。

## 1.6 解析学基本定理

数列 $\{a_n\}$ において，
$$a_1 \leqq a_2 \leqq \cdots \leqq a_n \leqq \cdots$$
が成り立つとき，$\{a_n\}$ は単調増加であるといいます。また，
$$a_1 \geqq a_2 \geqq \cdots \geqq a_n \geqq \cdots$$
が成り立つとき，$\{a_n\}$ は単調減少であるといいます。

単調増加あるいは単調減少であるとき，単に単調であるといいます。

次の定理は，**解析学基本定理**と呼ばれています。

> **定理 1.5** 上に有界な単調増加数列は収束する。また，下に有界な単
> 調減少数列は収束する。

定理 1.1 から，数列 $\{a_n\}$ には，上限が存在します。この上限を $\alpha$ と

おくと，上限の定義から，すべての $n$ に対して，$a_n \leqq \alpha$ が成り立ちます。任意に $\varepsilon > 0$ をとります。この $\varepsilon$ に対して，十分大きな $N$ があって，$\alpha - \varepsilon < a_N$ が成り立ちます。実際，もし，このような $N$ がとれないとすれば，$\alpha - \varepsilon$ は，$\{a_n\}$ の上界のひとつになり，$\alpha$ が最小上界であることに矛盾します。したがって，$a_n$ が単調増加数列であることから，$n \geqq N$ なるすべての $n$ に対して，$\alpha - \varepsilon < a_n \leqq \alpha < \alpha + \varepsilon$，ゆえに，

$$|\alpha - a_n| < \varepsilon$$

が成り立ちます。これは，数列 $\{a_n\}$ が $\alpha$ に収束することを示しています。

同様に，下に有界な単調減少数列が収束することを示すことができます。

微分積分学で，しばしば登場するネピア [*4] 数をあたえる数列を紹介しましょう。数列 $\{a_n\}$ を

$$a_n = \left(1 + \frac{1}{n}\right)^n \tag{1.9}$$

と定義します。以下で，この $\{a_n\}$ が，上に有界で単調増加であることを示します。

まず，単調増加であることを確かめましょう。2 項定理を用いて，

$$a_n = 1 + n \cdot \frac{1}{n} + \frac{n(n-1)}{2!} \cdot \frac{1}{n^2} + \frac{n(n-1)(n-2)}{3!} \cdot \frac{1}{n^3} + \cdots + \frac{1}{n^n}$$

$$= 1 + 1 + \frac{1}{2!}\left(1 - \frac{1}{n}\right) + \frac{1}{3!}\left(1 - \frac{1}{n}\right)\left(1 - \frac{2}{n}\right) + \cdots$$

$$+ \frac{1}{n!}\left(1 - \frac{1}{n}\right)\left(1 - \frac{2}{n}\right)\cdots\left(1 - \frac{n-1}{n}\right)$$

と正の項の和で表します。この式で $n$ を $n+1$ で置き換えて $a_{n+1}$ を考えましょう。置き換えた式の右辺の第 3 項以降の各項は，対応する元の項よりも大きく，さらに最後の正の項がひとつ増えていることがわかります。これは，$a_n \leqq a_{n+1}$，すなわち，数列 $\{a_n\}$ が単調増加数列である

---

[*4] John Napier，1550–1617，スコットランド

22

ことを示しています。

次に，数列 $\{a_n\}$ が上に有界であることを示します。任意の $n$ に対して
$$2^{n-1} = 1 \cdot 2^{n-1} \leqq 1 \cdot 2 \cdot 3 \cdots (n-1)n = n!$$
ですから，
$$a_n < 1 + 1 + \frac{1}{2!} + \frac{1}{3!} + \cdots + \frac{1}{n!}$$
$$< 1 + 1 + \frac{1}{2} + \frac{1}{2^2} + \cdots + \frac{1}{2^{n-1}} = 1 + 2\left(1 - \frac{1}{2^n}\right) < 3$$
となります。

以上で，数列 $\{a_n\}$ が上に有界な単調増加数列であることが確認されました。定理 1.5 を (1.9) の数列に適用すれば，$\lim\limits_{n \to \infty} a_n$ が存在することが示されます。この極限値を $e$ と書いて，**ネピア数**といいます。すなわち
$$e = \lim_{n \to \infty}\left(1 + \frac{1}{n}\right)^n \tag{1.10}$$
です [*5]。

**例 1.4** 極限
$$\lim_{n \to \infty}\left(1 + \frac{1}{2n}\right)^{-n} \tag{1.11}$$
を求めてみましょう。$2n = m$ とおくと $n \to \infty$ のとき $m \to \infty$ です。また，$n = \dfrac{m}{2}$ ですから，(1.10) より，
$$\lim_{n \to \infty}\left(1 + \frac{1}{2n}\right)^{-n} = \lim_{m \to \infty}\left(1 + \frac{1}{m}\right)^{-\frac{m}{2}} = \lim_{m \to \infty}\left(\sqrt{\left(1 + \frac{1}{m}\right)^m}\right)^{-1}$$
$$= \frac{1}{\sqrt{e}}$$
となります。

---

[*5] $e$ は，自然対数の底とも呼ばれています。また，$e$ の近似値は，
$e \fallingdotseq 2.718281828459045235360287471352$ です。

> **定理 1.6** 閉区間の列 $I_n = [a_n, b_n]$, $n = 1, 2, \cdots$ があって, 以下の条件
> (i) $I_n \supset I_{n+1}$, $n = 1, 2, \cdots$
> (ii) $|I_n| = b_n - a_n \to 0$, $n \to \infty$
> をみたすとする。このとき, すべての区間 $I_n$, $n = 1, 2, \cdots$ に共通な
> 点 (実数) がただひとつ存在する。

定理 1.5 を応用して証明を試みましょう。条件 (i) より,
$$a_1 \leqq a_2 \leqq \cdots \leqq a_n \leqq \cdots \leqq b_n \leqq \cdots \leqq b_2 \leqq b_1$$
ですから, 数列 $\{a_n\}$ は, 単調増加でかつ上に有界であり, 数列 $\{b_n\}$ は,
単調減少でかつ下に有界です。定理 1.5 より,
$$\lim_{n \to \infty} a_n = \alpha, \quad \lim_{n \to \infty} b_n = \beta$$
が存在します。すべての $n$ について, $a_n \leqq b_n$ ですから, 定理 1.3 より,
$$a_n \leqq \alpha \leqq \beta \leqq b_n, \quad n = 1, 2, \cdots \tag{1.12}$$
となります。したがって,
$$0 \leqq \beta - \alpha \leqq b_n - a_n$$
が成り立ちます。条件の (ii) を用いて, 上式で $n \to \infty$ とすれば, $\alpha = \beta$
となります。

## 1.7 部分列

数列 $\{a_n\}$ において, 番号をとびとびにとって得られる数列を部分列
といいます。選ばれた番号を $n_1, n_2, \cdots, (n_1 < n_2 < \cdots)$ として, 部分
列を $\{a_{n_k}\}$ のように表します。たとえば, 部分列が $a_2, a_5, a_9, \cdots,$ とす
れば, $n_1 = 2$, $n_2 = 5$, $n_3 = 9, \cdots$ ということです。$\{a_n\}$ 自身をすべて
選ぶこともできますから, $\{a_n\}$ もまた部分列のひとつになります。

> **定理 1.7** 有界な無限数列は, 収束する部分列を含む。

数列 $\{a_n\}$ が有界とします。すなわち，ある $K > 0$ があって

$$|a_n| \leqq K$$

がすべての $n$ に対して成り立つとします。閉区間 $[-K, K]$ を考えれば，すべての数列 $\{a_n\}$ の項（無限個）がこの区間に含まれることになります。

$I_0 = [-K, K]$ とおきましょう。$I_0 = [-K, 0] \cup [0, K]$ とみれば，少なくとも $[-K, 0]$，$[0, K]$ のどちらかには，無限個の $\{a_n\}$ の項が含まれます。その 1 つを $I_1 = [\alpha_1, \beta_1]$ とします。

同様に，$I_1 = \left[\alpha_1, \dfrac{\alpha_1 + \beta_1}{2}\right] \cup \left[\dfrac{\alpha_1 + \beta_1}{2}, \beta_1\right]$ として，無限個の $\{a_n\}$ の項が含まれる方を $I_2 = [\alpha_2, \beta_2]$ とします。この操作をつづけて，閉区間の列 $\{I_k\}$，$I_k = [\alpha_k, \beta_k]$ を構成します。

上記の構成の方法から，$\{I_k\}$ は，以下の性質をもちます：

(i) 各 $k$ に対して，$I_k$ は無限個の $\{a_n\}$ の項を含む。

(ii) $I_k \supset I_{k+1}$，$k = 1, 2, \cdots$

(iii) $|I_k| = \beta_k - \alpha_k = \dfrac{\beta_{k-1} - \alpha_{k-1}}{2} = \dfrac{K}{2^{k-1}}$，$k = 1, 2, \cdots$

性質 (iii) から，$k \to \infty$ のとき，$|I_k| \to 0$ です。このことと，性質 (ii) から，定理 1.6 を用いれば，すべての区間 $I_k$ に共通なひとつの点が存在します。この点を $\lambda$ としましょう。

性質 (i) より，各区間 $I_k$ から $a_{n_k}$ を

$$n_1 < n_2 < \cdots < n_k < \cdots$$

のように選ぶことができます。この部分列 $\{a_{n_k}\}$ は，$\alpha_k \leqq a_{n_k} \leqq \beta_k$，$k = 1, 2, \ldots$ をみたし，$k \to \infty$ のとき，$\alpha_k \to \lambda$，$\beta_k \to \lambda$ ですから，定理 1.4 より，

$$\lim_{k \to \infty} a_{n_k} = \lambda$$

となります。以上で，定理 1.7 は証明されました。

数列 $\{a_n\}$ が収束しない場合でも，$n \to \infty$ としたとき，どのような範囲に $a_n$ が入っているかを知ることが必要な場合があります。

そこで，$n$ 番目以降の項からなる集合 $U_n = \{a_n, a_{n+1}, a_{n+2}, \cdots\}$ を考えます。定理 1.1 から，$\infty$，$-\infty$ をゆるして，$U_n$ には，下限，上限が存在します。そこで，

$$\beta_n = \inf U_n = \inf_{m \geqq n} \{a_m\}, \quad \gamma_n = \sup U_n = \sup_{m \geqq n} \{a_m\},$$

とおきます。$\{a_n\}$ が上に有界でなければ，$\gamma_n$ はすべて $\infty$ となりますが，$\infty$ を同じ数のように扱うことにします。同様に，下に有界でない場合も，$-\infty$ を数と同じように扱うことにします。$\beta_n$ の定義から，$\beta_n$ は増加数列であり，$\gamma_n$ の定義から $\gamma_n$ が減少数列であることがわかります。解析学基本定理から，極限値

$$\beta = \lim_{n \to \infty} \beta_n, \quad \gamma = \lim_{n \to \infty} \gamma_n$$

が存在します。これらの極限値 $\beta$，$\gamma$ をそれぞれ数列 $\{a_n\}$ の下極限，上極限といいます。

記号では，それぞれ

$$\liminf_{n \to \infty} \{a_n\}, \quad \limsup_{n \to \infty} \{a_n\}$$

と表します。下極限，上極限が等しい場合は，極限が存在して，その値が極限値になります。定理 1.7 にある部分列として，下極限，上極限に収束するものが取れることが知られています。

**例 1.5** 数列 $\{a_n\}$ について，一般項が

$$a_n = \frac{n+3}{n} \sin\left(\frac{n\pi}{2}\right)$$

であるとします。このとき，$n \to \infty$ とするときの，数列 $\{a_n\}$ の下極限と上極限を求めましょう。$k = 0, 1, 2, \cdots$ に対して

$$\sin\left(\frac{n\pi}{2}\right) = \begin{cases} 0, & n = 4k \\ 1, & n = 4k+1 \\ 0, & n = 4k+2 \\ -1, & n = 4k+3 \end{cases}$$

ですから,

$$\liminf_{n \to \infty}\{a_n\} = -1, \quad \limsup_{n \to \infty}\{a_n\} = 1$$

となります。ここで,下極限をあたえる部分列は $n = 4k + 3$ と表される番号からなるものであり,上極限をあたえる部分列は $n = 4k + 1$ と表される番号からなるものです。

## 1.8 課題 1.C の解決

本章で学習したことを総合的に使う問題です。数列の振る舞いを調べるときの常套手段のひとつですが,課題 1.C の漸化式 (1.3) を用いて,階差 $a_{n+1} - a_n$ を調べてみましょう。

$$
\begin{aligned}
a_{n+1} - a_n &= \sqrt{a_n + 2} - a_n = \frac{a_n + 2 - a_n^2}{\sqrt{a_n + 2} + a_n} \\
&= \frac{(a_n + 1)(2 - a_n)}{\sqrt{a_n + 2} + a_n}
\end{aligned}
\tag{1.13}
$$

となります。漸化式 (1.3) から,任意の $n$ に対して,$a_n > 0$ が成り立ちます。したがって,(1.13) の右辺の分子に表れる因数については $a_n + 1 > 0$, $n = 1, 2, \cdots$ です。それでは,もう一つの因数 $2 - a_n$ はどうなるでしょうか。(1.3) から,

$$
\begin{aligned}
2 - a_{n+1} &= 2 - \sqrt{a_n + 2} = \frac{2^2 - (a_n + 2)}{2 + \sqrt{a_n + 2}} \\
&= \frac{2 - a_n}{2 + \sqrt{a_n + 2}}
\end{aligned}
\tag{1.14}
$$

です。(1.14) において,$2 - a_n = b_n$ とおくと,$b_1 = 2 - a_1 = 1$ で,

$$b_{n+1} = \frac{b_n}{2 + \sqrt{a_n + 2}} \tag{1.15}$$

となります。(1.15) の右辺の分母は正ですから,$b_{n+1}$ と $b_n$ は同符号です。$b_1 = 1$ なので,帰納的に,任意の $n$ に対して,$b_n > 0$ であることが

示されました。したがって,

$$0 < a_n < 2, \quad n = 1, 2, \cdots \tag{1.16}$$

が得られました。(1.16) より,(1.13) の右辺は正になります。このことから,任意の $n$ に対して,$a_{n+1} - a_n > 0$,すなわち,数列 $\{a_n\}$ は増加数列であることがわかります。また,(1.16) は,$\{a_n\}$ が上に有界であることも示しています。ゆえに,定理 1.5 より,$\{a_n\}$ は収束します。この極限値 $\lim_{n \to \infty} a_n$ を $\alpha$ とおきましょう。定理 1.3 から,$0 \leqq \alpha \leqq 2$ です。漸化式 (1.3) の両辺で,$n \to \infty$ とすれば,

$$\alpha = \sqrt{\alpha + 2}$$

となります。2 乗して,整理すれば,$(\alpha - 2)(\alpha + 1) = 0$ です。以上より,$\alpha = 2$ と求まります。

#### ▷▷▷ 学びの扉 1.1

この節の最後に,本書では詳しく説明することのできなかった自然数,有理数,実数の性質についての定理を紹介しておきます。

まずは,**アルキメデスの原理**と呼ばれる性質です。

> **定理 1.8** 任意の正の実数 $a$, $b$ に対して,$a < bN$ なる自然数 $N$ が存在する。

次に紹介する定理は,**有理数の稠密性**を示すものです。

> **定理 1.9** 2 つの異なる有理数の間には,無限に多くの有理数が存在する。

最後に紹介する性質は**コーシーの判定条件**と呼ばれているものです。数列は実数の範囲で取り扱っています。

> **定理 1.10** 数列 $\{a_n\}$ が収束するための必要十分条件は,任意の $\varepsilon > 0$ に対して適当な自然数 $N$ を選べば,$n, m > N$ である限り

$$|a_n - a_m| < \varepsilon \tag{1.17}$$

が成り立つことである。

定理 1.10 にある (1.17) をみたす数列はコーシー列と呼ばれています。実数の範囲で考えていれば,「コーシー列は収束する」ということになります。この学びの扉 1.1 で紹介した定理の証明や応用などに興味のある読者は,例えば,巻末の関連図書 [4], [7] などを参考にして下さい。

◁◁◁

**演習問題**

A

1. 以下の集合の上限と下限を求めよ。

   (1) $\left\{ 1 - \dfrac{1}{3n} \mid n \in \mathbb{N} \right\}$    (2) $\left\{ \dfrac{n^2 + 1}{n} \mid n \in \mathbb{N} \right\}$

2. 以下の極限値を求めよ。

   (1) $\displaystyle \lim_{n \to \infty} \left( 1 + \frac{1}{3n} \right)^n$    (2) $\displaystyle \lim_{n \to \infty} \left( 1 + \frac{2}{n} \right)^n$

3. 数列 $\{a_n\}$ が,$a_n = (-1)^n \dfrac{2n-1}{n}$ であたえられるとき,下極限と上極限を求めよ。

4. 定理 1.5(解析学基本定理)を利用して,$\displaystyle \lim_{n \to \infty} \sqrt[n]{2} = 1$ を示せ。

B

1. 数列 $\{a_n\}$ があたえられていて,

$$A_n = \frac{a_1 + a_2 + \cdots + a_n}{n}$$

によって新しい数列 $\{A_n\}$ をつくる。このとき,$\displaystyle \lim_{n \to \infty} a_n = \alpha$ ならば,$\displaystyle \lim_{n \to \infty} A_n = \alpha$ を証明せよ。

2. $\displaystyle \lim_{n \to \infty} \sqrt[n]{n!}$ を求めよ。

# 2 | 関 数

《**目標＆ポイント**》　関数とは何かを理解することから始めます。数列の極限に引き続いて，関数の極限を学びます。関数の極限は微分法につながる重要な概念です。関数の極限を使って，連続性を学習します。あたかも自明のような関数の性質を証明をつけながら説明していきます。最大値・最小値の命題や，中間値の定理を理解できるようになることを目標とします。

《**キーワード**》　関数，関数の極限，$\varepsilon$–$\delta$（イプシロン–デルタ）論法，関数の連続性，最大値・最小値，中間値の定理

## 2.1　2章の課題

　関数の極限，連続性，方程式の実数解の個数についての課題を用意しました。証明問題が含まれていますが，何を示せばよいのか戦略を練って下さい。

**課題 2.A**　次の右側極限値を求めよ。

$$\lim_{x \to 2+0} \frac{x^2 - 4}{|x - 2|} \tag{2.1}$$

**課題 2.B**　関数

$$y = \sin x \tag{2.2}$$

が連続であることを示しなさい。

**課題 2.C**　方程式

$$x^3 - ax^2 - 6x + 4a = 0 \tag{2.3}$$

は $a$ の値に依らず，異なる3つの実数解をもつことを証明せよ。

\* \* \* \* \* \* \* \* \*

**30**

▶ 課題 2.A は，関数の極限についての問題という直感をもったと思います。右側極限値とは何でしょうか。

**課題 2.A 直感図**

次の右側極限値を求めよ。

$$\lim_{x \to 2+0} \frac{x^2 - 4}{|x - 2|}$$

── 覚えよう ──
- 関数の極限
- 右側極限値・左側極限値

── 思い出そう ──
- 絶対値の性質
- 直線の方程式

講義の部分では，関数の極限の定義をはじめから述べます。関数によっては極限値が存在しないこともあります。そのような場合に関数のふるまいをどう表現していこうかという発想のひとつに，右側極限値・左側極限値があります。この問題には，絶対値で表現された関数が登場しています。絶対値に不慣れな人もここで習得しましょう。◀

▶ 課題 2.B は，三角関数 $\sin x$ についての問題ということが第一印象だと思います。一方で，「連続であることを示す」について何をすればよいのか整理しましょう。

**課題 2.B 直感図**

関数
$$y = \sin x$$
が連続であることを示しなさい。

　三角関数 $y = \sin x$ のグラフは高等学校の数学や物理などの授業で学習した人も多いと思います。正弦曲線と呼ばれるグラフのイメージを思い浮かべて，連続的に切れ目の無いことから，連続は明らかではないかと感じたでしょう。ここでは，関数の連続性の定義をはじめから述べます。この定義から，明らかなことを証明します。実は，明らかなことを証明することは，必ずしも簡単ではありません。もちろん，三角関数の定義やその性質を忘れてしまった人は，ここで極限や連続性と一緒に覚えましょう。◀

　▶ 課題 2.C は，3 次方程式の実数解の個数を調べる問題です。たとえば，$x^3 - x = 0$ は，左辺の因数分解 $x^3 - x = x(x-1)(x+1)$ によって $-1, 0,$ 1 の実数解を 3 つもつことがわかりますが，$x^3 - 1 = 0$ については，左辺が $(x-1)(x^2 + x + 1)$ となるので，実数解はただ 1 つです。因数分解が容易にできない場合の 3 次方程式はどう扱ったらよいのでしょうか。また，直感的に $a$ が具体的にあたえられていないことも気になると思います。

**課題 2.C 直感図**

　方程式
$$x^3 - ax^2 - 6x + 4a = 0$$
は $a$ の値に依らず，異なる 3 つの実数解をもつことを証明せよ。

　方程式の実数解の個数を判定する方法はいろいろありますが，本章で
は連続関数の中間値の定理を用いた方法を紹介します。微分法を用いて
評価する方法については，6章・7章の学習において紹介します。◀

## 2.2 関　数

　実数の要素からなる集合 $H \subset \mathbb{R}$ を考えましょう。集合 $H$ のそれぞれ
の要素（点）$x$ に対して，実数 $y$ がただひとつ決まるならば，$H$ 上で関
数が定義されているといい，$y$ をその関数の $x$ における値といいます。
　関数とは，この対応のことですが，文字 $f$ を使って表せば，$y = f(x)$
と書けることには馴染みがあるでしょう。自由に $H$ の中を動くことので
きる $x$ を独立変数といいます。これに対して，$y$ は $x$ によって決まるの
で，従属変数といいます。
　集合 $H$ を，関数 $f$ の定義域といいます。$x$ が $H$ を動くときに，$y = f(x)$
がとる値の集合 $f(H) = \{y \mid y = f(x), x \in H\}$ のことを，$f$ の値域とい
います。$f(H)$ は，集合 $H$ を $f$ によって写したものと捉えられますから，
$f$ による $H$ の像と呼ばれることもあります。集合 $f(H)$ を $\tilde{H}$ と書いて

$$
\begin{array}{ccc}
f: & H & \longrightarrow & \tilde{H} \\
& \cup & & \cup \\
& x & \longmapsto & y
\end{array}
\tag{2.4}
$$

のように表すことができます。これは，関数 $f$ は，集合 $H$ から集合 $\tilde{H}$
への対応であって，$H$ の点 $x$ に $\tilde{H}$ の点 $y$ を対応させるという意味です。
慣例的に，集合と集合の対応には記号，"$\longrightarrow$" を，点と点の対応につい
ては，記号 "$\longmapsto$" を用いています。

例えば，閉区間 $I = [-1, 1]$ のそれぞれの点 $x$ に実数 $y$ を，$y = \sqrt{1 - x^2}$ で対応させるならば，この対応は $I$ 上での関数になります。この場合は，$I$ が定義域で $f(x) = \sqrt{1 - x^2}$ です。ちなみに，値域 $f(I)$ は，閉区間 $[0, 1]$ になります。

## 2.3 関数の極限

関数 $f(x)$ が，集合 $H \subset \mathbb{R}$ 上で定義されているとします。図 2.1 のように点 $x$ が，$H$ 上を動いて点 $a$ に近づくとしましょう。ただし，$x$ は $a$ にはならないとしておきます[*1]。ここで，$a$ は，$H$ に含まれていても，含まれていなくてもかまいません。

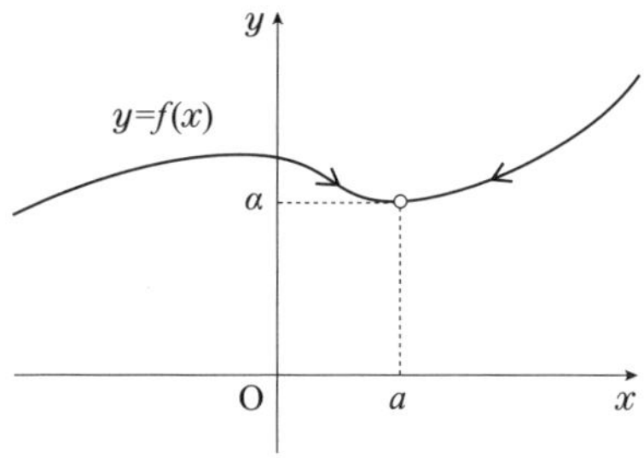

このとき，$f(x)$ がある値 $\alpha$ に限りなく近づくならば，

**図 2.1　関数の極限（1）**

$$\lim_{x \to a} f(x) = \alpha \quad \text{または} \quad f(x) \to \alpha, \ x \to a \tag{2.5}$$

と書いて，$\alpha$ を $f(x)$ の $a$ における極限値といいます。このことは，$f(x)$ は，$a$ において極限値 $\alpha$ をもつ，あるいは，$f(x)$ は $x \to a$ のとき $\alpha$ に収束するともいいます。

**例 2.1**
$$\lim_{x \to 3} \frac{4x^3 - 3x^2 - 36x + 27}{2x^2 - x - 15} \tag{2.6}$$
を求めてみましょう。

単純に，$x$ に 3 を代入すると，分子，分母ともに 0 になってしまいます。このような形を $\dfrac{0}{0}$ の不定形といいます。そこで，分子，分母を因数

---

[*1] 本書では，"近づく"という表現を使用したときは，特に断らない限り，$x$ は $a$ とは異なる点として，$a$ に近づくとしておきます。

分解すると，それぞれ $(x-3)(x+3)(4x-3)$，$(x-3)(2x+5)$ になります。極限を考えるときに $x$ は 3 の値をとらずに 3 に近づいていきますので，分子，分母をそれぞれ，$x-3$ で割ることができます。解答は，以下のようになります。

$$\lim_{x \to 3} \frac{4x^3 - 3x^2 - 36x + 27}{2x^2 - x - 15} = \lim_{x \to 3} \frac{(x-3)(x+3)(4x-3)}{(x-3)(2x+5)}$$

$$= \lim_{x \to 3} \frac{(x+3)(4x-3)}{2x+5} = \frac{54}{11}$$

となります。

$x$ がどんな正の数よりも大きくなっていくとき，$x$ は正の無限大になるといって，$x \to +\infty$ と書き，$x$ がどんな負の数よりも小さくなるとき，$x$ は負の無限大になるといって，$x \to -\infty$ と表します。

点 $x$ が，$H$ 上を動いて点 $a$ に近づくとき，$f(x)$ がどんな正の数よりも大きくなっていくならば，

$$\lim_{x \to a} f(x) = +\infty \quad \text{または}$$
$$f(x) \to +\infty, \quad x \to a \quad (2.7)$$

と表して，$f(x)$ は，$x \to a$ のとき正の無限大 $+\infty$ になる，あるいは，正の無限大に発散するといいます [2]。

また，点 $x$ が，$H$ 上を動いて点 $a$ に近づくとき，$f(x)$ がどんな負の数よりも小さくな

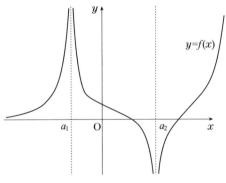

図 2.2 関数の極限（2）

---

[2] "正の無限大 $+\infty$" は，単に，"無限大 $\infty$" と表すこともあります。図 2.2 では，$a_1$ のところです。

る [*3]ならば,

$$\lim_{x \to a} f(x) = -\infty \quad \text{または} \quad f(x) \to -\infty, \quad x \to a \tag{2.8}$$

と表して,$f(x)$ は,$x \to a$ のとき負の無限大 $-\infty$ になる,あるいは,負の無限大に発散するといいます [*4]。

$x \to +\infty$,$x \to -\infty$ のときの $f(x)$ の極限値も,$x \to a$ のときと同様に定義されます。たとえば,$\lim_{x \to \infty} \dfrac{1}{x} = 0$ です。図 2.2 では,$\lim_{x \to -\infty} f(x) = 0$,$\lim_{x \to \infty} f(x) = \infty$ です。

**例 2.2**
$$\lim_{x \to \infty} \left( \sqrt{x^2 + x + 2} - x \right) \tag{2.9}$$
を求めてみましょう。

単純に,$x \to \infty$ を考えると (2.9) の第 1 項,第 2 項とも絶対値が $\infty$ になってしまいます。このような形を $\infty - \infty$ の不定形といいます。ここでは,分子の有理化を使って解答を考えてみましょう。

$$
\begin{aligned}
&\lim_{x \to \infty} \left( \sqrt{x^2 + x + 2} - x \right) \\
&= \lim_{x \to \infty} \frac{\left( \sqrt{x^2 + x + 2} - x \right)\left( \sqrt{x^2 + x + 2} + x \right)}{\sqrt{x^2 + x + 2} + x} \\
&= \lim_{x \to \infty} \frac{x + 2}{\sqrt{x^2 + x + 2} + x} \\
&= \lim_{x \to \infty} \frac{1 + \dfrac{2}{x}}{\sqrt{1 + \dfrac{1}{x} + \dfrac{2}{x^2}} + 1} = \frac{1}{2}
\end{aligned}
$$

となります。

---

[*3] “小さくなる” という表現は,ここで使用したように,$x$ が数直線上を限りなく左(負の方向)にいく場合と,$x$ の絶対値 $|x|$ が限りなく小さくなる,すなわち $x \to 0$ の意味で用いられる場合があります。

[*4] 図 2.2 では,$a_2$ のところです。

(2.5) で定義した関数 $f(x)$ の極限値は，どのように $x$ を $a$ に近づけても，$f(x)$ が一定の値 $\alpha$ に近づくという意味でした。ですから，関数が図 2.3 のような場合は，$a$ において極限は存在しないことになります。ここでは，片側からの極限について紹介しておきます。以下では，片側極限という表現を用いることもあります。

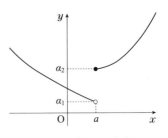

**図 2.3　右極限・左極限**

点 $x$ が，$H$ 上を条件 $a < x$ のもとで動いて点 $a$ に近づくとしましょう。すなわち，$a$ の右側から $x$ を $a$ に近づけるということです。このとき，$f(x)$ がある値 $\alpha$ に限りなく近づくならば，

$$\lim_{x \to a+0} f(x) = \alpha \tag{2.10}$$

と表して，$\alpha$ を $f(x)$ の $a$ における右側極限値といいます。また，点 $x$ が，$H$ 上で条件 $a > x$ のもとで動いて点 $a$ に近づくとき，$f(x)$ がある値 $\alpha$ に限りなく近づくならば，

$$\lim_{x \to a-0} f(x) = \alpha \tag{2.11}$$

と表して，$\alpha$ を $f(x)$ の $a$ における左側極限値といいます [*5]。図 2.3 では，$\lim_{x \to a+0} f(x) = \alpha_2$，$\lim_{x \to a-0} f(x) = \alpha_1$ です。極限値 $\lim_{x \to a} f(x)$ が存在するということは，右側極限値 $\lim_{x \to a+0} f(x)$ および，左側極限値 $\lim_{x \to a-0} f(x)$ が存在し，これらが一致するということです。

　この節の最後に，2 つの関数の等式・不等式と関数の極限についての性質を述べておきましょう。

　1.4 節で数列について学んだことと同じように，関数の極限についても，以下の性質が成り立ちます。

---

[*5] 特に，$a = 0$ のときは，"$0 + 0$"，"$0 - 0$" をそれぞれ，単に "$+0$"，"$-0$" と書くこともあります。

> **定理 2.1**　関数 $f(x)$, $g(x)$ について, 極限値 $\lim_{x \to a} f(x) = \alpha$, $\lim_{x \to a} g(x) = \beta$ が存在するとする。このとき, 次の性質が成り立つ。$c$ は定数とする。
>
> (i) $\lim_{x \to a} (f(x) + g(x)) = \alpha + \beta$
>
> (ii) $\lim_{x \to a} (f(x)g(x)) = \alpha\beta$, 特に, $\lim_{x \to a} (cf(x)) = c\alpha$
>
> (iii) $\lim_{x \to a} \dfrac{f(x)}{g(x)} = \dfrac{\alpha}{\beta}$,　$g(x) \neq 0$,　$\beta \neq 0$

> **定理 2.2**
>
> (i) 関数 $f(x)$, $g(x)$ について, 極限値 $\lim_{x \to a} f(x)$, $\lim_{x \to a} g(x)$ が存在するとする。$x = a$ の近くで, $f(x) < g(x)$ が成り立つならば, $\lim_{x \to a} f(x) \leqq \lim_{x \to a} g(x)$ が成り立つ。
>
> (ii) 関数 $f(x)$, $g(x)$, $h(x)$ について, $x = a$ の近くで, $f(x) < g(x) < h(x)$ が成り立つとする。極限値 $\lim_{x \to a} f(x)$, $\lim_{x \to a} h(x)$ が存在し, $\lim_{x \to a} f(x) = \lim_{x \to a} h(x) = \alpha$ ならば, $\lim_{x \to a} g(x) = \alpha$ が成り立つ。

　これらの定理 2.1, 2.2 において, $\lim_{x \to a}$ のところを, $\lim_{x \to \infty}$ などに換えても定理の主張は成り立ちます。また, 片側極限についても同様の結果が得られます。

　1.4 節で学んだ $\varepsilon$–$N$ 論法に対応して, 関数の極限について, **$\varepsilon$–$\delta$ 論法**（イプシロン – デルタ論法）といわれる定義の方法があります。これは, 限りなく近づくといういわば感覚的な定義ではなく, 論理的な定義です。(2.5) であるとは,

　「任意の $\varepsilon > 0$ に対して, ある $\delta > 0$ を適当にとることで, $0 < |x - a| < \delta$ をみたす, すべての $x \in H$ に対して $|f(x) - \alpha| < \varepsilon$ が成り立つようにできる」

ということです。(2.7) については,

「任意の $K>0$ に対して，ある $\delta>0$ を適当にとることで，$0<|x-a|<\delta$ をみたす，すべての $x \in H$ に対して $f(x)>K$ が成り立つようにできる」となります。それでは，$\displaystyle\lim_{x\to\infty} f(x)=\alpha$ はどのようになるでしょうか。答えは，

「任意の $\varepsilon>0$ に対して，ある $M>0$ を適当にとることで，$x>M$ をみたす，すべての $x \in H$ に対して $|f(x)-\alpha|<\varepsilon$ が成り立つようにできる」となります。ちなみに，(2.10) であるとは，「任意の $\varepsilon>0$ に対して，ある $\delta>0$ を適当にとることで $0<x-a<\delta$ をみたす，すべての $x \in H$ に対して $|f(x)-\alpha|<\varepsilon$ が成り立つようにできる」ということになります。

## 2.4 課題 2.A の解決

$f(x)=\dfrac{x^2-4}{|x-2|}$，$x \neq 2$ とおいて，$y=f(x)$ のグラフを書いてみましょう。

$x>2$ のときは，$|x-2|=x-2$ ですから，$f(x)=\dfrac{(x-2)(x+2)}{x-2}=x+2$ となります。

$x<2$ のときは，$|x-2|=-(x-2)$ ですから，

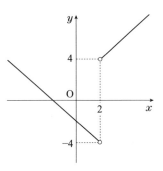

図 2.4　課題 2.A

$$f(x)=\frac{(x-2)(x+2)}{-(x-2)}=-x-2$$

となります。図 2.4 のグラフから

$$\lim_{x\to 2+0} f(x)=\lim_{x\to 2+0}(x+2)=4$$

を得ます。ちなみに，$\displaystyle\lim_{x\to 2-0} f(x)=\lim_{x\to 2-0}(-x-2)=-4$ となっています。

## 2.5 関数の連続性

区間 $I$ で定義された関数 $f(x)$ を
考えます。点 $a \in I$ に対して[*6]
$$\lim_{x \to a} f(x) = f(a) \qquad (2.12)$$
が成り立つとき，$f(x)$ は，$a$ で連
続といいます。図 2.5 を見て下さ
い。点 $a_1$ では，明らかに連続です
が，点 $a_2$，$a_3$ では不連続になって
います。まず，$a_2$ ではそもそも極
限 $\lim_{x \to a} f(x)$ が存在しませんから
(2.12) は成立しません。一方，$a_3$

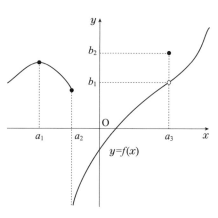

**図 2.5　関数の連続性（1）**

では $\lim_{x \to a} f(x) = b_1$ は存在しますが，$f(a_3) = b_2 \ (\neq b_1)$ ですから (2.12)
は成立しません。関数 $f(x)$ が $a$ で連続とは，$x$ が $a$ に近いとき，$f(x)$
は $f(a)$ に近いということを意味しています。

　関数 $f(x)$ が区間 $I$ のすべての点で連続であるとき，$f(x)$ は $I$ で連続
であるといいます。右極限・左極限の定義を使って片側連続性が定義で
きます。$\lim_{x \to a+0} f(x) = f(a)$ であるとき，$f(x)$ は，$a$ で右側連続といい，
$\lim_{x \to a-0} f(x) = f(a)$ であるとき，$f(x)$ は，$a$ で左側連続といいます。

　定理 2.1 を用いることで 2 つの関数の連続性について，次の定理が成
り立ちます。

---

**定理 2.3**　関数 $f(x)$，$g(x)$ が区間 $I$ で連続ならば，関数
$$f(x) + g(x), \quad f(x)g(x), \quad \frac{f(x)}{g(x)} \quad (g(x) \neq 0)$$
も区間 $I$ で連続である。

---

[*6] 極限の定義では，$a$ は $I$ に含まれている必要はありませんでした。

　定数関数は連続ですから，$g(x) = c$（定数）とすれば，定理 2.3 の 2 番目の性質から，$cf(x)$ もまた連続になります。

　2.3 節で学んだ，$\varepsilon$–$\delta$ 論法で連続の定義を書いてみるとどうなるでしょう。(2.12) をみたせばよいわけですから，「任意の $\varepsilon > 0$ に対して，ある $\delta > 0$ を適当にとることで，$0 < |x - a| < \delta$ をみたす，すべての $x \in I$ に対して $|f(x) - f(a)| < \varepsilon$ が成り立つようにできる」となります。このことは，$|x - a|$ が小さければ，$|f(x) - f(a)|$ も小さいということです。

　ある正の数 $K$ があって，

$$|f(x) - f(a)| < K|x - a| \tag{2.13}$$

が成り立っているとします[*7]。このとき，任意にあたえられた，$\varepsilon > 0$ に対して，$\delta = \dfrac{\varepsilon}{K}$ ととれば，$|f(x) - f(a)| < \varepsilon$ とすることができます。このことから，(2.13) がいえれば，$f(x)$ は $a$ で連続であるということができます。

## 2.6 課題 2.B の解決

　まず，$\sin x$ についての極限の公式

$$\lim_{x \to 0} \frac{\sin x}{x} = 1 \tag{2.14}$$

を紹介します。図 2.6 を見て下さい。OA の長さを 1 として，半径 1 の円を考えます。扇形 OAB の中心角を $x$（ラジアン）とし，$0 < x < \dfrac{\pi}{2}$ としておきます。A における垂線と直線 OB との交点を T としましょう。このとき，$\triangle$OAB, 扇形 OAB, $\triangle$OAT の面積をそれぞれ $S_1$, $S_2$, $S_3$ とおけば，

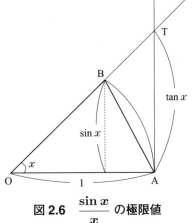

**図 2.6** $\dfrac{\sin x}{x}$ の極限値

---

[*7] 必要であれば正の数 $K$ をとり直して，(2.13) の "$<$" を "$\leqq$" に置きかえることも可能です。

$$S_1 = \frac{\sin x}{2}, \quad S_2 = \frac{x}{2}, \quad S_3 = \frac{\tan x}{2}$$

となります。図 2.6 から，$S_1 < S_2 < S_3$ がわかりますから

$$\sin x < x < \tan x \tag{2.15}$$

が得られます。仮定から，$\sin x > 0$ ですから，(2.15) の各辺を $\sin x$ で割って $1 < \dfrac{x}{\sin x} < \dfrac{1}{\cos x}$ となります。それぞれの逆数をとって

$$\cos x < \frac{\sin x}{x} < 1 \tag{2.16}$$

となります。定理 2.2 を使って，各辺の極限を考えれば，$\displaystyle\lim_{x \to +0} \frac{\sin x}{x} = 1$ を得ます。$-\dfrac{\pi}{2} < x < 0$ の場合を考えましょう。(2.15) に対応する式は

$$\tan x < x < \sin x \tag{2.17}$$

になります。$\sin x < 0$ などの符号に気をつけながら不等式を変形し，定理 2.2 を適用することで，$\displaystyle\lim_{x \to -0} \frac{\sin x}{x} = 1$ を得ます。以上より，右側極限値と左側極限値が一致しましたから，(2.14) が得られました。

　それでは，課題 2.B の (2.2) を証明しましょう。ここでは，三角関数の加法定理を使って (2.13) を導くことを考えます。$a$ を任意の実数とします。差を積に直す公式 $\sin x - \sin a = 2\cos\dfrac{x+a}{2}\sin\dfrac{x-a}{2}$ を思い出して下さい。(2.15)，(2.17) を用いれば

$$|\sin x - \sin a| = 2\left|\cos\frac{x+a}{2}\sin\frac{x-a}{2}\right|$$

$$\leqq 2\left|\cos\frac{x+a}{2}\right|\left|\frac{x-a}{2}\right| \leqq |x - a|$$

となります。これは，(2.13) で，$K = 1$ とした場合に対応します。以上より，$\sin x$ は，実数全体で連続であることが示されました。

## 2.7 中間値の定理

次の定理は，**中間値の定理**と呼
ばれています。

> **定理 2.4**　関数 $f(x)$ が閉区間
> $I = [a, b]$ で連続とし，$f(a) <$
> $f(b)$（または，$f(a) > f(b)$）とす
> る。このとき，$f(a)$ と $f(b)$ の間
> の任意の $\alpha$ に対して，$f(c) = \alpha$
> をみたす $c \in I$ が少なくともひ
> とつ存在する。

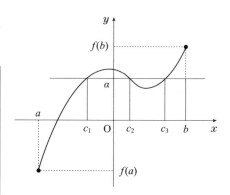

**図 2.7　中間値の定理（1）**

直感的には，図 2.7 のように，関数 $y = f(x)$ のグラフが切れ目のない
つながった曲線になっていますから，直線 $y = \alpha$ と $y = f(x)$ のグラフが
少なくともひとつ共有点をもつことがわかります[*8]。ここでは，定理 1.5
（解析学基本定理）を用いて，証明を追ってみましょう。

$f(a) < f(b)$ の場合を考えます。
（$f(a) > f(b)$ の場合も同様にでき
ます。）$U = \{x \mid f(x) < \alpha\}$ とおき
ます。$f(a) < f(b)$ と仮定していま
すから，$a \in U$ です。ゆえに，集
合 $U$ は空集合ではありません。

$a_1 = a$，$b_1 = b$ とおいて，$c_1 =$
$\dfrac{a_1 + b_1}{2}$ と定義します。もし，$c_1 \in$
$U$ ならば，$a_2 = c_1$，$b_2 = b_1$ としま
す。もし，$c_1 \notin U$ ならば，$a_2 = a_1$，

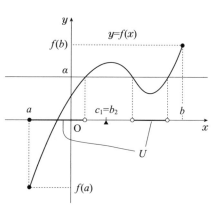

**図 2.8　中間値の定理（2）**

[*8] 図 2.7 では，あたえられた $\alpha$，$f(a) < \alpha < f(b)$ に対して，3 つの $c_j$，$f(c_j) = \alpha$，
$j = 1, 2, 3$ がみつかっています。

$b_2 = c_1$ とします。図 2.8 は，$c_1 \not\in U$ の場合のイメージです。このとき，$f(a_2) < \alpha \leqq f(b_2)$ が成り立ちます。次に，$c_2 = \dfrac{a_2 + b_2}{2}$ とします。もし，$c_2 \in U$ ならば，$a_3 = c_2$，$b_3 = b_2$ とし，$c_2 \not\in U$ ならば，$a_3 = a_2$，$b_3 = c_2$ とします。この操作を繰り返して，数列 $\{a_n\}$，$\{b_n\}$ を定義します。この数列のみたす性質を整理しておくと

(i) $f(a_n) < \alpha \leqq f(b_n)$，$n = 1, 2, \cdots$

(ii) 数列 $\{a_n\}$ は単調増加で上に有界，数列 $\{b_n\}$ は単調減少で下に有界

(iii) $b_n - a_n = \dfrac{b_1 - a_1}{2^{n-1}}$

　性質の (ii) と定理 1.5 を用いると，$\lim\limits_{n\to\infty} a_n$，$\lim\limits_{n\to\infty} b_n$ は存在します。さらに，性質 (iii) より，$\lim\limits_{n\to\infty}(b_n - a_n) = 0$ ですから，2 つの極限値 $\lim\limits_{n\to\infty} a_n$，$\lim\limits_{n\to\infty} b_n$ は一致します。この値を $c$ とおきます。性質 (i) を用いると $f(x)$ は連続ですから

$$f(c) = \lim_{n\to\infty} f(a_n) \leqq \alpha \quad \text{かつ} \quad f(c) = \lim_{n\to\infty} f(b_n) \geqq \alpha$$

が成り立ちます。以上より，$f(c) = \alpha$ が示されました。

　定理 2.4（中間値の定理）を利用した例題をひとつ紹介します。

**例 2.3**　方程式

$$x - \cos x = 0 \tag{2.18}$$

は，区間 $I = \left[0, \dfrac{\pi}{2}\right]$ に実数解をもつことを示しましょう。

　関数 $y = x$ は連続です。また，$y = \cos x$ は，課題 2.B と同様に連続性を示すことができます [*9]。ゆえに，定理 2.3 から，$f(x) = x - \cos x$ もまた連続です。$f(0) = -1 < 0$，$f\left(\dfrac{\pi}{2}\right) = \dfrac{\pi}{2} > 0$ ですから定理 2.4 より，任意の $\alpha$，$-1 < \alpha < \dfrac{\pi}{2}$ に対して，$f(c) = \alpha$ となる $c \in I$ が存在します。特に，$\alpha = 0$ ととれば，題意は示されました。

---

[*9] 演習問題 B-1 にあります。

## 2.8 課題 2.C の解決

例 2.3 と同じアイデアで解決できそうです。まず，$a = 0$ のときは，(2.3) は，$x^3 - 6x = x(x^2 - 6) = 0$ ですから，明らかに異なる 3 つの実数解，$-\sqrt{6}$, $0$, $\sqrt{6}$ をもちます。

以下では，$a \neq 0$ としてよさそうです。方程式 (2.3) の左辺を $f(x)$ とおきましょう。すなわち $f(x) = x^3 - ax^2 - 6x + 4a$ です。$f(x)$ は，$x$ の多項式ですから，実数全体で連続です。

$a > 0$ の場合から考察しましょう。$\lim_{x \to -\infty} f(x) = -\infty$, $\lim_{x \to \infty} f(x) = \infty$ ですから，十分小さな（実軸を十分左の方に）$L < 0$ と十分大きな $M > a$ をとれば，$f(L) < 0$, $f(M) > 0$ です。$f(0) = 4a > 0$, $f(a) = -2a < 0$ ですから，定理 2.4（中間値の定理）を用いて，$[L, 0]$, $[0, a]$, $[a, M]$ のそれぞれの区間に実数解をもちます。(2.3) は 3 次方程式ですから，それぞれの区間に 1 つずつ，全部で 3 個の異なる実数解をもつことになります。

$a < 0$ の場合はどうなるでしょうか。十分小さな（実軸を左の方にの意味）$L < a$ と十分大きな $M > 0$ をとれば，$f(L) < 0$, $f(M) > 0$ です。この場合は，$a < 0$ ですから，$f(a) = -2a > 0$, $f(0) = 4a < 0$ となります。定理 2.4（中間値の定理）を $[L, a]$, $[a, 0]$, $[0, M]$ のそれぞれの区間に適用して，$a > 0$ の場合と同様に，それぞれの区間に 1 つずつ実数解を持つことが示されます。以上で，課題 2.C は解決されました。

## 2.9 連続関数の性質

本章の残りのページを使って，上記では記述できなかった連続関数についての性質をまとめておきます。証明については，参考文献の [7], [8] などを参照して下さい。

区間 $I$ で定義された関数 $f(x)$ が上に有界であるとは，ある定数 $M$ が

あって，任意の $x \in I$ に対して，$f(x) \leqq M$ が成り立つことです。同じように，$f(x)$ が下に有界であるとは，ある定数 $L$ があって，任意の $x \in I$ に対して，$f(x) \geqq L$ が成り立つこととします。関数 $f(x)$ が $I$ において上にも下にも有界であるとき，単に $I$ で有界といいます。連続関数については，次の定理が成り立ちます。

**定理 2.5**　関数 $f(x)$ が閉区間 $I$ で連続であれば，関数 $f(x)$ は $I$ で有界である。

関数 $y = \dfrac{1}{x}$ のグラフをイメージして下さい。この関数は，区間 $(0,1]$ では，最小値を，$x = 1$ のとき 1 をとりますが，$x$ を 0 に右から近づけていくと限りなく大きくなって，最大値をあたえる $x$ を特定することができません。すなわち，最大値は存在しないという扱いになります。考える区間を $\left[\dfrac{1}{2}, 1\right]$ にすれば，最大値は $x = \dfrac{1}{2}$ のとき 2 になります。一般に，次の定理が成り立ちます。

**定理 2.6**　関数 $f(x)$ が閉区間 $I$ で連続であれば，関数 $f(x)$ が最大値をとる点と，最小値をとる点が，区間 $I$ 内に存在する。

### ▷▷▷ 学びの扉 2.1

本章の最後に，関数方程式などを取り扱う際には重要な役割を演じる一様性のお話を少ししておきましょう。2.5 節の中で，$\varepsilon$–$\delta$ 論法を使って連続性を表現しました。すなわち，「任意の $\varepsilon > 0$ に対して，ある $\delta > 0$ を適当にとることで，$0 < |x - a| < \delta$ をみたす，すべての $x \in I$ に対して $|f(x) - f(a)| < \varepsilon$ が成り立つようにできる」でした。ここで，登場する $\delta$ は，$\varepsilon$ のみならず $a$ に依存して決まってもよいのです。これに対して，$a$ には依存しないで，$\delta$ が定まるとき，$f(x)$ は，$I$ で一様連続であるといいます。$\varepsilon$–$\delta$ 論法を使うと

「任意の $\varepsilon > 0$ に対して，ある $\delta > 0$ を適当にとることで，$0 < |x - x'| < \delta$ をみたす，すべての $x, x' \in I$ に対して $|f(x) - f(x')| < \varepsilon$ が成り立つよ

うにできる」

となります。もちろん，$f(x)$ が $I$ で一様連続ならば，$I$ で連続です。一般に，この逆は成立しませんが，$I$ が閉区間であれば逆も成立します。まとめると，

> **定理 2.7**　関数 $f(x)$ が閉区間 $I$ で連続であれば，一様連続である。

となります。

◁◁◁

**演習問題**

A

1. 以下の関数の極限を求めよ。

(1) $\displaystyle \lim_{x \to -1} \frac{x^2 - 5x - 6}{2x^3 - 3x^2 - 8x - 3}$
   (2) $\displaystyle \lim_{x \to 0} \frac{x}{\sqrt{x+2} - \sqrt{2x+2}}$

2. 以下の関数の極限を求めよ。

(1) $\displaystyle \lim_{x \to 0} \frac{x}{\sin 3x}$
   (2) $\displaystyle \lim_{x \to 0} \frac{\tan 2x}{x}$

3. $f(x) = \dfrac{x^2 - 1}{|x+1|}$, $x \neq -1$ とする。このとき，左側極限 $\displaystyle \lim_{x \to -1-0} f(x)$ を求めよ。

4. 方程式 $3^x + x = 0$ は，区間 $(-1, 0)$ に少なくともひとつの実数解をもつことを示せ。

B

1. 関数 $y = \cos x$ が連続であることを示せ。

2. $xy$ 平面内に楕円 $E$ があり，その周の長さを $\ell$，内部の面積を $S$ とする。このとき，1 本の直線によって $\ell$ と $S$ を同時に 2 等分できることを示せ。

# 3 | 単調関数・逆関数

《**目標＆ポイント**》　一般に逆が存在するかどうかはとても興味深い問題です。
関数の性質を理解し，逆関数が存在する条件を把握できるようになりましょ
う。理解を深めるために，逆三角関数をひとつの題材として取りあげて学習し
ます。包括的な学習として，関数を特徴づける性質としての単調性や周期性を
学びます。また，関数を合成することも説明していきます。
《**キーワード**》　単調性，周期性，定義域・値域，逆関数，逆三角関数，合成関
数，双曲線関数

## 3.1　3章の課題

　逆関数の問題と合成関数の問題がこの章の課題です。逆三角関数を知
るためには，三角関数を知ることが大切です。

**課題 3.A**　次の関数の逆関数を求めよ。

$$y = \sqrt{2x+3} - 4, \quad x \geqq -\frac{3}{2} \tag{3.1}$$

**課題 3.B**　逆正弦関数 $\sin^{-1} x$ の定義域を閉区間 $[-1, 1]$，値域を閉区間
$\left[-\frac{\pi}{2}, \frac{\pi}{2}\right]$ とする。逆余弦関数 $\cos^{-1} x$ の定義域を閉区間 $[-1, 1]$，値域を
閉区間 $[0, \pi]$ とする。$\alpha \in [-1, 1]$ とするとき，

$$\sin^{-1} \alpha + \cos^{-1} \alpha \tag{3.2}$$

の値を求めよ。

**課題 3.C**　実数全体 $\mathbb{R}$ で定義された関数 $f(x) = x^2 - \frac{5}{4}$ を2回合成させ
て得られる関数の動かない点を求めよ。すなわち，

$$(f \circ f)(x) - x = 0 \tag{3.3}$$

の解を求めよ。

\* \* \* \* \* \* \* \* \*

▶ 課題 3.A は，逆関数を求める問題です。この問題では，定義域が書いてありますが，問題によっては関数の性質から，定義域を見いだす作業を求められることもあります。

### 課題 3.A 直感図

次の関数の **逆関数** を求めよ。

$$y = \sqrt{2x + 3} - 4, \quad x \geqq -\frac{3}{2}$$

┌── 覚えよう ──┐
- 逆関数の定義
- 単調関数
- 逆関数の求め方

┌── 思い出そう ──┐
- 定義域・値域
- 連続関数の性質
- 中間値の定理

機械的に，$x$ について解く作業は，あまり困難ではないでしょう。ここでは，関数の単調性や連続性を勉強して，逆関数が定義される道筋を確認しましょう。これらの内容を 3.2 節，3.3 節で順序立てて説明していきます。◀

▶ 課題 3.B は，逆三角関数の問題です。この問題は条件がいろいろと書いてありますが，むしろ親切に解きやすくなっていると考えましょう。一般に，条件の多い問題は扱いやすいものも多いのです。

## 課題 3.B 直感図

逆正弦関数 $\sin^{-1} x$ の定義域を閉区間 $[-1, 1]$, 値域を閉区間 $\left[-\dfrac{\pi}{2}, \dfrac{\pi}{2}\right]$ とする。逆余弦関数 $\cos^{-1} x$ の定義域を閉区間 $[-1, 1]$, 値域を閉区間 $[0, \pi]$ とする。$\alpha \in [-1, 1]$ とするとき,

$$\sin^{-1} \alpha + \cos^{-1} \alpha$$

の値を求めよ。

---
覚えよう
- 逆正弦関数の定義
- 逆余弦関数の定義
- 分枝・主値

---
思い出そう
- 三角関数の値
- 三角関数の性質

---

　逆三角関数の定義を使って問題を解いていきますが, $\alpha$ が具体的な値ではないところが鍵になっていそうです。

　三角関数の性質 $\sin\left(\dfrac{\pi}{2} - x\right) = \cos x$, $\cos\left(\dfrac{\pi}{2} - x\right) = \sin x$ などを使いますので, 思い出しておいて下さい。◀

　▶ 課題 3.C は, 合成関数の問題です。具体的に関数があたえられていますので, 少し安心ですが, 計算を上手に行わないと大変です。

## 課題 3.C 直感図

実数全体 $\mathbb{R}$ で定義された関数 $f(x) = x^2 - \dfrac{5}{4}$ を 2 回 **合成** させて得られる関数の動かない点を求めよ。すなわち,

$$(f \circ f)(x) - x = 0$$

の解を求めよ。

<table>
<tr><td>

**覚えよう**
- 合成関数の定義
- 反復合成
- 不動点

</td><td>

**思い出そう**
- 2 次方程式の解の公式
- 多項式の除法

</td></tr>
</table>

合成関数の定義を学習して，定義域と値域の折り合いがついているか確認する習慣をつけましょう。問題は，関数の反復合成の不動点を見つけるように出題されています。4 次方程式をどのように解くかがこの問題の鍵です。合成関数は，後に学習する微分公式や置換積分の議論中で登場してきます。この機会に慣れ親しんでおきましょう。◀

## 3.2 単調性・周期性

関数 $f(x)$ が区間 $I$ で定義されているとします。任意の $x_1,\ x_2 \in I$, $x_1 < x_2$ に対して，$f(x_1) \leqq f(x_2)$ が成り立つとき，$f(x)$ は $I$ で単調増加といいます。また，$f(x_1) \geqq f(x_2)$ が成り立つとき，$f(x)$ は $I$ で単調減少といいます。単調増加または単調減少であるとき，単に単調といいます。

等号がつかない場合，すなわち，$x_1,\ x_2 \in I$, $x_1 < x_2$ に対して，$f(x_1) < f(x_2)$ が成り立つとき，$f(x)$ は $I$ で狭義単調増加といい，$f(x_1) > f(x_2)$ が成り立つとき，$f(x)$ は $I$ で狭義単調減少といいます。狭義単調増加，または狭義単調減少であるとき，単に狭義単調といいます。

たとえば，$x^2$ は，$[0, \infty)$ で狭義単調増加で，$(-\infty, 0]$ で狭義単調減少です。逆関数を次の節で学習していきますが，逆関数の連続性の証明の際に，次の定理は有効です。

**定理 3.1** 関数 $f(x)$ が閉区間 $I = [a, b]$ で定義されていて，有界かつ単調であるとする。このとき，以下が成り立つ。

> (i) 区間 $[a, b)$ の各点で右側極限が存在する。
>
> (ii) 区間 $(a, b]$ の各点で左側極限が存在する。

　ここでは，(i) の証明を $f(x)$ が，単調増加の場合に考えてみましょう。任意に $c \in [a, b)$ をとって，$U_c = \{ f(x) \mid x \in (c, b] \}$ とおきます。仮定から，$U_c$ は有界ですから，定理 1.1 より下限 $\inf U_c$ が存在します。この値を $\alpha$ とおきましょう。下限の性質から，$\alpha \leqq f(x)$, $x \in (c, b]$ かつ任意の $\varepsilon > 0$ に対して，ある $x' \in (c, b]$ があって，$f(x') < \alpha + \varepsilon$ をみたします。関数 $f(x)$ が，単調増加を仮定していますから，$x \in (c, x']$ に対して

$$\alpha - \varepsilon < \alpha \leqq f(x) \leqq f(x') < \alpha + \varepsilon$$

となります。このことは，$x' - c = \delta$ とすると $x - c < \delta$ であれば，$|f(x) - \alpha| < \varepsilon$ とできることを示していますから $\displaystyle \lim_{x \to c+0} f(x) = \alpha$ に他なりません。

　無限区間においても，同様の証明法によって定理 1.5 に対応する結果が得られます。

---

> **定理 3.2**　関数 $f(x)$ が区間 $I = [a, \infty)$ で定義されていて，有界かつ単調であるとする。このとき，$\displaystyle \lim_{x \to \infty} f(x)$ が存在する。

---

　関数 $f(x)$ が実数全体で定義されているとします。ある実数 $p \neq 0$ があって，$f(x + p) = f(x)$ であるとき，$f(x)$ を周期 $p$ の周期関数といいます。周期の中で正で最小のものを基本周期と呼ぶことにします。たとえば，$\sin x$ は，$\sin(x + 2n\pi) = \sin x$ をみたしますから，任意の整数 $n \neq 0$ に対して，$2n\pi$ が周期になります。基本周期は $2\pi$ です。

## 3.3　逆関数

　関数 $y = f(x)$ があたえられているとします。もし，$x$ について解くことができれば，$x$ は $y$ の関数になることができるかもしれません。解く

52

作業をしたときに，解が見つからない場合や，複数個の解が見つかってしまう場合は，$y$を決めたときに$x$がただひとつ決まることにはなりません。したがって，関数にはなりません。それでは，どんなときに$x$について解くことができて，この対応が関数になるのでしょうか。単調関数について，次の定理があります。

---

**定理3.3** 関数$f(x)$が閉区間$I=[a,b]$で定義されていて，連続でかつ狭義単調であるとする。このとき，$f(I)$上で定義された逆関数$x=f^{-1}(y)$が存在する。

---

　狭義単調増加の場合の証明を追ってみましょう。図3.1のように，$f(I)$は閉区間$[f(a),f(b)]$になります。さらに，定理2.4(中間値の定理)から，任意の$y\in f(I)$に対して，$x$がちょうどひとつ$I$の中にみつかることがわかります。この対応は，$f(I)$から$I$への関数になっています。これを，記号として$f^{-1}$と書き，関数$x=f^{-1}(y)$を$y=f(x)$

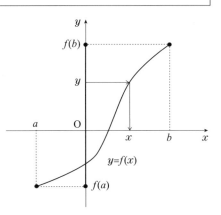

**図3.1　逆関数**

の逆関数といいます。実際に，任意の$x\in I$に対して，$f^{-1}(f(x))=x$であり，任意の$y\in f(I)$に対して，$f(f^{-1}(y))=y$となっています。狭義単調減少の場合についても，同様に示すことができます。

　逆関数の増減について，次の定理が成り立ちます。

---

**定理3.4** 関数$f(x)$が閉区間$I=[a,b]$で定義されていて，連続で狭義単調増加（減少）であるとする。このとき，$f(I)$上で定義された逆関数$x=f^{-1}(y)$は連続で狭義単調増加（減少）である。

---

　$f(x)$が$I$で狭義単調増加として，その逆関数$f^{-1}(y)$が$f(I)$で狭義単

調増加であることを確認してみましょう。$y_1 = f(x_1)$, $y_2 = f(x_2)$ とおきます。逆関数 $f^{-1}$ は存在していますから，$x_1 = f^{-1}(y_1)$, $x_2 = f^{-1}(y_2)$，です。$y_1 < y_2$ としましょう。明らかに $x_1 \neq x_2$ です。仮に $x_1 > x_2$ ならば，$f(x)$ が狭義単調増加なので $y_1 = f(x_1) > y_2 = f(x_2)$ となって矛盾です。よって，$x_1 < x_2$ となり $f^{-1}$ は狭義単調増加になります。

次に，$f(x)$ が $I$ で狭義単調増加の仮定の下に，$f^{-1}(y)$ の連続性を証明しましょう。このために，任意に $y_0 \in f(I)$ をとって，

$$\lim_{y \to y_0} f^{-1}(y) = f^{-1}(y_0) \tag{3.4}$$

を示します。$f^{-1}(y)$ は，狭義単調増加ですから，$y < y_0$, $y \in f(I)$ に対して，$f^{-1}(y) < f^{-1}(y_0) = x_0$ が成り立ちます。また，定理 3.1 から，左極限 $\lim_{y \to y_0 - 0} f^{-1}(y) = \alpha$ が存在し，任意の $y < y_0$, $y \in f(I)$ に対して，$f^{-1}(y) \leqq \alpha$ です。もし，$\alpha < x_0$ とすると，$\alpha < x_1 < x_0$ なる $x_1$ に対して，$y_1 = f(x_1)$ とおくと，$y_1 < y_0$ で $\alpha < f^{-1}(y_1)$ となり，矛盾です。よって，$\lim_{y \to y_0 - 0} f^{-1}(y) = f^{-1}(y_0)$ がいえました。

$y > y_0$ の場合も同様に，定理 3.1 を用いて，右極限 $\lim_{y \to y_0 + 0} f^{-1}(y) = f^{-1}(y_0)$ がいえます。以上より，(3.4) は示されました [*1]。

## 3.4 課題 3.A の解決

図 3.2 のように，(3.1) であたえられる関数は，$I = \left[-\dfrac{3}{2}, \infty\right)$ で狭義単調増加です。$f(I) = [-4, \infty)$ です。定理 3.3 から，$f(I)$ で定義された逆関数 $x = f^{-1}(y)$ が存在します。実際には，(3.1) を $x$ について解くことで，

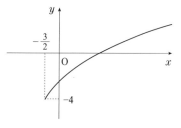

**図 3.2　課題 3.A の解決**

---

[*1] 定理 3.3, 3.4 は有限区間で説明しましたが，無限区間，たとえば $[a, \infty)$ としても成立します。

$$x = \frac{1}{2}(y+4)^2 - \frac{3}{2}, \quad y \geqq -4$$

を得ます。

## 3.5 逆三角関数

この節では，正弦関数 $\sin x$，余弦関数 $\cos x$，正接関数 $\tan x$ の逆関数を考えましょう。すでに，これらの関数のグラフのイメージや，周期性についての知識があると思います。明らかに，実数全体で単調ではありません。どのように，逆関数を定義していくのでしょうか。

### 3.5.1 逆正弦関数

まず，$y = \sin x$ のグラフを見てみましょう。前節で学んだように，関数が単調な部分に注目しましょう。

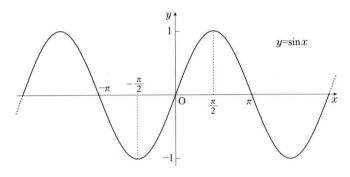

**図 3.3 正弦関数**

図 3.3 を見て下さい。$y = \sin x$ は，$\left[-\frac{\pi}{2}, \frac{\pi}{2}\right]$ において狭義単調増加です。この範囲を定義域とした場合の値域は，$[-1, 1]$ です。したがって，定理 3.3 より，逆関数が $[-1, 1]$ で定義され，値域は $\left[-\frac{\pi}{2}, \frac{\pi}{2}\right]$ になります。しかしながら，このような議論で逆関数を定義していくと，他にもある $y = \sin x$ の単調な部分を使ってもよいはずです。

実際，$y = \sin x$ は，任意の整数 $k$ に対して，区間 $\left[2k\pi - \dfrac{\pi}{2}, 2k\pi + \dfrac{\pi}{2}\right]$ において狭義単調増加で，区間

$$\left[(2k+1)\pi - \frac{\pi}{2}, (2k+1)\pi + \frac{\pi}{2}\right]$$

において狭義単調減少です。これらの範囲の値域（像）はいずれも $[-1, 1]$ です。

このことは，任意の整数 $n$ に対して，定義域を $[-1, 1]$ とし，値域 $\left[n\pi - \dfrac{\pi}{2}, n\pi + \dfrac{\pi}{2}\right]$ とする $y = \sin x$ の逆関数が存在することを示しています。これを，逆正弦関数 $x = \sin^{-1} y$ の**第 $n$ 分枝**といいます[*2]。

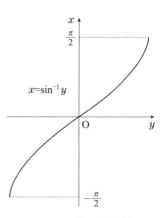

**図 3.4　逆正弦関数**

特に，$n = 0$ のもの（第 $0$ 分枝，値域が $\left[-\dfrac{\pi}{2}, \dfrac{\pi}{2}\right]$）を逆正弦関数の**主値**といいます。主値についてまとめると，

$$y = \sin x, \quad x \in \left[-\frac{\pi}{2}, \frac{\pi}{2}\right] \quad \Leftrightarrow \quad x = \sin^{-1} y, \quad y \in [-1, 1]$$

となります。たとえば，$\sin^{-1} \dfrac{1}{\sqrt{2}}$ は，$\sin x = \dfrac{1}{\sqrt{2}}$ をみたす $x$ のことなので，主値で答えれば，$\dfrac{\pi}{4}$ となります。

### 3.5.2　逆余弦関数

逆正弦関数と同じような手順で逆余弦関数も定義されます。図 3.5 を見て下さい。$y = \cos x$ は，$[0, \pi]$ において狭義単調減少です。この範囲を定義域とした場合の値域は，$[-1, 1]$ です。

したがって，定理 3.3 より，逆関数が $[-1, 1]$ で定義され，値域は $[0, \pi]$ になります。他の $y = \cos x$ の単調な部分を考えましょう。

---

[*2] 関数として定義された逆正弦関数は，独立変数を $x$，従属変数を $y$ にして $y = \sin^{-1} x$ と表現されることが慣例的です。また，$\arcsin x$（アークサイン）と表されることもあります。

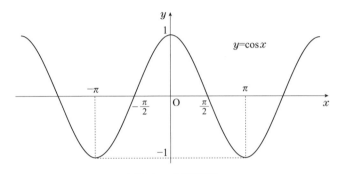

**図 3.5　余弦関数**

$y = \cos x$ は，任意の整数 $k$ に対して，区間 $[2k\pi, 2k\pi + \pi]$ において狭義単調減少で，区間 $[(2k+1)\pi, (2k+1)\pi + \pi]$ において狭義単調増加です。これらの範囲の値域（像）はいずれも $[-1, 1]$ です。

このことは，任意の整数 $n$ に対して，定義域を $[-1, 1]$ とし，値域 $[n\pi, n\pi + \pi]$ とする $y = \cos x$ の逆関数が存在することを示しています。これを，逆余弦関数 $x = \cos^{-1} y$ の第 $n$ 分枝といいます [3]。

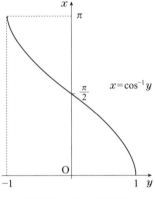

**図 3.6　逆余弦関数**

特に，$n = 0$ のもの（第 0 分枝，値域が $[0, \pi]$）を逆余弦関数の主値といいます。主値についてまとめると，

$$y = \cos x, \quad x \in [0, \pi] \quad \Leftrightarrow \quad x = \cos^{-1} y, \quad y \in [-1, 1]$$

となります。たとえば，$\cos^{-1} \dfrac{1}{2}$ は，$\cos x = \dfrac{1}{2}$ をみたす $x$ のことなので，主値で答えれば，$\dfrac{\pi}{3}$ となります。

---

[3] $\arccos x$（アークコサイン）と表されることもあります。

### 3.5.3　逆正接関数

　正弦関数と余弦関数は連続的な周期関数でしたが，正接関数には不連続点があります。このような点に注意して逆正接関数を定義していきましょう。$y = \tan x$ は，$\left( -\dfrac{\pi}{2}, \dfrac{\pi}{2} \right)$ において狭義単調増加です。この範囲を定義域とした場合の値域は，$(-\infty, \infty)$ です。したがって，定理 3.3 より，逆関数が $(-\infty, \infty)$ で定義され，値域は $\left( -\dfrac{\pi}{2}, \dfrac{\pi}{2} \right)$ になります。他の $y = \tan x$ の単調な部分を考えましょう。$y = \tan x$ は，任意の整数 $n$ に対して，区間 $\left( n\pi - \dfrac{\pi}{2}, n\pi + \dfrac{\pi}{2} \right)$ において狭義単調増加で，これらの範囲の値域（像）はいずれも $(-\infty, \infty)$ です。

　このことは，任意の整数 $n$ に対して，定義域を $(-\infty, \infty)$ とし，値域を

$$\left( n\pi - \frac{\pi}{2}, n\pi + \frac{\pi}{2} \right)$$

とする $y = \tan x$ の逆関数が存在することを示しています。これを，逆正接関数 $x = \tan^{-1} y$ の第 $n$ 分枝といいます [*4]。

　特に，$n = 0$ のもの（第 0 分枝，値域が $\left( -\dfrac{\pi}{2}, \dfrac{\pi}{2} \right)$）を逆正接関数の主値といいます。主値についてまとめると，

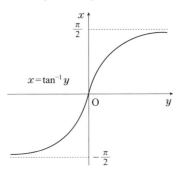

**図 3.7　逆正接関数**

$$y = \tan x, \quad x \in \left( -\frac{\pi}{2}, \frac{\pi}{2} \right) \quad \Leftrightarrow \quad x = \tan^{-1} y, \quad y \in (-\infty, \infty)$$

となります。たとえば，$\tan^{-1} 1$ は，$\tan x = 1$ をみたす $x$ のことなので，主値で答えれば，$\dfrac{\pi}{4}$ となります。

　課題 3.B では，分枝の指定が問題の中にありますが，以降は特に断らない限り，$\sin^{-1}$，$\cos^{-1}$，$\tan^{-1}$ は主値を表すものとします。

---

[*4] $\arctan x$（アークタンジェント）と表されることもあります。

## 3.6 課題 3.B の解決

　問題文によると，逆正弦関数も逆余弦関数も前節で学習した主値を用いています。$\sin^{-1}\alpha = a$, $\cos^{-1}\alpha = b$ とおきます。定義から，$\sin a = \alpha$, $\cos b = \alpha$ です。問題は，$a + b$ の値を求めよということです。三角関数の性質から

$$\alpha = \sin a = \cos b = \sin\left(\frac{\pi}{2} - b\right)$$

です。ここで，$b \in [0, \pi]$ ですから，$\frac{\pi}{2} - b$ のみたす範囲は，$-\frac{\pi}{2} \leqq \frac{\pi}{2} - b \leqq \frac{\pi}{2}$ となります。ゆえに，$a = \frac{\pi}{2} - b$ となって，$a + b = \frac{\pi}{2}$ となります。

## 3.7 合成関数

　区間 $I$ で定義された関数 $y = f(x)$ の値域を $J = f(I)$ とします。関数 $w = g(y)$ は，$J$ を含む区間 $K$ で定義されているとしましょう。このとき，$x$ に $w$ を対応させる関数 $w = g(f(x)) = (g \circ f)(x)$ を考えることができて，これを $f(x)$ と $g(x)$ の合成

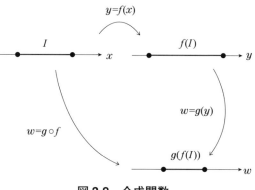

図 3.8　合成関数

関数といいます。特に，$f(I) \subset I$ のとき，$g(y)$ として $f(y)$ を考えることができます。このとき，$f(f(x)) = (f \circ f)(x) = f^{\circ 2}(x)$ と表すことにします。以下同様に，$n \geqq 2$ を自然数として，$f(x)$ を $n$ 回合成させた関数を

$f^{\circ n}(x) = f(f^{\circ (n-1)})(x)$ と表します[*5]。例をいくつか見てみましょう。

**例 3.1**　$f(x) = 1 - x^2$, $g(x) = \sqrt{x}$ のとき，$(g \circ f)(x)$ と $(f \circ g)(x)$ を求めてみましょう。$f(x)$ は実数全体で定義が可能ですが，$g(x)$ の定義域は，$[0, \infty)$ に含まれる必要があります。そこで，$(g \circ f)(x)$ を考える際には，$f(x)$ の値域が，$[0, \infty)$ に含まれるようにする必要があります。ここでは，$f(x)$ の定義域を $[-1, 1]$ に制限しましょう。以上より，区間 $[-1, 1]$ において合成関数 $(g \circ f)(x)$ は定義されて

$$(g \circ f)(x) = \sqrt{1 - x^2}, \quad x \in [-1, 1]$$

となります。

　$(f \circ g)(x)$ についてはどうでしょう。$g(x)$ の値域は $[0, \infty)$ ですから，$f(x)$ の定義域に含まれます。よって，$(f \circ g)(x)$ は，$g(x)$ の定義域 $[0, \infty)$ で定められ

$$(f \circ g)(x) = 1 - \left(\sqrt{x}\right)^2 = 1 - x, \quad x \in [0, \infty)$$

と求められます。

　合成関数の連続性についての定理を紹介します。

> **定理 3.5**　関数 $y = f(x)$ が，区間 $I$ で連続で，$w = g(y)$ が $K \supset f(I)$ で連続ならば，合成関数 $(g \circ f)(x)$ は $I$ で連続である。

　$a$ を $I$ の任意の点とします。証明は，(2.12) を示すこと，すなわち，$\lim\limits_{x \to a} (g \circ f)(x) = (g \circ f)(a)$ を目標にしましょう。まず，$f(x)$ が $I$ で連続ですから，(2.12) より

$$\lim_{x \to a} y = \lim_{x \to a} f(x) = f(a) \tag{3.5}$$

が成り立ちます。また，$g(y)$ が $f(I) \subset K$ で連続ですから，再び (2.12) より

---

[*5] 同じ関数を繰り返し合成しますので，反復合成といわれています。また，$f^{\circ 1}(x) = f(x)$ としておきます。

$$\lim_{y \to f(a)} g(y) = g(f(a)) \tag{3.6}$$

となります。(3.5), (3.6) より

$$\lim_{x \to a} (g \circ f)(x) = \lim_{x \to a} g(f(x)) = \lim_{y \to f(a)} g(y) = g(f(a)) = (g \circ f)(a)$$

を得ます。

## 3.8 課題 3.C の解決

関数 $f(x) = x^2 - \dfrac{5}{4}$ の値域は、$\left[-\dfrac{5}{4}, \infty\right) \subset \mathbb{R}$ です。実数全体 $\mathbb{R}$ を $f(x)$ の定義域にしていますので、合成関数 $(f \circ f)(x)$ の定義域も実数全体 $\mathbb{R}$ にとることができます。実際に、$(f \circ f)(x)$ を計算してみましょう。

$$(f \circ f)(x) = \left(x^2 - \frac{5}{4}\right)^2 - \frac{5}{4} = x^4 - \frac{5}{2}x^2 + \frac{5}{16}$$

です。そこで、(3.3) の解を求めるということは、4次方程式

$$x^4 - \frac{5}{2}x^2 - x + \frac{5}{16} = 0 \tag{3.7}$$

を解くことになります。4次方程式となると、難しい問題なのですが、ここでは課題 3.C の中の問題文にヒントが隠されています。関数 $f(x)$ を2回合成して動かない点の中には、$f(x)$ で動かない点も含まれています。この点は、2次方程式

$$x^2 - x - \frac{5}{4} = 0 \tag{3.8}$$

の解です。方程式 (3.8) は、解の公式を使って、$x = \dfrac{1 \pm \sqrt{6}}{2}$ と解くことができます。4次方程式 (3.7) の解の中に、この2つの解が含まれますから、(3.7) の左辺は、(3.8) の左辺で割り切れます。実際に、多項式の割り算を行うことで、$x^4 - \dfrac{5}{2}x^2 - x + \dfrac{5}{16} = \left(x^2 - x - \dfrac{5}{4}\right)\left(x^2 + x - \dfrac{1}{4}\right)$ と因数分解できます。ゆえに、残りの2つの解は、$x^2 + x - \dfrac{1}{4} = 0$ を解

くことで，$x = \dfrac{-1 \pm \sqrt{2}}{2}$ と求めることができます。

## 3.9 双曲線関数

原点を中心にして，左右対称な区間 $I$ を考えます。関数 $f(x)$ が，
$$f(-x) = -f(x), \quad x \in I \tag{3.9}$$
をみたすとき，$f(x)$ を奇関数といい，
$$f(-x) = f(x), \quad x \in I \tag{3.10}$$
をみたすとき，$f(x)$ を偶関数といいます。

たとえば，$x^n$ ($n$ は奇数)，$\sin x$，$\dfrac{1}{x}$ などは奇関数です。また，偶関数の例としては，$x^n$ ($n$ は偶数)，$\cos x$，$|x|$ などがあります。

(3.9), (3.10) から，奇関数×奇関数＝偶関数，奇関数×偶関数＝奇関数，偶関数 × 偶関数 ＝ 偶関数であることが導かれます。また，1/奇関数 ＝ 奇関数，1/偶関数 ＝ 偶関数です。これらのことから，$\tan x = \dfrac{\sin x}{\cos x}$ は奇関数であることがわかります。

奇関数，偶関数はそれぞれグラフにも特徴があります。奇関数のグラフは，原点に対して対称であり，偶関数のグラフは，$y$ 軸に関して対称です。

$g(x)$ を $I$ で定義された関数としましょう。
$$\varphi(x) = \frac{g(x) - g(-x)}{2} \tag{3.11}$$
とおくと，$\varphi(x)$ は，奇関数になります。実際，
$\varphi(-x) = \dfrac{g(-x) - g(x)}{2} = -\varphi(x)$ となって，(3.9) をみたしています。
$$\psi(x) = \frac{g(x) + g(-x)}{2} \tag{3.12}$$
とおくと，$\psi(-x) = \dfrac{g(-x) + g(x)}{2} = \psi(x)$ となって，(3.10) をみたしていますから，$\psi(x)$ は，偶関数になります。

(3.11), (3.12) で, $g(x) = e^x$ とおいて定義される関数を $\sinh x$, $\cosh x$ と書きます[*6]。すなわち,

$$\sinh x = \frac{e^x - e^{-x}}{2}, \quad \cosh x = \frac{e^x + e^{-x}}{2} \tag{3.13}$$

です。さらに,

$$\tanh x = \frac{\sinh x}{\cosh x} = \frac{e^x - e^{-x}}{e^x + e^{-x}}$$

で定義します。これらの関数は双曲線関数と呼ばれています。

　本章の最後に, $\sinh x$ の逆関数について述べておきます。$y = \sinh x$ は, $(-\infty, \infty)$ において狭義単調増加で, 値域も $(-\infty, \infty)$ です。ですから, $(-\infty, \infty)$ において逆関数 $\sinh^{-1} x$ が存在します。(3.13) の $\sinh x$ の定義の式を使って, $y = \sinh x$ を $x$ について解いてみましょう。$e^x = t$ とおくと, $y = \dfrac{1}{2}\left(t - \dfrac{1}{t}\right)$ ですから, $t$ についての2次方程式 $t^2 - 2yt - 1 = 0$ を得ます。これを, $t > 0$ に注意して, 解の公式を使って解くと, $t = y + \sqrt{y^2 + 1}$ となります。ゆえに, $x = \sinh^{-1} y = \log\left(y + \sqrt{y^2 + 1}\right)$ です。$x$, $y$ の役割を変えて $\sinh^{-1} x$ を表現すれば, $\sinh^{-1} x = \log\left(x + \sqrt{x^2 + 1}\right)$, $x \in (-\infty, \infty)$ となります。

　双曲線関数については, 三角関数と類似の性質があります。参考文献 [7] などに記述がありますので調べてみて下さい。

---

[*6] $\sinh x$, $\cosh x$, $\tanh x$ は, ハイパボリックサイン, ハイパボリックコサイン, ハイパボリックタンジェントと読みます。

**演習問題**

A

1. 以下の関数の逆関数を求めよ。

$$(1)\ y = \frac{1}{x-2},\ x \neq 2 \qquad (2)\ y = (2x-3)^2,\ x \leq \frac{3}{2}$$

2. 以下の値を求めよ。ただし，逆三角関数については主値を用いることにする。

$$(1)\ \sin^{-1}\frac{\sqrt{3}}{2} \qquad\qquad (2)\ \tan^{-1}(-1)$$

3. $f(x) = x + 3,\ g(x) = \dfrac{1}{x^2}$ とするとき，$(f \circ g)(x),\ (g \circ f)(x)$ を求めよ。

4. 実数全体 $\mathbb{R}$ で定義された関数 $f(x) = x^2 - 1$ を 2 回合成させて動かない点（実数 $x$）を求めよ。

B

1. 区間 $I$ は原点を中心として左右対称な区間とする。$I$ で定義された任意の関数 $f(x)$ は偶関数と奇関数の和として表されることを証明せよ。

2. 等式 $4\tan^{-1}\dfrac{1}{5} - \tan^{-1}\dfrac{1}{239} = \dfrac{\pi}{4}$ を証明せよ [*7]。

---

[*7] この等式は，Machin の公式と呼ばれています。

# 4 │ 導関数

《**目標＆ポイント**》　関数の極限を復習し，微分係数を定義して，各点における微分可能性，区間における微分可能性を学習します。導関数の定義をして，普段から使い慣れている「微分する」という意味を導関数を求めることとして再認識しましょう。微分可能性と連続性の関係も考えてみましょう。図形的な意味も理解しながら，微分可能性を別の観点からも考察します。具体的な関数に対して，定義から導関数を求めることを目指します。また，接線や法線の方程式の公式を実際に使ってみましょう。

《**キーワード**》　平均変化率，微分係数，微分可能性，接線・法線，導関数，多項式の微分

## 4.1　4章の課題

　微分係数を求める操作を利用する問題や，接線・法線の問題など，以下の3問です。

**課題 4.A**　関数 $f(x)$ は，$x = a$ で微分可能とする。このとき，極限値

$$\lim_{h \to 0} \frac{f(a+h) - f(a-h)}{h} \tag{4.1}$$

を $f'(a)$ を用いて表せ。

**課題 4.B**　関数

$$y = \sqrt{x} \tag{4.2}$$

のグラフ上の点における法線の中で，点 $(0, 3)$ を通るものを求めよ。

**課題 4.C**　$0 < a < b$ とする。関数
$$y = x^3 - (a+b)x^2 \tag{4.3}$$
の微分係数と，$x = a$ から $x = b$ までの平均変化率が等しくなる点の $x$ 座標を求めよ。

＊＊＊＊＊＊＊＊＊

▶ 課題 4.A は微分係数の定義を使う問題です。問題の式 (4.1) の中の $f(a-h)$ が気になったのではないでしょうか。

### 課題 4.A 直感図

関数 $f(x)$ は，$x = a$ で**微分可能**とする。このとき，極限値
$$\lim_{h \to 0} \frac{f(a+h) - f(a-h)}{h}$$
を $f'(a)$ を用いて表せ。

― 覚えよう ―
- 平均変化率
- 微分係数
- 微分可能性

― 思い出そう ―
- 関数の極限

　平均変化率から始めて，微分係数の定義を関数の極限を用いてあたえます。微分可能性はこの極限の存在で定義します。マイナスの方向から近づけた場合もイメージしておくことも大切です。この問題の解決には必要ありませんが，学びの扉の中で，微分可能性を別の角度からも見ていきます。◀

　▶ 課題 4.B は，公式をご存じの人には負担のかからない問題です。接線の方程式と対比させながら，法線の方程式も整理しておきましょう。無理関数 $\sqrt{x}$ の定義域と値域も確認しておきましょう。

**66**

## 課題 4.B 直感図

関数

$$y = \sqrt{x}$$

のグラフ上の点における**法線**の中で，点 $(0,3)$ を通るものを求めよ。

┌─── 覚えよう ───┐
- 接線と法線
- 定義に基づいた微分係数の求め方

┌─── 思い出そう ───┐
- 定義域と値域
- 分子の有理化
- 直線の方程式

　法線の定義にしたがって，方程式を導きます。直線の方程式を復習しておきましょう。$\sqrt{x}$ の微分公式をご存じの人もいるかと思いますが，ここでは定義に基づいて微分係数を求めます。式変形の途中で，分子の有理化などを行います。根号の取り扱いも思い出しておきましょう。◀

　▶ 課題 4.C は，本章の総合的な問題です。多項式の微分公式と平均変化率の公式を使って問題を解きます。

## 課題 4.C 直感図

$0 < a < b$ とする。関数

$$y = x^3 - (a + b)x^2$$

の微分係数と，$x = a$ から $x = b$ までの**平均変化率**が等しくなる点の $x$ 座標を求めよ。

　2 項定理を使って，単項式の微分公式 $(x^n)' = nx^{n-1}$ を定義に基づいて導き出します。これを公式として使って課題 4.C を解決して下さい。$a$, $b$ に条件はついていますが，関数は具体的にあたえられています。

　問題の条件を満たす点は，一般には，いくつ出てくるのでしょうか。この問題は，6 章・7 章で登場する平均値の定理へと繋がっていきます。◀

## 4.2 微分可能性

　区間 $I$ で定義された関数 $f(x)$ を考えます。$a$, $b \in I$, $a < b$ として，$x$ が $a$ から $b$ まで変化するとき，$f(x)$ がどれだけ変化するかを観察しましょう。

$$\frac{f(b) - f(a)}{b - a} \qquad (4.4)$$

を，$x$ が $a$ から $b$ まで変化すると

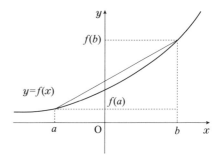

**図 4.1　平均変化率**

きの，$f(x)$ の平均変化率といいます。この値は，図 4.1 のように 2 点 $(a, f(a))$, $(b, f(b))$ を通る直線の傾きになっています。$a$ を固定して，$b$ を動かしましょう。あらためて，$b = a + h$ と書いて，$h$ を動かすことにします。

　図 4.2 は，$h > 0$ のイメージです。$h$ は，$a$ から $b$ までどれだけ変化したかを表す量として，$\Delta x$ と記述されることもあります。この $x$ の変化の量に対応する $y$ の変化量 $\Delta y$ は

$$\Delta y = f(a + h) - f(a)$$

となり，平均変化率は $\dfrac{\Delta y}{\Delta x}$ になります[1]。$h = \Delta x$ を 0 に近づける極限を考えます。あらためて，$a + h = x$ と表して，

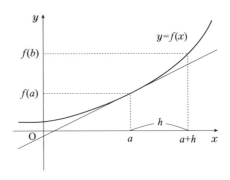

$$\lim_{\Delta x \to 0} \frac{\Delta y}{\Delta x}$$
$$= \lim_{h \to 0} \frac{f(a + h) - f(a)}{h}$$
$$= \lim_{x \to a} \frac{f(x) - f(a)}{x - a} \quad (4.5)$$

**図 4.2　微分係数**

が存在するとき，$f(x)$ は $a$ において微分可能であるといいます。その極限値を $f'(a)$ と書いて，$f(x)$ の $a$ における微分係数といいます。微分係数は，

$$y'\big|_{x=a}, \quad \frac{dy}{dx}\bigg|_{x=a}, \quad \frac{df}{dx}\bigg|_{x=a}, \quad \frac{df}{dx}(a)$$

などとも表します。

**例 4.1**　微分係数の定義式 (4.5) に基づいて，関数 $y = \sqrt{x}$, $x > 0$ の $a > 0$ における微分係数 $f'(a)$ を計算してみましょう。

$$f'(a) = \lim_{h \to 0} \frac{\sqrt{a + h} - \sqrt{a}}{h}$$
$$= \lim_{h \to 0} \frac{\left(\sqrt{a + h} - \sqrt{a}\right)\left(\sqrt{a + h} + \sqrt{a}\right)}{h\left(\sqrt{a + h} + \sqrt{a}\right)}$$
$$= \lim_{h \to 0} \frac{(a + h) - a}{h\left(\sqrt{a + h} + \sqrt{a}\right)} = \frac{1}{2\sqrt{a}}$$

となります。

　右側極限

---

[1] $\Delta x$, $\Delta y$ はそれぞれ，$x$ の増分，$y$ の増分といわれています。

$$\lim_{h \to +0} \frac{f(a+h) - f(a)}{h} \tag{4.6}$$

が存在するとき，$f(x)$ は $a$ で右側微分可能といいます。また，

左側極限

$$\lim_{h \to -0} \frac{f(a+h) - f(a)}{h} \tag{4.7}$$

が存在するとき，$f(x)$ は $a$ で左側微分可能といいます。(4.6)，(4.7) の極限値をそれぞれ右側微分係数，左側微分係数といって，記号では $f'_+(a)$，$f'_-(a)$ と書きます。極限の定義から，$f(x)$ が $a$ で微分可能であることと同値な条件は，$f'_+(a)$，$f'_-(a)$ がともに存在して

$$f'_+(a) = f'_-(a)$$

が成り立つことです。すなわち $f'(a) = f'_+(a) = f'_-(a)$ が成り立ちます[*2]。

**例 4.2** 定義式 (4.6)，(4.7) に基づいて，関数 $f(x) = |x|$ の $x = 0$ における右側微分係数 $f'_+(0)$，左側微分係数 $f'_-(0)$ を計算してみましょう。

$$f'_+(0) = \lim_{h \to +0} \frac{|0+h| - |0|}{h} = \lim_{h \to +0} \frac{h - 0}{h} = 1,$$
$$f'_-(0) = \lim_{h \to -0} \frac{|0+h| - |0|}{h} = \lim_{h \to -0} \frac{-h - 0}{h} = -1$$

となります。よって，$f(x)$ は $x = 0$ において微分可能ではありません。

関数の微分可能性と連続性との関係をあたえる定理を紹介します。

**定理 4.1** 関数 $y = f(x)$ が $a$ で微分可能ならば，$a$ で連続である。

連続性の定義式 (2.12) を思い出して下さい。ここでは，(4.5) の 1 番右の式を使って証明をしてみましょう。

$$\lim_{x \to a} (f(x) - f(a)) = \lim_{x \to a} \left\{ \frac{f(x) - f(a)}{x - a} \cdot (x - a) \right\}$$

---

[*2] 左側微分，右側微分などは "側" を省略して表現することもあります。

$$= \lim_{x \to a} \frac{f(x) - f(a)}{x - a} \cdot \lim_{x \to a} (x - a) = f'(a) \cdot 0 = 0$$

ですから，(2.12) が示されました。

定理 4.1 の逆は必ずしも成り立ちません。例 4.2 でわかるように，$y = |x|$ は $x = 0$ で連続ですが，$x = 0$ で微分可能ではありません。

## 4.3 課題 4.A の解決

課題の式 (4.1) と微分係数の定義式 (4.5) を使います。図 4.2 では，$h > 0$ のイメージでしたが，極限値の定義から，$h$ がマイナスの側から $0$ に近づいても同じ極限をもつはずです。

$$\lim_{h \to 0} \frac{f(a - h) - f(a)}{-h} = f'(a)$$

であることに注意しましょう。

$$\lim_{h \to 0} \frac{f(a + h) - f(a - h)}{h} = \lim_{h \to 0} \frac{f(a + h) - f(a) + f(a) - f(a - h)}{h}$$

$$= \lim_{h \to 0} \frac{f(a + h) - f(a)}{h} + \lim_{h \to 0} \frac{f(a) - f(a - h)}{h}$$

$$= \lim_{h \to 0} \frac{f(a + h) - f(a)}{h} + \lim_{h \to 0} \frac{f(a - h) - f(a)}{-h}$$

$$= 2f'(a)$$

となります。

## 4.4 接線と法線

関数 $f(x)$ は，$a$ で微分可能とします。4.2 節でもお話ししましたが，図 4.1 のように，$x$ が $a$ から $a + h$ まで増えたときの平均変化率 $m$ は，2 点 $(a, f(a))$，$(a + h, f(a + h))$ を通る直線 $L$ の傾きです。図 4.2 からわかるように，$h$ を限りなく $0$ に近づけると，$L$ は関数 $y = f(x)$ のグラフの

点 $(a, f(a))$ での接線に近づきます。
このとき, $m$ は $f'(a)$ に近づきます。

　点 $(a, f(a))$ を通り, この点での接
線と直交する直線を点 $(a, f(a))$ にお
ける法線といいます。点 $(a, f(a))$ で
の接線が $x$ 軸と平行になる場合は, 接
線の傾きは $f'(a) = 0$ で接線の方程
式は, $y = f(a)$ になります。このと

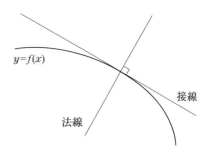

**図 4.3　接線と法線**

き, 法線の方程式は, $x = a$ になります。点 $(a, f(a))$ での接線が $x$ 軸と
平行にならない場合は, 法線の傾きは, $-\dfrac{1}{f'(a)}$ です。

---

**定理 4.2**　関数 $f(x)$ は, $a$ で微分可能とする。このとき, $y = f(x)$ の
グラフの点 $(a, f(a))$ での接線と法線の方程式は, それぞれ

$$y = f'(a)(x - a) + f(a) \tag{4.8}$$

$$\begin{cases} y = -\dfrac{1}{f'(a)}(x - a) + f(a), & f'(a) \neq 0 \\ x = a, & f'(a) = 0 \end{cases} \tag{4.9}$$

であたえられる。

---

**例 4.3**　関数 $y = x^2$ のグラフ上の点 $(2, 4)$ における接線と法線の方程式
を求めましょう。ここでは, $(4.5)$ を使って, $f'(2)$ を計算します。

$$f'(2) = \lim_{h \to 0} \frac{(2 + h)^2 - 2^2}{h} = \lim_{h \to 0} \frac{4h + h^2}{h} = \lim_{h \to 0}(4 + h) = 4$$

　ゆえに, $(4.8)$, $(4.9)$ を用いて, 接線の方程式は $y = 4x - 4$, 法線の方
程式は $y = -\dfrac{1}{4}x + \dfrac{9}{2}$ となります。

**例 4.4**　点 $(1, -3)$ から関数 $y = x^2$ のグラフに接線を引いてみましょう。
接点を $(\alpha, \alpha^2)$ とおきます。例 4.3 と同様にして, $f'(\alpha) = 2\alpha$ が求めら

れます。(4.8) より，接線の方程式は

$$y = 2\alpha(x - \alpha) + \alpha^2$$

となります。この直線が，点 $(1, -3)$ を通るから，$\alpha^2 - 2\alpha - 3 = 0$ です。これを解いて，$\alpha = -1$，$\alpha = 3$ を得ます。以上より，求める接線の方程式は，$y = -2x - 1$，$y = 6x - 9$ となります。

▷▷▷ **学びの扉 4.1** ▬▬▬▬▬▬▬▬▬▬▬▬▬▬▬▬▬▬▬▬

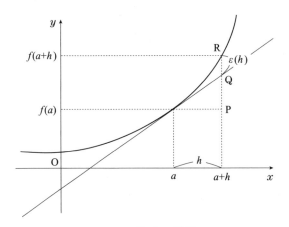

**図 4.4　微分可能性**

図 4.4 を見て下さい。点 $(a + h, f(a))$ を P，直線 $x = a + h$ と関数 $y = f(x)$ のグラフの点 $(a, f(a))$ における接線との交点を Q，点 $(a + h, f(a + h))$ を R とします。関数 $f(x)$ が $a$ で微分可能とすると，$\mathrm{PQ} = f'(a)h$ になります。QR は，$h$ の変化に伴って変化しますから，$\mathrm{QR} = \varepsilon(h)$ と書いておきます。

$$f(a + h) - f(a) = \mathrm{PQ} + \mathrm{QR} = f'(a)h + \varepsilon(h) \qquad (4.10)$$

となっています。(4.10) の両辺を $h$ で割って，$h$ を 0 に近づければ

$$\lim_{h \to 0} \frac{f(a + h) - f(a)}{h} = f'(a) + \lim_{h \to 0} \frac{\varepsilon(h)}{h}$$

となります。点 $a$ での微分可能性を仮定していますので

$$\lim_{h \to 0} \frac{\varepsilon(h)}{h} = 0 \tag{4.11}$$

が成り立つことがわかります[*3]。このことを拠り所に，微分可能性を別
の角度から考察してみましょう。$A$ を定数として，

$$f(a + h) - f(a) = Ah + \varepsilon(h) \tag{4.12}$$

と表しておきます。先ほどの議論から，$f(x)$ が $a$ で微分可能ならば，
$A = f'(a)$ ととれば，(4.12) が成り立ちます。逆に，(4.12), (4.11) が成
立すると仮定しましょう。先の議論と同じように，(4.12) の両辺を $h$ で
割って，$h$ を 0 に近づければ，

$$\lim_{h \to 0} \frac{f(a + h) - f(a)}{h} = A$$

となって，$f(x)$ は $a$ で微分可能で，$f'(a) = A$ になります。まとめると，
次の定理になります。

---

**定理 4.3** 関数 $f(x)$ が，$a$ で微分可能であることと同値な条件は，ある $A$
が存在して (4.12), (4.11) が成り立つことである。このとき，$A = f'(a)$
である。

---

定理 4.3 を用いれば，微分可能であれば連続であること（定理 4.1）が，
(4.12) から直ちに導かれます。

◁◁◁

## 4.5 課題 4.B の解決

求める法線の関数 $y = \sqrt{x}$ のグラフ上の点を $(\alpha, \sqrt{\alpha})$，$\alpha > 0$ とおきま
しょう。例 4.1 から，$f'(\alpha) = \dfrac{1}{2\sqrt{\alpha}}$ です。この関数の微分係数は，$\alpha > 0$
で 0 になりませんから，定理 4.2 の (4.9)（法線の公式）から，求める法
線の方程式は

---

[*3] 式 (4.11) は $\varepsilon(h)$ が $h$ よりも高位の無限小であることを示しています。

$$y - \sqrt{\alpha} = -2\sqrt{\alpha}(x - \alpha)$$

となります。この法線が点 $(0, 3)$ を
通ることから，$\sqrt{\alpha} + 2\alpha\sqrt{\alpha} = 3$ と
なり，これを変形して $\alpha$ は3次方程
式 $4\alpha^3 + 4\alpha^2 + \alpha - 9 = 0$ の解とし
て求められます。因数分解すると

$$(\alpha - 1)(4\alpha^2 + 8\alpha + 9) = 0$$

となります。2次方程式 $4\alpha^2 + 8\alpha + 9 = 0$ の判別式は，$-80$ なので，こ

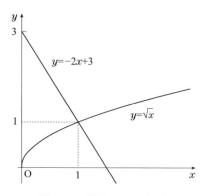

**図 4.5 課題 4.B の解決**

こから実数解は得られません。以上より，$\alpha = 1$ のみが解で，求める法
線の方程式は，$y = -2x + 3$ になります。


## 4.6 導関数

区間 $I$ の任意の点 $a$ において微分可能であれば，関数 $y = f(x)$ は $I$ で
微分可能といいます。このとき，$a$ に微分係数 $f'(a)$ を対応させる関数
が考えられます。この関数を $f(x)$ の導関数といって $f'(x)$ と表します。
この他にも

$$y', \quad \frac{dy}{dx}, \quad \frac{df}{dx}$$

などの表現もあります。導関数を求めることを，単に，微分するという
のです [*4][*5]。

---

[*4] 区間で微分可能性を議論するときは，定義式 (4.5) を考慮して，開区間を定義域とする
ことが自然です。閉区間 $[a, b]$ で議論したい場合には，端点 $a$ では $f'_+(a)$ が，端点 $b$ で
は $f'_-(b)$ が存在する場合に，区間 $[a, b]$ で微分可能ということがあります。

[*5] 記号 $f'$ は，便利ですが，独立変数が自明である場合に，その変数に関して微分して得ら
れる導関数の意味で使います。たとえば，$g(t)$ が $t$ の関数として微分可能であるとき，
単に $g'$ と書いた場合は，$g' = g'(t) = \dfrac{dg}{dt}$ の意味です。

学びの扉 4.1 の (4.12) で，$a$ を $x$ とすると
$$f(x+h) - f(x) = f'(x)h + \varepsilon(h)$$
となります。この式で，$\varepsilon(h)$ を無視して $h = dx$, $f(x+h) - f(x) = dy = df(x)$ とおけば，$dy = f'(x)\,dx$ となります。これを，$y = f(x)$ の微分といいます。

---

**定理 4.4**　関数 $f(x)$, $g(x)$ は，微分可能とし，$c$ は定数とする。このとき，

(i) $(cf(x))' = cf'(x)$

(ii) $(f(x) + g(x))' = f'(x) + g'(x)$

が成り立つ。

---

自明かもしれませんが，(4.5) を使って，(i) を確かめてみましょう。

$$左辺 = \lim_{h \to 0} \frac{cf(x+h) - cf(x)}{h} = c \lim_{h \to 0} \frac{f(x+h) - f(x)}{h}$$
$$= cf'(x) = 右辺$$

となります。(ii) についても (4.5) を使って，同様に確かめられます。

## 4.7 多項式の微分

この節では，$n$ を非負の整数として，関数 $x^n$ の導関数を求めてみましょう。$n = 0$ の場合は，$x^n = x^0 = 1$ となります。(4.5) の分子は常に 0 ですから，$f'(x) \equiv 0$ です[*6]。ゆえに，定理 4.4 から，定数の導関数は 0 になることがわかります。

$n = 1$ の場合は，(4.5) の分子は $(x+h) - x = h$ ですから，$f'(x) \equiv 1$ になります。ゆえに，定理 4.4 から，1 次関数 $y = ax + b$ ($a$, $b$ は定数) の導関数は，定数 $a$ になることがわかります。

---

[*6] $f'(x) \equiv 0$ は恒等的に $f'(x)$ が 0 であるという意味です。

$n \geqq 2$ の場合は，2項定理を使って求めることにしましょう [7]。

$$\lim_{h \to 0} \frac{(x+h)^n - x^n}{h}$$

$$= \lim_{h \to 0} \frac{\left( x^n + nx^{n-1}h + \binom{n}{2}x^{n-2}h^2 + \cdots + nxh^{n-1} + h^n \right) - x^n}{h}$$

$$= \lim_{h \to 0} \left( nx^{n-1} + \binom{n}{2}x^{n-2}h + \cdots + nxh^{n-2} + h^{n-1} \right) = nx^{n-1}$$

ですから，任意の非負の整数 $n$ に対して

$$(x^n)' = nx^{n-1} \tag{4.13}$$

が成り立ちます。

**例 4.5**　関数 $y = x^4 + 4x^3 + 6x^2 + 4x + 1$ の導関数は，定理 4.4, (4.13) を用いれば

$$y' = (x^4 + 4x^3 + 6x^2 + 4x + 1)' = 4x^3 + 12x^2 + 12x + 4$$

と計算できます。

**例 4.6**　$n$ が負の整数のときはどうなるのでしょうか。詳細は，次章で商の微分を学習することで (4.13) が負の整数においても成立することを示します。ここでは，微分係数の定義式 (4.5) に基づいて，関数 $y = \dfrac{1}{x^2}$, $x \neq 0$ の導関数を求めてみましょう。

$$y' = \lim_{h \to 0} \frac{\dfrac{1}{(x+h)^2} - \dfrac{1}{x^2}}{h} = \lim_{h \to 0} \frac{1}{h} \left( \frac{-2xh - h^2}{(x+h)^2 x^2} \right)$$

---

[7] $(a+b)^n = a^n + na^{n-1}b + \cdots + nab^{n-1} + b^n = \sum_{k=0}^{n} \binom{n}{k} a^{n-k}b^k$.

ここで，2項係数 $\binom{n}{k}$ は，$\dfrac{n!}{(n-k)!\,k!}$ であたえられます。

ちなみに，$\binom{n}{1} = \binom{n}{n-1} = n$ です。

$$= \lim_{h\to 0} \frac{-2x - h}{(x+h)^2 x^2} = \lim_{h\to 0} \left( \frac{-2}{(x+h)^2 x} - \frac{h}{(x+h)^2 x^2} \right) = \frac{-2}{x^3}$$

となります。

## 4.8　課題 4.C の解決

まず，$x = a$ から $x = b$ までの平均変化率を求めましょう。

$$\frac{(b^3 - (a+b)b^2) - (a^3 - (a+b)a^2)}{b - a} = -ab$$

です。

次に，定理 4.4，(4.13) を使って，題意の関数を微分すると，

$$y' = (x^3 - (a+b)x^2)' = 3x^2 - 2(a+b)x$$

となりますから，求める点の $x$ 座標を $\alpha$ とすれば，

$$3\alpha^2 - 2(a+b)\alpha + ab = 0$$

となります。解の公式を用いる
と，

$$\alpha = \frac{1}{3}\left(a + b \pm \sqrt{a^2 - ab + b^2}\right)$$

となります。ここで，$a^2 - ab + b^2 = \left(a - \frac{1}{2}b\right)^2 + \frac{3}{4}b^2 > 0$ です
から，2 つの $\alpha$ は実数として求
まります。$0 < a < b$ なる仮定か
ら，$a^2 - ab + b^2 = 0$ となるこ
とはありません。

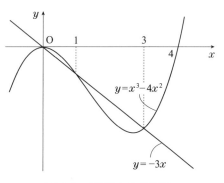

**図 4.6　課題 4.C の解決**

図 4.6 は，$a = 1$，$b = 3$ の場合の $y = x^3 - 4x^2$ のグラフです。$(1, -3)$，
$(3, -9)$ における平均変化率は $-3$ です。この 2 点を通る直線は，$y = -3x$
になっています。この直線と平行な接線の引くことのできる点の $x$ 座標
が，$\frac{1}{3}\left(4 \pm \sqrt{7}\right)$ になっています。ちなみに，$\frac{1}{3}\left(4 - \sqrt{7}\right) = 0.451\ldots$,

$\dfrac{1}{3}\left(4 + \sqrt{7}\right) = 2.215\ldots$ です。

## 演習問題

### A

1. 以下の関数の $x = -1$ から $x = 2$ までの平均変化率を求めよ。

   (1) $x^3 - x + 2$         (2) $\sin\dfrac{\pi x}{2}$

2. 以下の関数のグラフ上の点 P における接線の方程式を求めよ。

   (1) $y = 2x^3 - 1$,   $\mathrm{P}(-1, -3)$

   (2) $y = x^4 - 3x^2 + 1$,   $\mathrm{P}(1, -1)$

3. 関数 $y = x^2 - 3x - 4$ のグラフ上の点 $(2, -6)$ における法線の方程式を求めよ。

4. 定義に基づいて，$y = \dfrac{1}{x}$, $x \neq 0$ の導関数を求めよ。

### B

1. 極限値 $\displaystyle\lim_{h \to 0} \dfrac{f(a + 2h) - f(a - h)}{h}$ を $f'(a)$ で表せ。

2. 関数 $y = x^3 - 4x$ のグラフ上の点における接線の中で，点 $(2, -4)$ を通るものを求めよ。

# 5 │ 微分法の基本公式

《**目標＆ポイント**》　微分公式は，一般の関数について成り立つ公式と，各論的に具体的な関数について成り立つものに分けられます。一般的な基本公式として，積・商・合成関数の微分公式，逆関数の微分公式を説明します。各論的な公式として，三角関数・逆三角関数・指数関数・対数関数の微分公式を紹介します。これらの公式を併用して，あたえられた関数の導関数が求められるようになりましょう。

《**キーワード**》　積・商の微分，合成関数の微分，三角関数の微分，逆関数の微分，指数関数・対数関数の微分，関数の媒介変数表示

## 5.1　5章の課題

逆三角関数の微分，対数関数の微分，媒介変数表示された関数の微分について，課題に取り上げました。一般論・各論とも公式を導き出せるようになると学習の幅が広がっていきます。

**課題 5.A**　逆余弦関数

$$y = \cos^{-1} x \tag{5.1}$$

の導関数を求めよ。

**課題 5.B**　対数微分法を用いて，関数

$$y = \frac{(x-1)^3}{(x-3)(x^2+4)} \tag{5.2}$$

の導関数を求めよ。

**課題 5.C** サイクロイドは，$a > 0$ を定数，$t$ を媒介変数として

$$x = a(t - \sin t), \quad y = a(1 - \cos t), \quad 0 < t < 2\pi \tag{5.3}$$

で表される。このとき，$\dfrac{dy}{dx}$ を求めよ。

\* \* \* \* \* \* \* \* \*

▶ 課題 5.A は，逆余弦関数を微分せよというストレートな問題です。3 章の 3.5.2 項において学習した逆余弦関数の定義の流れが思い浮かんだでしょうか。

**課題 5.A 直感図**

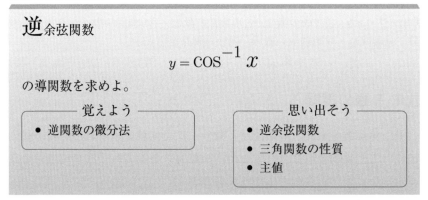

5.6 節で，逆関数の微分法について解説をします。逆関数の存在と微分可能性についての理解を深めて下さい。逆関数の微分公式を逆余弦関数に適用します。逆余弦関数の性質のみならず，三角関数の基本性質の理解も必要です。この課題については，逆正弦関数の導関数を求める例題をおいてありますので，参考にして下さい。◀

▶ 課題 5.B は，解答手段が「対数微分法」に指定されています。対数関数の微分公式に加えて，対数計算がかなり要求されそうです。

## 課題 5.B 直感図

対数微分法を用いて，関数

$$y = \frac{(x-1)^3}{(x-3)(x^2+4)}$$

の導関数を求めよ。

**─ 覚えよう ─**
- 対数関数の微分
- 対数微分法

**─ 思い出そう ─**
- 指数関数と対数関数
- 対数関数の性質
- 逆関数の微分法
- 合成関数の微分法

指数関数の導関数を学習した後で，指数関数の逆関数として対数関数の導関数を導きます。合成関数の微分法を使って，対数微分の公式を導きます。複雑な関数の導関数を求める手段として対数微分法があります。例題も紹介しますので参考にして下さい。この課題は，解法に指定が無ければ，商の微分公式でも計算が可能です。いろいろな解法をたどって同じ結果が得られることを体験することも有意義です。◀

▶ 課題 5.C では，サイクロイドと媒介変数という表現が印象的です。$y$ と $x$ の関係を，$t$ を経由して対応づけることにします。このとき，$t$ は媒介として働いています。たとえば，(5.3) で表現されたものが，その対応づけのシステムです。媒介変数が，ある範囲を動くと $x$, $y$ も動きます。このとき，$xy$ 平面に点 $(x, y)$ が動いて曲線を描きます。(5.3) で描かれた曲線をサイクロイドといいます。

**課題 5.C 直感図**

$$\textbf{サイクロイド}\text{は, } a > 0 \text{を定数, } t \text{を}\textbf{媒介変数}\text{として}$$
$$x = a(t - \sin t), \quad y = a(1 - \cos t), \quad 0 < t < 2\pi$$
で表される。このとき, $\dfrac{dy}{dx}$ を求めよ。

── 覚えよう ──
- 関数の媒介変数表示
- サイクロイド
- 媒介変数表示と微分

── 思い出そう ──
- 三角関数の微分
- 三角関数の性質
- 逆関数の微分

　媒介変数を用いて $y$ が $x$ の関数としてあたえられている場合に, $y$ が $x$ について微分可能である条件を学習します。この過程で, $\dfrac{dy}{dx}$ を求める公式が登場します。◀

## 5.2 積の微分・商の微分

　前章で, 導関数を定義しました。2つの微分可能な関数 $f(x)$, $g(x)$ の積 $f(x)g(x)$, 商 $\dfrac{f(x)}{g(x)}$, $g(x) \neq 0$ の導関数を求める公式を求めましょう。まず, 積の微分については,

$$
\begin{aligned}
(f(x)g(x))' &= \lim_{h \to 0} \frac{f(x+h)g(x+h) - f(x)g(x)}{h} \\
&= \lim_{h \to 0} \frac{f(x+h)g(x+h) - f(x)g(x+h) + f(x)g(x+h) - f(x)g(x)}{h} \\
&= \lim_{h \to 0} \frac{f(x+h) - f(x)}{h}g(x+h) + \lim_{h \to 0} f(x)\frac{g(x+h) - g(x)}{h} \\
&= f'(x)g(x) + f(x)g'(x)
\end{aligned}
$$

となります。次に, 商の微分については,

$$\left(\frac{f(x)}{g(x)}\right)' = \lim_{h\to 0} \frac{1}{h}\left(\frac{f(x+h)}{g(x+h)} - \frac{f(x)}{g(x)}\right)$$

$$= \lim_{h\to 0} \frac{1}{h}\left(\frac{f(x+h)g(x) - f(x)g(x) + f(x)g(x) - f(x)g(x+h)}{g(x+h)g(x)}\right)$$

$$= \lim_{h\to 0} \frac{1}{g(x+h)g(x)}\left(\frac{f(x+h) - f(x)}{h}g(x) - f(x)\frac{g(x+h) - g(x)}{h}\right)$$

$$= \frac{f'(x)g(x) - f(x)g'(x)}{g(x)^2}$$

を得ます。まとめると

$$(f(x)g(x))' = f'(x)g(x) + f(x)g'(x) \tag{5.4}$$

$$\left(\frac{f(x)}{g(x)}\right)' = \frac{f'(x)g(x) - f(x)g'(x)}{g(x)^2} \tag{5.5}$$

となります。商の微分公式 (5.5) を用いて，$n$ が負の場合の $x^n$ の微分公式を導いてみましょう。便宜上，$n$ を正の整数として，$\dfrac{1}{x^n}$ で考えることにします。(4.13) を使って，

$$\left(\frac{1}{x^n}\right)' = \frac{(1)'x^n - 1\cdot(x^n)'}{(x^n)^2} = \frac{-nx^{n-1}}{x^{2n}} = -\frac{n}{x^{n+1}} \tag{5.6}$$

が求まります。この結果は，(4.13) が任意の整数に対して成立していることを示しています。


## 5.3 合成関数の微分

　3 章の 3.7 節で関数の合成を学習しました。関数 $y = f(x)$ は，区間 $I$ で定義され，値域を $J = f(I)$ とします。関数 $w = g(y)$ は，$J$ を含む区間 $K$ で定義されていれば，$x$ に $w$ を対応させる合成関数 $w = g(f(x)) = (g\circ f)(x)$ を考えることができました。合成関数 $w$ の微分可能性について，次の定理が成り立ちます。

84

> **定理 5.1** 関数 $y = f(x)$ は，区間 $I$ で微分可能，関数 $w = g(y)$ は，$J = f(I)$ を含む区間 $K$ で微分可能とする。このとき，合成関数 $w = g(f(x)) = (g \circ f)(x)$ は，$I$ で微分可能であって，
>
> $$w'(x) = \frac{d}{dx}(g(f(x))) = g'(f(x))f'(x) = \frac{dg}{dy}\bigg|_{y=f(x)} \frac{df}{dx} \quad (5.7)$$
>
> が成り立つ [*1]。

証明を追ってみましょう。$y = f(x)$ が，$I$ で微分可能ですから，定理 4.3 を用いれば，任意の $x \in I$ に対して，

$$f(x + h) - f(x) = f'(x)h + \varepsilon_1(h), \quad \lim_{h \to 0} \frac{\varepsilon_1(h)}{h} = 0 \quad (5.8)$$

と書けます。また，$g(y)$ が，$K \supset f(I)$ で微分可能ですから，再び，定理 4.3 を用いれば，

$$g(y + k) - g(y) = g'(y)k + \varepsilon_2(k), \quad \lim_{k \to 0} \frac{\varepsilon_2(k)}{k} = 0 \quad (5.9)$$

と表せます。簡単のため，$f(x + h) - f(x) = k$ とおきましょう。(5.8) より，$k$ は，$h$ が 0 に近づくとき，0 に近づく量です。(5.8)，(5.9) より，

$$
\begin{aligned}
w(x + h) &- w(x) \\
&= g(f(x + h)) - g(f(x)) = g(y + k) - g(y) \\
&= g'(y)k + \varepsilon_2(k) = g'(f(x))(f'(x)h + \varepsilon_1(h)) + \varepsilon_2(k) \\
&= g'(f(x))f'(x)h + \varepsilon_3(h) \quad (5.10)
\end{aligned}
$$

ここで，

$$\varepsilon_3(h) = g'(f(x))\varepsilon_1(h) + \varepsilon_2(k) \quad (5.11)$$

です。$\varepsilon_3(h)$ が $h$ よりも高位の無限小であることが示されれば，定理 4.3 と (5.10) より定理 5.1 の証明は完成します。実際，(5.11) と $\varepsilon_1(h)$，$\varepsilon_2(k)$ の性質から，

---

[*1] (5.7) は，$\frac{dw}{dx} = \frac{dw}{dy} \cdot \frac{dy}{dx}$ とも表せます。

$$\lim_{h\to 0} \frac{\varepsilon_3(h)}{h} = \lim_{h\to 0} g'(f(x)) \frac{\varepsilon_1(h)}{h} + \lim_{h\to 0} \frac{\varepsilon_2(k)}{k} \cdot \frac{k}{h}$$

$$= g'(f(x)) \lim_{h\to 0} \frac{\varepsilon_1(h)}{h} + \lim_{k\to 0} \frac{\varepsilon_2(k)}{k} \cdot \lim_{h\to 0} \frac{f'(x)h + \varepsilon_1(h)}{h}$$

$$= \lim_{k\to 0} \frac{\varepsilon_2(k)}{k} \cdot \left( f'(x) + \lim_{h\to 0} \frac{\varepsilon_1(h)}{h} \right) = 0$$

となります。以上より，証明されました。

**例 5.1**　例 4.5 で登場した関数 $x^4 + 4x^3 + 6x^2 + 4x + 1$ の導関数を，定理 5.1 を使って求めましょう。題意の関数は $(x+1)^4$ と因数分解できます。そこで，(5.7) で $f(x) = x+1$, $g(y) = y^4$ とみれば，(4.13) を使って

$$(x^4 + 4x^3 + 6x^2 + 4x + 1)' = \frac{dg}{dy}\bigg|_{y=x+1} \frac{df}{dx} = 4(x+1)^3 \cdot 1$$

$$= 4x^3 + 12x^2 + 12x + 4$$

となって，例 4.5 の結果と一致します。

## 5.4　三角関数の微分

この節では，三角関数の微分公式を導きましょう。三角関数については，2.6 節の中で登場した (2.14) を使います。極限値をひとつ準備しておきましょう。(2.14) を利用すると，

$$\lim_{h\to 0} \frac{\cos h - 1}{h} = -\lim_{h\to 0} \frac{(1-\cos h)(1+\cos h)}{h(1+\cos h)}$$

$$= -\lim_{h\to 0} \frac{\sin^2 h}{h(1+\cos h)} = -\lim_{h\to 0} \frac{\sin h}{h} \cdot \frac{\sin h}{(1+\cos h)} = 0 \quad (5.12)$$

と求まります。

定義に基づいて計算します。正弦関数の加法定理と (2.14), (5.12) を用いて，

$$(\sin x)' = \lim_{h \to 0} \frac{\sin(x+h) - \sin x}{h}$$

$$= \lim_{h \to 0} \frac{\sin x \cos h + \cos x \sin h - \sin x}{h}$$

$$= \cos x \cdot \lim_{h \to 0} \frac{\sin h}{h} + \sin x \cdot \lim_{h \to 0} \frac{\cos h - 1}{h} = \cos x$$

となります。この結果と定理 5.1 を用いると

$$(\cos x)' = \left(\sin\left(\frac{\pi}{2} - x\right)\right)' = \cos\left(\frac{\pi}{2} - x\right)\left(\frac{\pi}{2} - x\right)' = -\sin x$$

を得ます。以上をまとめると

$$(\sin x)' = \cos x, \quad (\cos x)' = -\sin x \tag{5.13}$$

となります。

**例 5.2** 商の微分公式 (5.5) と (5.13) を使って，$\tan x$ の微分公式を求めてみましょう。

$$(\tan x)' = \left(\frac{\sin x}{\cos x}\right)' = \frac{(\sin x)' \cos x - \sin x (\cos x)'}{\cos^2 x}$$

$$= \frac{\cos x \cos x - \sin x (-\sin x)}{\cos^2 x} = \frac{\cos^2 x + \sin^2 x}{\cos^2 x} = \frac{1}{\cos^2 x} \tag{5.14}$$

を得ます [*2]。

ちなみに，$\cot x = \dfrac{1}{\tan x} = \dfrac{\cos x}{\sin x}$ の導関数は，$\tan x$ の場合と同様に，商の微分公式 (5.5) と (5.13) を使って，

$$(\cot x)' = -\frac{1}{\sin^2 x}$$

となります。

---

[*2] $1 + \tan^2 x = \dfrac{1}{\cos^2 x}$ なので，$(\tan x)' = 1 + \tan^2 x$ とも表せます。このことは，$f(x) = \tan x$ は，微分方程式 $f'(x) = f(x)^2 + 1$ をみたすことを意味しています。

## 5.5 指数関数の微分

1 章の 1.6 節で，ネピア数を (1.10) であたえました。ここでは，まず

$$\lim_{x \to \infty} \left(1 + \frac{1}{x}\right)^x = e \tag{5.15}$$

を証明しましょう。

定理 1.2-(iii) を用いれば，(1.10) より

$$\lim_{n \to \infty} \left(1 + \frac{1}{n}\right)^{n+1} = \lim_{n \to \infty} \left(1 + \frac{1}{n}\right)^n \cdot \lim_{n \to \infty} \left(1 + \frac{1}{n}\right) = e \tag{5.16}$$

であり，同様に

$$\lim_{n \to \infty} \left(1 + \frac{1}{n+1}\right)^n$$
$$= \lim_{n \to \infty} \left(1 + \frac{1}{n+1}\right)^{n+1} \cdot \lim_{n \to \infty} \left(1 + \frac{1}{n+1}\right)^{-1} = e \tag{5.17}$$

を得ます。任意の $x \in \mathbb{R}$, $x > 0$ に対して，$n \leqq x < n+1$ をみたすように $n$ を選びます。このとき，

$$\left(1 + \frac{1}{n+1}\right)^n < \left(1 + \frac{1}{x}\right)^n \leqq \left(1 + \frac{1}{x}\right)^x \leqq \left(1 + \frac{1}{n}\right)^x < \left(1 + \frac{1}{n}\right)^{n+1} \tag{5.18}$$

ですから，$x \to \infty$ のとき，$n \to \infty$ となり，(5.18), (5.16), (5.17) より，(5.15) が示されます。

次に，(5.15) において，$x = -t$ とおきます。

$$\left(1 + \frac{1}{x}\right)^x = \left(1 - \frac{1}{t}\right)^{-t} = \left(\frac{t}{t-1}\right)^t = \left(1 + \frac{1}{t-1}\right)^{t-1} \left(1 + \frac{1}{t-1}\right)$$

ですから，$x \to -\infty$ のとき，$t \to \infty$, $t - 1 \to \infty$ なので，

$$\lim_{x \to -\infty} \left(1 + \frac{1}{x}\right)^x$$

$$= \lim_{t-1 \to \infty} \left(1 + \frac{1}{t-1}\right)^{t-1} \cdot \lim_{t-1 \to \infty} \left(1 + \frac{1}{t-1}\right) = e \qquad (5.19)$$

となります。$x = \dfrac{1}{k}$ とおけば，(5.15) より，$\displaystyle\lim_{k \to +0}(1+k)^{\frac{1}{k}} = e$，(5.19)

より，$\displaystyle\lim_{k \to -0}(1+k)^{\frac{1}{k}} = e$ を得ます。これらのことから，

$$\lim_{k \to 0}(1+k)^{\frac{1}{k}} = e \qquad (5.20)$$

が導かれます。

(5.20) を利用して，指数関数 $e^x$ の導関数を見いだしましょう。

$$\frac{k}{\log(1+k)} = \frac{1}{\frac{1}{k}\log(1+k)} = \frac{1}{\log(1+k)^{\frac{1}{k}}}$$

なので，(5.20) より

$$\lim_{k \to 0}\frac{k}{\log(1+k)} = \frac{1}{\log\left(\displaystyle\lim_{k \to 0}(1+k)^{\frac{1}{k}}\right)} = \frac{1}{\log e} = 1 \qquad (5.21)$$

を得ます。

導関数の定義式にあてはめれば，

$$(e^x)' = \lim_{h \to 0}\frac{e^{x+h} - e^x}{h} = e^x \lim_{h \to 0}\frac{e^h - 1}{h} \qquad (5.22)$$

です。(5.21) を利用して，(5.22) の最後の極限を求めることを考えます。実際，$k = e^h - 1$ とおくと，$h \to 0$ のとき，$k \to 0$ です。$h = \log(e^h)$ に注意して，(5.21) を用いれば，

$$\lim_{h \to 0}\frac{e^h - 1}{h} = \lim_{h \to 0}\frac{e^h - 1}{\log(e^h)} = \lim_{k \to 0}\frac{k}{\log(1+k)} = 1$$

となります。よって，(5.22) より

$$(e^x)' = e^x \qquad (5.23)$$

が得られます。

**例 5.3** $a > 0$, $a \neq 1$ として，$a^x$ の導関数を求めてみましょう。$a = e^{\log a}$ であることに注意して，定理 5.1，(5.23) を使うと

$$(a^x)' = \left(e^{(\log a)x}\right)' = \left(e^{(\log a)x}\right)((\log a)x)' = (\log a)a^x \qquad (5.24)$$

となります。

## 5.6 逆関数の微分

3 章の 3.3 節で逆関数の存在とその性質について学習しました。簡単に復習をしておきましょう。$f(x)$ が閉区間 $I = [a, b]$ で定義されていて，連続でかつ狭義単調増加（減少）であるとき，$f(I)$ 上で定義された逆関数 $x = f^{-1}(y)$ が存在して，連続でかつ狭義単調増加（減少）になりました。この節では，逆関数 $x = f^{-1}(y)$ の導関数を考察しましょう。

> **定理 5.2** 関数 $y = f(x)$ が区間 $I$ で微分可能な狭義単調関数とする。このとき，$f(I)$ での逆関数 $x = f^{-1}(y)$ は，$f'(x) = 0$ なる $x$ に対応する $y$ 以外の点において微分可能で，
> $$\frac{df^{-1}(y)}{dy} = \frac{1}{f'(x)} \qquad (5.25)$$
> が成り立つ [*3]。

定理 4.3 を利用して，$\dfrac{f^{-1}(y+k) - f^{-1}(y)}{k}$ を評価する方法で，証明を追ってみましょう。$f^{-1}(y+k) - f^{-1}(y) = h$ とおくと，$f^{-1}(y)$ は連続ですから，$k \to 0$ のとき，$h \to 0$ です。また，$f^{-1}(y)$ は単調ですから $k \neq 0$ ならば，$h \neq 0$ です。さらに，$f^{-1}(y) = x \in I$，$y = f(x)$ ですから，$f^{-1}(y+k) = x + h$，$y + k = f(x+h)$ となります。よって，$k = f(x+h) - f(x)$ です。したがって，

$$\lim_{k \to 0} \frac{f^{-1}(y+k) - f^{-1}(y)}{k} = \lim_{h \to 0} \frac{h}{f(x+h) - f(x)}$$

---

[*3] (5.25) は，$\dfrac{dx}{dy} = \dfrac{1}{\dfrac{dy}{dx}}$ とも表記されます。

$$= \lim_{h \to 0} \frac{1}{\dfrac{f(x+h) - f(x)}{h}} = \frac{1}{f'(x)}$$

が $f'(x) = 0$ となる $x$ に対応する $y$ 以外の点において成り立ちます。

**例 5.4** $n$ を 2 以上の自然数として，$x^n$，$x \geqq 0$ の逆関数の導関数を求めてみましょう。逆関数は，$x = f^{-1}(y) = y^{\frac{1}{n}}$ と表すことにします。定理 5.2，(5.25) を用います。(4.13) より，$f'(x) = nx^{n-1}$ ですから

$$\frac{d\left(y^{\frac{1}{n}}\right)}{dy} = \frac{1}{f'(x)} = \frac{1}{nx^{n-1}} = \frac{1}{n}\frac{x}{x^n} = \frac{1}{n}\frac{y^{\frac{1}{n}}}{y} = \frac{1}{n}y^{\frac{1}{n}-1} \tag{5.26}$$

となります。

**例 5.5** 前例の (5.26) において，$x$ と $y$ の役割をかえれば，$\left(x^{\frac{1}{n}}\right)' = \dfrac{1}{n}x^{\frac{1}{n}-1}$ となります。さらに，$x^{\frac{p}{q}}$，$x > 0$ の導関数を考えてみましょう。ここで，$q\,(>0)$，$p$ は互いに素である整数とします。(4.13) は，(5.6) で学んだように，負の整数の範囲まで拡張されています。ここでの仮定は，$p$ が負の場合も含んでいます。定理 5.1 を使って，

$$\left(x^{\frac{p}{q}}\right)' = \left(\left(x^{\frac{1}{q}}\right)^p\right)' = p\left(x^{\frac{1}{q}}\right)^{p-1} \cdot \frac{1}{q}x^{\frac{1}{q}-1} = \frac{p}{q}x^{\frac{p-1}{q}+\frac{1}{q}-1}$$

となります。最後の式を整理して，

$$\left(x^{\frac{p}{q}}\right)' = \frac{p}{q}x^{\frac{p}{q}-1} \tag{5.27}$$

となります。このことは，(4.13) が有理数の範囲まで拡張されたことを示しています。

**例 5.6** 3 章の 3.5.1 項で学んだ，逆正弦関数 $y = \sin^{-1} x$ の導関数を求めてみましょう。逆正弦関数は，主値を用いることにします。復習をしますと，$y = \sin^{-1} x$ は定義域を $[-1, 1]$ とし，値域を $\left[-\dfrac{\pi}{2}, \dfrac{\pi}{2}\right]$ とします。この値域の範囲に $y$ があるとき，$\cos y \geqq 0$ に注意して下さい。また，$x = \sin y$ ですが，(5.13) より，$\dfrac{dx}{dy} = (\sin y)' = \cos y \geqq 0$ です。定理 5.2

を適用して,

$$(\sin^{-1} x)' = \frac{1}{(\sin y)'} = \frac{1}{\cos y} = \frac{1}{\sqrt{1 - \sin^2 y}} = \frac{1}{\sqrt{1 - x^2}} \quad (5.28)$$

となります。公式 $\sin^2 y + \cos^2 y = 1$ を用いると, 一般には,
$\cos y = \pm\sqrt{1 - \sin^2 y}$ ですが, ここでは, 正の方が採用されます。

## 5.7 課題 5.A の解決

例 5.6 と同様にできますが, 定義域, 値域などに注意しながら, 課題を解決しましょう。

3章の 3.5.2 項で学んだように, $y = \cos^{-1} x$ は定義域を $[-1, 1]$ とし, 値域を $[0, \pi]$ とします。ここでは, 主値を用いています。この値域の範囲に $y$ があるとき, $\sin y \geqq 0$ です。よって, $\sin y = \pm\sqrt{1 - \cos^2 y}$ ですが, ここでは, 正の方が採用されます。また, (5.13) より, $\dfrac{dx}{dy} = (\cos y)' = -\sin y \leqq 0$ です。定理 5.2 を適用して,

$$(\cos^{-1} x)' = \frac{1}{(\cos y)'} = \frac{1}{-\sin y} = -\frac{1}{\sqrt{1 - \cos^2 y}} = -\frac{1}{\sqrt{1 - x^2}} \quad (5.29)$$

を得ます。

ちなみに, $y = \tan^{-1} x$ については, 主値を用いて, 定義域を $(-\infty, \infty)$ とし, 値域を $\left(-\dfrac{\pi}{2}, \dfrac{\pi}{2}\right)$ とします。また, (5.14) より, $\dfrac{dx}{dy} = (\tan y)' = \dfrac{1}{\cos^2 y} = 1 + \tan^2 y$ です。定理 5.2 を適用して,

$$(\tan^{-1} x)' = \frac{1}{(\tan y)'} = \frac{1}{1 + \tan^2 y} = \frac{1}{1 + x^2} \quad (5.30)$$

となります。

## 5.8 対数関数の微分

対数関数 $y = \log x$ は，指数関数 $y = e^x$ の逆関数として定義されます。
$y = e^x$ は，$(-\infty, \infty)$ において，単調増加で微分可能です。値域は，$(0, \infty)$
ですから，$y = \log x$ の定義域は $(0, \infty)$[*4]であり，値域は，$(-\infty, \infty)$ に
なります。$y = \log x$ から $x = e^y$ ですから，$\dfrac{dx}{dy} = (e^y)' = e^y$ です。

定理 5.2 を適用して，

$$(\log x)' = \frac{1}{(e^y)'} = \frac{1}{e^y} = \frac{1}{x} \tag{5.31}$$

を得ます。ここで，$x < 0$ のときに，$y = \log(-x)$ を考えてみましょう。
定理 5.1 と，(5.31) から

$$(\log(-x))' = \frac{1}{(-x)} \cdot (-x)' = \frac{1}{x}$$

となります。これらを併せて，$x \neq 0$ として，$(\log|x|)' = \dfrac{1}{x}$ と表記する
こともできます。

$y = f(x)$ が微分可能な関数とします。定理 5.1 と，(5.31) から

$$(\log f(x))' = \frac{1}{f(x)} \cdot f'(x) = \frac{f'(x)}{f(x)} \tag{5.32}$$

となります。(5.32) を対数微分と呼んでいます。

**例 5.7** $\alpha$ を任意の実数とします。対数微分を応用して $y = x^\alpha$, $x > 0$ の
導関数を考えてみましょう。まず，両辺の対数を考えます。すなわち，
$\log y = \log x^\alpha = \alpha \log x$ です。この式の両辺を $x$ で微分して，

$$\frac{y'}{y} = (\log y)' = \alpha(\log x)' = \frac{\alpha}{x}$$

です。ゆえに，$y' = \dfrac{\alpha}{x}y = \dfrac{\alpha}{x}x^\alpha$ となります。右辺を整理すると

---

[*4] $x \in (0, \infty)$ は真数条件と呼ばれています。

$$(x^\alpha)' = \alpha x^{\alpha-1} \qquad (5.33)$$

となって，(4.13) は実数まで，一般化することができました。このような方法を，**対数微分法**と呼んでいます。

## 5.9　課題 5.B の解決

題意にしたがい，対数微分法で導関数を求めましょう。(5.2) の両辺の対数を考えると

$$\log y = \log \frac{(x-1)^3}{(x-3)(x^2+4)} = 3\log(x-1) - \log(x-3) - \log(x^2+4)$$

となります。両辺を $x$ で微分すれば，

$$\frac{y'}{y} = \frac{3}{x-1} - \frac{1}{x-3} - \frac{2x}{x^2+4}$$

です。ゆえに

$$y' = \left( \frac{3}{x-1} - \frac{1}{x-3} - \frac{2x}{x^2+4} \right) \frac{(x-1)^3}{(x-3)(x^2+4)} = \frac{2(x-16)(x-1)^2}{(x-3)^2(x^2+4)^2}$$

となります。

## 5.10　関数の媒介変数表示

$x$, $y$ が，媒介変数 $t$ の関数として

$$x = \varphi(t), \quad y = \psi(t), \quad \alpha < t < \beta \qquad (5.34)$$

と表されているとします。この式から，$x$ と $y$ は，$t$ を媒介として対応がついていると考えることができます。もし，逆関数 $t = \varphi^{-1}(x)$ が，存在するならば，$y = \psi(\varphi^{-1}(x)) = (\psi \circ \varphi^{-1})(x)$ と書くことができます。

> **定理 5.3**　区間 $I = (\alpha, \beta)$ において，(5.34) の $\varphi(t)$, $\psi(t)$ が微分可能とする。$\varphi'(t)$ が $I$ で 0 にならないとすれば，$y$ は，$x$ について微分可能で，

$$\frac{dy}{dx} = \frac{\psi'(t)}{\varphi'(t)} = \frac{\dfrac{dy}{dt}}{\dfrac{dx}{dt}} \tag{5.35}$$

が成り立つ。

　次章の 6.4 節で，導関数と増減の関係を学習します。関数 $f(x)$ がある開区間で微分可能で，$f'(x)$ が定符号ならば，関数はその区間で単調ということを学びます。ここでは，この結果を使うことにします。定理 5.3 の仮定の微分可能な $\varphi(t)$ の導関数 $\varphi'(t)$ が $I$ で 0 にならないことから，$\varphi'(t)$ は，$I$ で定符号になります。ゆえに，$\varphi(t)$ が単調であることがわかり，逆関数の存在がいえます。定理 5.2 を用いて，

$$\frac{dt}{dx} = \frac{1}{\varphi'(t)}$$

となりますから，定理 5.1 を適用して，

$$\frac{dy}{dx} = \frac{dy}{dt} \cdot \frac{dt}{dx} = \frac{\psi'(t)}{\varphi'(t)}$$

となって，定理 5.3 は示されました。

## 5.11 課題 5.C の解決

　題意の関数 $x = a(t - \sin t)$, $y = a(1 - \cos t)$ は，区間 $(0, 2\pi)$ において，微分可能なので，定理 5.3 を適用しましょう。$\dfrac{dx}{dt} = (a(t - \sin t))' = a(1 - \cos t)$ なので，$\dfrac{dx}{dt}$ は 0 になりません。また，$\dfrac{dy}{dt} = (a(1 - \cos t))' = a \sin t$ です。したがって，

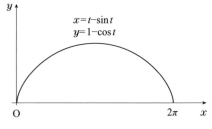

図 5.1　課題 5.C の解決

$$\frac{dy}{dx} = \frac{a\sin t}{a(1-\cos t)} = \frac{\sin t}{1-\cos t}$$

となります [*5]。

**演習問題**

A

1. 以下の関数の導関数を求めよ。

(1) $\sin 2x \cos 3x$ (2) $\dfrac{e^x + 1}{e^x}$

2. 以下の関数の導関数を求めよ。

(1) $\sin x\, e^{\cos x}$ (2) $\dfrac{2^x}{3^x + 1}$

3. 関数 $y = \sin^{-1}(\tan x)$ の導関数を求めよ。

4. 対数微分法を用いて，$y = x^{x^2}$ の導関数を求めよ。

B

1. $y = \cos(\tan^{-1} x)$ の導関数は，$-\dfrac{x}{(1+x^2)\sqrt{1+x^2}}$ であることを示せ。

2. 楕円 $\dfrac{x^2}{9} + \dfrac{y^2}{4} = 1$ は，媒介変数表示 $x = 3\cos t$, $y = 2\sin t$ で表される。このとき，$t = \dfrac{\pi}{3}$ における接線の方程式を求めよ。

---

[*5] $\sin t = 2\sin\dfrac{t}{2}\cos\dfrac{t}{2}$, $1 - \cos t = 2\sin^2\dfrac{t}{2}$ を使うことで，サイクロイドについては，$\dfrac{dy}{dx} = \cot\dfrac{t}{2}$ とも表せます。

# 6 │ 曲線の概形

《**目標＆ポイント**》　関数をグラフで表現することは，特性を理解しやすくし，数学的に考察するための不可欠な手段です。関数の解析的性質は，グラフに幾何学的性質として映し出され，グラフの幾何学的性質は関数の解析的性質を物語ります。この章の目標のひとつは，微分法を応用して，関数の増減を調べ，極値を求められるようになることです。更に，増減表から曲線の概形を描くことを学びます。関数のグラフを最大・最小問題や不等式の証明に応用できるようになりましょう。

《**キーワード**》　関数の増減，極大値・極小値，ロルの定理，平均値の定理，凹凸，変曲点，漸近線，最大・最小，不等式への応用

## 6.1　6章の課題

　微分法の定義からはじまり，一般的な性質，各論的な性質と学習してきました。ここでは，いままで学習したものをもとに関数のグラフを追跡しましょう。この章での課題は，以下の3問です。

**課題 6.A**　$x > 0$ とする。このとき，不等式

$$\frac{1}{x+1} < \log \frac{x+1}{x} < \frac{1}{x} \tag{6.1}$$

が成り立つことを証明せよ。

**課題 6.B**　関数

$$y = x^5 - 5x^4 + 10x^3 - 10x^2 \tag{6.2}$$

の極値および変曲点を求めよ。

**課題 6.C** 方程式

$$e^x - ax = 0 \tag{6.3}$$

の実数解の個数が 1 個となる $a$ の範囲を求めよ。

\* \* \* \* \* \* \* \* \*

▶ 直感では，課題 6.A が「証明問題」であるということと，不等式の中央の式の対数関数の部分に注目したのではないでしょうか。

**課題 6.A 直感図**

$x > 0$ とする。このとき，不等式

$$\frac{1}{x+1} < \log \frac{x+1}{x} < \frac{1}{x}$$

が成り立つことを**証明**せよ。

覚えよう
- 連続関数の性質
- 最大値・最小値
- ロルの定理
- 平均値の定理

思い出そう
- 対数関数
- 不等式の性質
- 分数関数

対数関数の基本性質がいくつかありました。もし忘れてしまった人は復習しておいて下さい。不等式の証明方法は様々な形があります。ここでは，平均値の定理の応用を紹介します。そのための準備として，2 章で学習した連続関数の性質などが必要です。平均値の定理に至る道筋を，6.2 節で順序立てて説明していきます。◀

▶ 課題 6.B は，関数のグラフの概形を追跡する問題です。極値や変曲点などの用語は，初めてかもしれません。また，対象となる関数が，5 次関数です。少々，計算が大変そうと感じた人もいるかもしれません。

98

## 課題 6.B 直感図

関数

$$y = x^5 - 5x^4 + 10x^3 - 10x^2$$

の**極値**および**変曲点**を求めよ。

─── 覚えよう ───
- 関数の極大値・極小値
- 関数の増減
- 関数の凹凸と変曲点
- 増減表

─── 思い出そう ───
- 多項式の導関数
- 因数分解

　極値などの定義を 6.2 節，6.4 節，6.5 節においてあたえていきます。数式で表現されたものと図形的な意味とを並行して理解するようにしましょう。課題の解決に必要な因数分解などの多項式を取り扱う道具を思い出しておいて下さい。◀

　▶ 課題 6.C は，関数のグラフを描くことで，方程式の実数解の個数を考察する問題です。課題 6.B を解くために学んだ曲線を追求する方法が応用できそうです。

## 課題 6.C 直感図

方程式

$$e^x - ax = 0$$

の**実数解の個数**が 1 個となる $a$ の範囲を求めよ。

─── 覚えよう ───
- グラフの交点と実数解

─── 思い出そう ───
- 指数関数の導関数
- 指数関数の性質

ネピア数 $e$ や指数関数の導関数の公式は復習しておいて下さい。この課題の解決法も様々あるはずです。別解を考えることは，数学の理解を深める有効な手段です。ぜひ考えてみて下さい。◀

## 6.2　平均値の定理

関数 $y = f(x)$ が開区間 $I$ で定義されているとします。$a \in I$ として，$\delta$ を小さく取って，開区間 $(a - \delta, a + \delta) \subset I$ とします。

開区間の性質から，$\delta$ を十分小さく取ればこのように取ることができます。もちろん，$\delta$ は一意に定まるとは限りません。もし，ある $\delta$ に対して，$f(a) > f(x)$ が，$(a - \delta, a + \delta)$ に含まれる任意の $x$ $(x \neq a)$ に対して成り立つとき，$f(x)$ は，$x = a$ で極大であるといい，$f(a)$ を極大値と

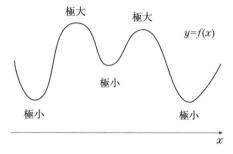

**図 6.1　極大値・極小値（1）**

いいます。$a$ を極大値をあたえる点と表現をすることもあります。

同じように，ある $\delta$ に対して，$f(a) < f(x)$ が，$(a - \delta, a + \delta)$ に含まれる任意の $x$ $(x \neq a)$ に対して成り立つとき，$f(x)$ は，$x = a$ で極小である，または $a$ を極小値をあたえる点であるといい，$f(a)$ を極小値といいます。極大値，極小値を単に極値と呼びます [1]。

極値をあたえる点の候補は，導関数の零点を調べることでわかります。

**定理 6.1**　関数 $f(x)$ は，開区間 $I$ で微分可能とする。点 $a \in I$ で極値をとるならば

$$f'(a) = 0 \tag{6.4}$$

[1] 図 6.1 を参照のこと。

100

が成り立つ。

方程式 (6.4) で求められる $a$ は，必ずしも極値をあたえるとは限りません。例えば，$f(x) = x^{2n+1}$，$n \in \mathbb{N}$ とすれば，$f'(x) = (2n+1)x^{2n}$ となります。明らかに，$f'(0) = 0$ ですから，$x = 0$ は $f(x)$ の極値をあたえる点の候補になります。しかし，$f(x)$ は，$x = 0$ の近くで増加しますから，$x = 0$ は

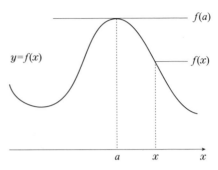

図 **6.2** 極大値・極小値（2）

$f(x)$ の極値をあたえる点にはなり得ません。

定理 6.1 の証明を見てみましょう。ここでは，$x = a$ で，$f(x)$ が極大値をとるとして (6.4) を導き出します。極小値をとる場合も，符号に気をつければ同じようにできます。

$x \in I$ を $a$ の近くの任意の点とします。$f(x)$ は $a$ で極大値 $f(a)$ をとりますから，$f(x) < f(a)$ が成り立ちます。まず $x > a$ の場合を考えましょう[*2]。このときは，$\dfrac{f(x) - f(a)}{x - a} < 0$ ですから，

$$\lim_{x \to a+0} \frac{f(x) - f(a)}{x - a} \leqq 0 \tag{6.5}$$

が成り立ちます。次に，$x < a$ ならば $\dfrac{f(x) - f(a)}{x - a} > 0$ ですから

$$\lim_{x \to a-0} \frac{f(x) - f(a)}{x - a} \geqq 0 \tag{6.6}$$

となります。$f(x)$ は，$a$ で微分可能ですから，(6.5), (6.6) の左辺はともに $f'(a)$ と一致します。したがって，$f'(a) \leqq 0$ と $f'(a) \geqq 0$ が同時に成り立ちます。このことは，$f'(a) = 0$ に他なりません。

---

[*2] 図 6.2 を参照のこと

　次の定理は，平均値の定理の出発点となるもので，**ロル（Rolle**[*3]**）の定理**と呼ばれています。

---

**定理 6.2**　関数 $f(x)$ が閉区間 $[a, b]$ において連続で，開区間 $(a, b)$ で微分可能であるとする。さらに

$$f(a) = f(b) \tag{6.7}$$

であれば，

$$f'(c) = 0, \quad a < c < b \tag{6.8}$$

をみたす $c$ が少なくともひとつ存在する。

---

　条件式 (6.7) をみたす連続関数のイメージを描いてみましょう。図 6.3 では，(6.8) を満たす点が 1 つ描かれています。この図では，極大値をあたえる点として見て取れます。それでは，定理 6.2 の証明を見てみましょう。

　関数 $f(x)$ は，閉区間 $[a, b]$ において連続ですから，定理 2.6 を用いると，$[a, b]$ 内で最大値 $M$ と最小値 $m$ をとることがわかります。最大値と最小値をあたえる $x$ 軸上の点をそれぞれ，$c_M$, $c_m$ としましょう。すなわち，

$$f(c_M) = M, \quad f(c_m) = m$$

です。関数 $f(x)$ が $c_M$ の近くで定数になっている場合は，必要ならば $c_M$ を移動して，

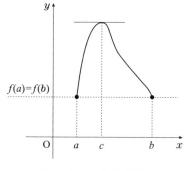

**図 6.3　ロルの定理**

ある開区間 $(c_M - \delta, c_M + \delta)$, $\delta > 0$ において $f(x) = M$ であると考えることができます。したがって，微分係数の定義から $f'(c_M) = 0$ が示されます。関数 $f(x)$ が $c_m$ の近くで定数である場合も同様に，$f'(c_m) = 0$ が示されます。以下では，$c_M$, $c_m$ の近くで，関数 $f(x)$ は定数ではない

---

[*3] Michel Rolle, 1652–1719, フランス

とします。

　まず，$f(x)$ が端点ではなく，開区間 $(a, b)$ で最大値をとる場合を考えましょう。$f(c_M) > f(a) = f(b)$ および $c_M$ についての仮定から，閉区間 $[a, b]$ に含まれる開区間 $I_{c_M}$ があって，任意の $x \in I_{c_M}$，$x \neq c_M$ に対して，$f(x) < f(c_M) = M$ が成り立ちます。これより，$f(x)$ は，$x = c_M$ で極大値をとることがわかります。ゆえに，定理 6.1 より，$f'(c_M) = 0$ を得ます。同様に，$f(x)$ が端点ではなく，開区間 $(a, b)$ で最小値をとる場合についても考えることができます。この場合は，$f(x)$ が，$x = c_m$ で極小値をとることがわかります。ゆえに，定理 6.1 より，$f'(c_m) = 0$ を得ます。

　ここまでの議論で，$c_M$，$c_m$ の少なくとも一方が，開区間 $(a, b)$ にあるならば，(6.8) は示されたことになります。残された場合は，$c_M$，$c_m$ がともに端点である場合です。この場合は，$f(a) = f(b) = f(c_M) = f(c_m)$ となります。したがって，関数 $f(x)$ は区間 $[a, b]$ で定数関数になります。ゆえに，開区間 $(a, b)$ の任意の点 $x$ に対して $f'(x) = 0$ です。以上で，定理 6.2 は証明されました。

　定理 6.2 から，次の**平均値の定理**が導かれます。

---

**定理 6.3**　関数 $f(x)$ が閉区間 $[a, b]$ において連続で，開区間 $(a, b)$ で微分可能であるとする。このとき，

$$f'(c) = \frac{f(b) - f(a)}{b - a}, \quad a < c < b \tag{6.9}$$

をみたす $c$ が少なくともひとつ存在する。

---

　式 (6.9) の右辺の値は，図 6.4 に現れる 2 点 $(a, f(a))$，$(b, f(b))$ を結ぶ直線 $L$ の傾きです。この値は，$x$ が $a$ から $b$ まで増えるときの $f(x)$ の平均変化率でもあります。定理 6.3 の主張は，この平均変化率と等しい微分係数をあたえる $c$ が $a < c < b$ に存在するということです。また，図形的には直線 $L$ と平行な，曲線 $y = f(x)$ の接線が $a < c < b$ なる点 $(c, f(c))$ において引くことができることを意味しています。

それでは，平均値の定理の証明
を追ってみましょう。簡単のため，
(6.9) の右辺を

$$\frac{f(b) - f(a)}{b - a} = k$$

とおきます。補助関数

$$\Phi(x) = f(x) - f(a) - k(x - a)$$
$$(6.10)$$

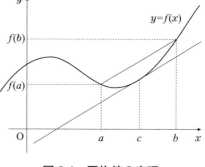

**図 6.4　平均値の定理**

を考えましょう。定理の $f(x)$ に
ついての仮定から，$\Phi(x)$ もまた，閉区間 $[a, b]$ において連続で，開区間
$(a, b)$ で微分可能になります。定義式 (6.10) から，$\Phi(a) = 0$，かつ

$$\Phi(b) = f(b) - f(a) - k(b - a)$$
$$= f(b) - f(a) - \left( \frac{f(b) - f(a)}{b - a} \right)(b - a) = 0$$

となります。したがって，$\Phi(x)$ について，定理 6.2 を適用させれば，開
区間 $(a, b)$ の中に $\Phi'(c) = 0$ をみたす $c$ が存在します。$\Phi'(x) = f'(x) - k$
ですから，$\Phi'(c) = f'(c) - k = 0$ となり，(6.9) が導かれました。

## 6.3　課題 6.A の解決

証明したい不等式 (6.1) の中央式は

$$\log \frac{x + 1}{x} = \frac{\log(x + 1) - \log x}{(x + 1) - x} \tag{6.11}$$

と表すことができます。そこで，$f(x) = \log x$ とおくと，(6.11) は，$f(x)$
のグラフ上の 2 点 $(x, f(x))$ と $(x + 1, f(x + 1))$ を結ぶ直線の傾きになっ
ています。$f(x)$ は，$x > 0$ で微分可能です。もちろん $[x, x + 1]$ におい
て連続で，$(x, x + 1)$ で微分可能になります。

定理 6.3 を用いれば，$f'(x) = \dfrac{1}{x}$ ですから，

$$x < c < x+1 \qquad (6.12)$$

なる $c$ が存在して，

$$f'(c) = \frac{1}{c} = \log \frac{x+1}{x} \qquad (6.13)$$

をみたします[*4]。(6.12) より，$x > 0$ ですから，

$$\frac{1}{x+1} < \frac{1}{c} < \frac{1}{x}$$

となります。これと (6.13) をあわせることで，(6.1) を得ることができました。

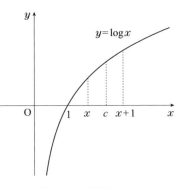

図 6.5　課題 6.A

## 6.4　関数の増減

関数 $y = f(x)$ が開区間 $I$ で定義されているとします。関数の増減については，3章で定義しましたが，簡単に復習しておきましょう。任意の $x_1, x_2 \in I$, $x_1 < x_2$ に対して，$f(x_1) < f(x_2)$ が成り立つとき，$f(x)$ は $I$ で狭義単調増加であるといいます。また，$f(x_1) > f(x_2)$ が成り立つとき，$f(x)$ は $I$ で狭義単調減少であるといいます。関数の増減について，次の定理が成り立ちます。

---
**定理 6.4**　関数 $f(x)$ が開区間 $I$ で微分可能であるとする。このとき，
(i) 任意の $x \in I$ で $f'(x) > 0$ ならば，$f(x)$ は $I$ で狭義単調増加である。
(ii) 任意の $x \in I$ で $f'(x) < 0$ ならば，$f(x)$ は $I$ で狭義単調減少である。

---

証明は平均値の定理から導かれます。任意に $x_1, x_2 \in I$, $x_1 < x_2$ をとります。関数 $f(x)$ は，$I$ で微分可能ですから，閉区間 $[x_1, x_2]$ において連続で，開区間 $(x_1, x_2)$ で微分可能です。したがって，定理 6.3 から，

---

[*4] 図 6.5 を参照のこと

ある $c$, $x_1 < c < x_2$ があって

$$f(x_2) - f(x_1) = f'(c)(x_2 - x_1) \tag{6.14}$$

をみたします。(i) のときは，$f'(c) > 0$ ですから，(6.14) より $f(x_2) - f(x_1) > 0$ となり，$f(x)$ は $I$ で狭義単調増加になります。(ii) のときは，$f'(c) < 0$ ですから，$f(x_2) - f(x_1) < 0$ となり，$f(x)$ は $I$ で狭義単調減少になります。

定理 6.1 では，極値をあたえる候補となる点を求めました。この候補となる点が，実際に極値になるのかを判定する定理を紹介します。

---

**定理 6.5** 関数 $f(x)$ が点 $a$ を含む開区間 $I$ で微分可能であり，$f'(a) = 0$ とする。

(i) $x < a$ のとき $f'(x) > 0$ であり，$x > a$ のとき $f'(x) < 0$ ならば $f(x)$ は $a$ で極大値 $f(a)$ をとる。

(ii) $x < a$ のとき $f'(x) < 0$ であり，$x > a$ のとき $f'(x) > 0$ ならば $f(x)$ は $a$ で極小値 $f(a)$ をとる。

---

主張 (i) の証明を考えてみましょう。定理 6.4 から，$x < a$ のときは，関数は増加していて $x > a$ のとき減少していることになります。これは，$f(x)$ が $a$ で極大値をとることを意味します。同様に，主張の (ii) も確かめることができます。

## 6.5 関数の凹凸と変曲点

前節までの学習で，関数の増減と極値を調べる方法を学びました。関数のグラフをより精密に描くために，2 回微分して，関数の凹凸を調べる方法を紹介しましょう。まずは，微分可能性は仮定せずに，関数の凹凸についての定義をあたえていきます。

関数 $y = f(x)$ が開区間 $I$ で定義されているとします。任意の $x_1$, $x_2 \in$

$I,\ x_1 < x_2$ と任意の $t \in [0,1]$
に対して,

$$f(tx_1 + (1-t)x_2)$$
$$\leqq tf(x_1) + (1-t)f(x_2)$$
$$(6.15)$$

が成り立つとき, $f(x)$ は, $I$
で凸（下に凸）であるというこ
とにします。この条件 (6.15)

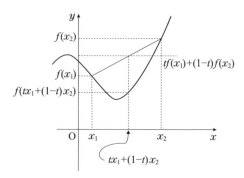

**図 6.6　関数の凹凸**

は, $x_1 < x < x_2$ では, 曲線 $y = f(x)$ のグラフが, 2 点 $(x_1, f(x_1))$,
$(x_2, f(x_2))$, を結ぶ直線より下にあることを意味しています。

　条件式 (6.15) で, 不等号の向きが逆の条件を $f(x)$ がみたすとき, $f(x)$
は, $I$ で凹（上に凸）であるといいます。これは, 関数 $-f(x)$（マイナ
スをつけたもの）が凸（下に凸）であることと同じです。

　関数 $f(x)$ に微分可能性を仮定しますと, 関数の凹凸は導関数を使うこ
とで調べることができます。

---

**定理 6.6**

(i) 関数 $f(x)$ が $I$ で微分可能とする。$f(x)$ が $I$ で凸（下に凸）であ
　　ることの同値な条件は, $f'(x)$ が増加することである。

(ii) 関数 $f(x)$ が $I$ で 2 回微分可能とする。$f''(x) > 0$ ならば, $f(x)$
　　は, $I$ で凸（下に凸）である。

---

　定理 6.6 の証明を考えてみましょう。条件式 (6.15) をどう使うかにな
ります。$x = tx_1 + (1-t)x_2$ とおくと, $t = \dfrac{x_2 - x}{x_2 - x_1}$, $1 - t = \dfrac{x - x_1}{x_2 - x_1}$
ですから, これらを (6.15) に代入すると

$$f(x) \leqq \frac{x_2 - x}{x_2 - x_1}f(x_1) + \frac{x - x_1}{x_2 - x_1}f(x_2) \qquad (6.16)$$

となります。この式は, 関数が凸（下に凸）である条件式の別表現とも

いうことができます。さらに, (6.16) から

$$f(x) - f(x_1) \leqq \left( \frac{x_2 - x}{x_2 - x_1} - 1 \right) f(x_1) + \frac{x - x_1}{x_2 - x_1} f(x_2)$$

$$= \frac{x - x_1}{x_2 - x_1} (f(x_2) - f(x_1))$$

となり

$$f(x) - f(x_2) \leqq \frac{x_2 - x}{x_2 - x_1} f(x_1) + \left( \frac{x - x_1}{x_2 - x_1} - 1 \right) f(x_2)$$

$$= \frac{x - x_2}{x_2 - x_1} (f(x_2) - f(x_1))$$

となります。$x_1 < x < x_2$ に注意して, 上の 2 つの不等式をまとめると

$$\frac{f(x) - f(x_1)}{x - x_1} \leqq \frac{f(x_2) - f(x_1)}{x_2 - x_1} \leqq \frac{f(x_2) - f(x)}{x_2 - x} \tag{6.17}$$

を得ます。主張 (ii) は, 定理 6.4 と (i) を用いれば示されますから, 以下で (i) を証明しましょう。関数 $f(x)$ が, 凸（下に凸）であるとすると, (6.17) が成り立ちます。$f(x)$ の微分可能性から左側の式で $x \to x_1$ とし, 右側の式で $x \to x_2$ とすれば,

$$f'(x_1) \leqq \frac{f(x_2) - f(x_1)}{x_2 - x_1} \leqq f'(x_2)$$

となります。このことは, $f'(x)$ が $I$ で増加していることを示しています。

　逆に, $f'(x)$ が $I$ で増加しているとしましょう。定理 6.3 を用いれば, ある $c_1 \in (x_1, x)$, $c_2 \in (x, x_2)$ があって,

$$f(x) - f(x_1) = f'(c_1)(x - x_1) \tag{6.18}$$

$$f(x_2) - f(x) = f'(c_2)(x_2 - x) \tag{6.19}$$

をみたします。$c_1 < c_2$ ですから, $f'(x)$ が増加である仮定より $f'(c_1) \leqq f'(c_2)$ となります。ゆえに, (6.18), (6.19) より

$$\frac{f(x) - f(x_1)}{x - x_1} \leqq \frac{f(x_2) - f(x)}{x_2 - x} \tag{6.20}$$

となります。これを，書き直せば，(6.16) に帰着されます。よって，$f(x)$ は $I$ で凸（下に凸）であることが示されました。

定理 6.6 から，2 回微分することによって関数の極値を評価する定理を得ます。

> **定理 6.7** 関数 $f(x)$ が点 $a$ を含む開区間 $I$ で 2 回微分可能で，$f''(x)$ は $x = a$ で連続とする。さらに $f'(a) = 0$ とする。このとき，$a$ の近くの点 $x \neq a$ において
> (i) $f''(x) < 0$ ならば $f(x)$ は $a$ で極大値 $f(a)$ をとる。
> (ii) $f''(x) > 0$ ならば $f(x)$ は $a$ で極小値 $f(a)$ をとる。

関数 $f(x)$ が $a$ において凸から凹に，または凹から凸に変わるとき，$(a, f(a))$ を変曲点といいます[5]。関数 $f(x)$ が 2 回微分可能で，$f''(x)$ が連続のとき，$f''(a) = 0$ をみたす $a$ の前後で $f''(x)$ の符号が変われば，点 $(a, f(a))$ は曲線 $y = f(x)$ のグラフの変曲点になります。$f''(a) = 0$ であっ

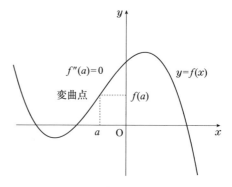

**図 6.7　変曲点**

ても，前後で $f''(x)$ の符号が変わらなければ変曲点にはなりません。

## 6.6 課題 6.B の解決

課題 6.B の関数を $f(x) = x^5 - 5x^4 + 10x^3 - 10x^2$ とおきます。$f(x)$ は 2 回微分可能で，$f''(x)$ が連続ですから，$f'(x)$，$f''(x)$ を求めて，定理 6.4，定理 6.7，定理 6.6 を使いましょう。まず $f'(x)$ を計算して，因

---

[5] 図 6.7 を参照のこと

数分解をすれば

$$f'(x) = 5x^4 - 20x^3 + 30x^2 - 20x = 5x(x-2)(x^2 - 2x + 2) \quad (6.21)$$

であり，$f''(x)$ を計算して，因数分解をすれば

$$f''(x) = 20x^3 - 60x^2 + 60x - 20 = 20(x-1)^3 \quad (6.22)$$

になります。(6.21) を用いて，$f'(x) = 0$ をみたす実数を求めましょう。$x^2 - 2x + 2 = (x-1)^2 + 1 > 0$ ですから，ここから極値をあたえる候補となる点は出てきません。よって，$x = 0$, $x = 2$ が極値をあたえる候補となる点となります。これらの点の前後での $f'(x)$ の符号を調べると，$x < 0$ では $f'(x) > 0$, $0 < x < 2$ では $f'(x) < 0$, $2 < x$ では $f'(x) > 0$ になります。したがって，定理 6.4 より，$f(x)$ は $x < 0$ では増加し，$0 < x < 2$ では減少し，$2 < x$ ではふたたび増加することがわかります。$f''(x) = 0$ をみたす実数は，(6.22) から，$x = 1$ のみです。この点の前後での $f''(x)$ の符号を調べると，$x < 1$ では $f''(x) < 0$，$1 < x$ では $f''(x) > 0$ になります。このことから，$x = 1$ は変曲点をあたえる点になっています。また，$f''(0) < 0$, $f''(2) > 0$ ですから，定理 6.7 から，$x = 0$ で極大となり，$x = 2$ で極小となることがわかります。

これらの結果を増減表にまとめると，次のようになります。

| $x$ | $\cdots$ | 0 | $\cdots$ | 1 | $\cdots$ | 2 | $\cdots$ |
|---|---|---|---|---|---|---|---|
| $f'(x)$ | + | 0 | − | − | − | 0 | + |
| $f''(x)$ | − | − | − | 0 | + | + | + |
| $f(x)$ | ↗ | 極大 | ↘ | 変曲点 | ↘ | 極小 | ↗ |

以上より，$f(x)$ は $x = 0$ で極大値 $f(0) = 0$, $x = 2$ で極小値 $f(2) = -8$ をとります。また，変曲点は，$(1, f(1)) = (1, -4)$ であります。ちなみに，$y = f(x)$ のグラフは図 6.8 のようになります。

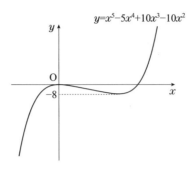

**図 6.8　課題 6.B のグラフ**

## 6.7 グラフの応用

この節では，例題を通して，グラフの方程式，不等式への応用を紹介します。

**例 6.1**　方程式

$$x^2 + 2x - 7 - 2k(x - 2) = 0 \qquad (6.23)$$

の実数解の個数が $k$ を変化させることによってどのように変わるか調べましょう。この問題には，様々な解法があると思いますが，ここではグラフを応用します。

方程式 (6.23) の実数解は，

$$f(x) = \frac{x^2 + 2x - 7}{2(x - 2)} \qquad (6.24)$$

として，$y = f(x)$ のグラフと定数関数 $y = k$ のグラフの交点の $x$ 座標であたえられます。そこで，この章で学習した知識を使って，$y = f(x)$ のグラフを描いて考察をしましょう。(6.24) から $x = 2$ のところでは，グラフは不連続になっています。$f(x)$ の導関数を求める前に，

$$f(x) = \frac{1}{2}x + 2 + \frac{1}{2(x - 2)}$$

と変形しておきます。

$$f'(x) = \frac{1}{2} - \frac{1}{2(x-2)^2} = \frac{(x-1)(x-3)}{2(x-2)^2}, \tag{6.25}$$

$$f''(x) = \frac{1}{(x-2)^3} \tag{6.26}$$

を得ます。(6.25), (6.26) をもとに定理 6.4, 定理 6.6 を使って, 増減表を書くと

| $x$ | $\cdots$ | 1 | $\cdots$ | 2 | $\cdots$ | 3 | $\cdots$ |
|---|---|---|---|---|---|---|---|
| $f'(x)$ | $+$ | 0 | $-$ | | $-$ | 0 | $+$ |
| $f''(x)$ | $-$ | $-$ | $-$ | | $+$ | $+$ | $+$ |
| $f(x)$ | ↗ | 極大 | ↘ | | ↘ | 極小 | ↗ |

のようになります。ゆえに, $f(x)$ は $x = 1$ で極大値 $f(1) = 2$, $x = 3$ で極小値 $f(3) = 4$ をとります。

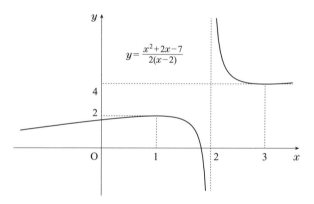

$$y = \frac{x^2 + 2x - 7}{2(x-2)}$$

**図 6.9　例 6.1 のグラフ**

　図 6.9 のグラフ $y = f(x)$ と, $x$ 軸に平行な直線 $y = k$ の共有点の数は, グラフを考察することにより, $k < 2$ のときは, 2 つ, $k = 2$ のときは, 1 つ, $2 < k < 4$ のときは, ひとつも無く, $k = 4$ のときは, 1 つ, $k > 4$ のときは, 2 つになります。以上より, 方程式の解の個数は, 2 個 ($k < 2$, $k > 4$), 1 個 ($k = 2$, $k = 4$), 0 個 ($2 < k < 4$) となります。ただし, $k = 2$, $k = 4$ のときは重複解ですので 2 個と数えてもかまいません。ま

た，$y = f(x)$ のグラフは，$x$ を限りなく大きくすると，直線 $y = \dfrac{1}{2}x + 2$ に近づくことがわかります。ここでは，詳細には入りませんが，このような直線を漸近線といいます。

**例 6.2** $0 \leqq x \leqq \dfrac{\pi}{2}$ の範囲で不等式

$$\frac{2}{\pi}x \leqq \sin x \tag{6.27}$$

を証明せよ。

$f(x) = \sin x - \dfrac{2}{\pi}x$ とおいて，$0 \leqq x \leqq \dfrac{\pi}{2}$ の範囲で $f(x) \geqq 0$ であることをグラフを利用して示しましょう。すなわち，$y = f(x)$ のグラフが，$x \leqq \dfrac{\pi}{2}$ の範囲で $x$ 軸より下がらないことを示します。導関数を求めると

$$f'(x) = \cos x - \frac{2}{\pi}, \quad f''(x) = -\sin x \tag{6.28}$$

となります。(6.28) をもとに定理 6.4，定理 6.6 を用いれば，増減表は

| $x$ | $0$ | $\cdots$ | $\theta$ | $\cdots$ | $\dfrac{\pi}{2}$ |
|---|---|---|---|---|---|
| $f'(x)$ | | $+$ | $0$ | $-$ | |
| $f''(x)$ | | $-$ | $-$ | $-$ | |
| $f(x)$ | $0$ | ↗ | 極大 | ↘ | $0$ |

となります。ここで $0 < \theta < \dfrac{\pi}{2}$ は，$\cos\theta = \dfrac{2}{\pi}$ をみたす数です。

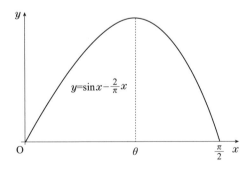

**図 6.10　例 6.2 のグラフ**

定義から，$f(0) = 0$，$f\left(\dfrac{\pi}{2}\right) = 0$ です。$x$ が極大をあたえる点 $\theta$ から $\dfrac{\pi}{2}$ までの範囲で，単調に減少していますから，グラフが $x$ 軸より下がることはありません。したがって，(6.27) は証明されました。

## 6.8 課題 6.C の解決

例 6.1 と同じように，

$$f(x) = \frac{e^x}{x} \tag{6.29}$$

とおいて，$y = f(x)$ のグラフと定数関数 $y = a$ のグラフを描いて考察をしてみましょう。(6.29) から $x = 0$ のところでは，グラフは不連続になっていることがわかります。導関数を求めると，

$$f'(x) = \frac{(x-1)e^x}{x^2}, \quad f''(x) = \frac{(x^2 - 2x + 2)e^x}{x^3} \tag{6.30}$$

となります。ここで，$x^2 - 2x + 2 = (x-1)^2 + 1 > 0$ ですから，$f''(x)$ の分子は正です。(6.30) をもとに定理 6.4，定理 6.6 を使って，増減表を書くと

| $x$ | $\cdots$ | $0$ | $\cdots$ | $1$ | $\cdots$ |
|---|---|---|---|---|---|
| $f'(x)$ | $-$ | | $-$ | $0$ | $+$ |
| $f''(x)$ | $-$ | | $+$ | $+$ | $+$ |
| $f(x)$ | ↘ | | ↘ | 極小 | ↗ |

のようになります。ゆえに，$f(x)$ は $x = 1$ で極小値 $f(1) = e$ をとります。ゆえに，$y = f(x)$ のグラフは，図 6.11 のようになります。したがって，直線 $y = a$ との交点の個数が 1 個となるような $a$ の範囲は，$a < 0$，$a = e$ であることがわかります。

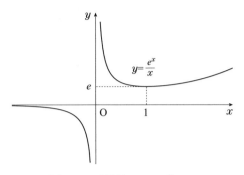

**図 6.11　課題 6.C のグラフ**

演習問題

A

1. 以下の関数が増加している $x$ の範囲を求めよ。

  (1) $y = x^2 - 6x + 2$　　　　　　(2) $y = x \log x$

2. 以下の関数の極値を調べよ。

  (1) $y = x^3 - 6x^2 + 12x + 5$　　(2) $y = \dfrac{x}{x^2 + 4}$

3. 関数 $f(x) = \dfrac{x^2 - 3x + a}{x - 3}$ が，$x = 1$ で極値をとるように $a$ を定めよ。

4. 関数 $f(x) = \dfrac{(x-1)(x-2)}{x^2}$ の凹凸を調べ，$y = f(x)$ のグラフの概形を描け。

B

1. $a < b$ とする。このとき，$e^a < \dfrac{e^b - e^a}{b - a} < e^b$ を示せ。

2. $p > 1$，$q > 1$ として，$\dfrac{1}{p} + \dfrac{1}{q} = 1$ をみたすとする。$a > 0$，$b > 0$ に対して，$ab \leqq \dfrac{a^p}{p} + \dfrac{b^q}{q}$ が成り立つことを示せ。

# 7 | 平均値の定理の応用

《目標＆ポイント》 関数を調べる学習には，局所的な考察と，大域的な考察があります。ある点のごく近くにおいて，関数の状態を顕微鏡で覗いて考察するような手法を学びます。複雑な関数も，局所的にはよく知られた多項式に近い振る舞いをすることもあります。そこで得られた性質が，定義域全体で成り立っているかを大域的に調べることも興味ある学習対象です。本章では，まず，高階導関数を求める方法を紹介します。また，平均値の定理の意味を理解し，近似値，テイラー展開へと発展させることを考えましょう。

《キーワード》 高階導関数，テイラー展開，マクローリン展開，近似式，方程式の実数解の近似

## 7.1 7章の課題

微分法に関する知識を更に深めていきましょう。高階導関数，テイラー展開，近似式の3問を用意しました。

**課題 7.A** 関数

$$f(x) = (x^2 + 3x + 1)e^{2x} \tag{7.1}$$

の $n$ 階導関数を求めよ。

**課題 7.B** 対数関数 $\log(1+x)$ は，$0 < \theta < 1$ があって，

$$\log(1+x) = x - \frac{1}{2}x^2 + \frac{1}{3}x^3 - \frac{1}{4}x^4 + \cdots$$
$$+ (-1)^{n-2}\frac{1}{n-1}x^{n-1} + (-1)^{n-1}\frac{1}{n}\frac{1}{(1+\theta x)^n}x^n \tag{7.2}$$

と表されることを示せ。

116

**課題 7.C** 関数 $y = \sqrt[3]{1 + 3x}$ の 2 次近似式を利用して,

$$\sqrt[3]{1.6} \qquad (7.3)$$

の近似値を小数第 2 位まで求めよ。

\* \* \* \* \* \* \* \* \*

▶ 課題 7.A では，多項式と指数関数の積で表された関数が出題されています。積の微分法を使って，第 $n$ 階導関数を表す公式が必要そうです。

**課題 7.A 直感図**

関数

$$f(x) = (x^2 + 3x + 1)e^{2x}$$

の $n$ 階導関数を求めよ。

― 覚えよう ―
- $n$ 階導関数
- ライプニッツの公式
- $\sum$ の計算

― 思い出そう ―
- 積の微分公式
- 多項式の微分
- 指数関数の微分
- 合成関数の微分
- 2 項係数

多項式，指数関数，三角関数などの初等関数の $n$ 階導関数を表す公式を学習します。積の微分公式を発展させたライプニッツの公式を紹介します。この公式の使い方が，課題を解決するための鍵になりそうです。◀

▶ 課題 7.B では，まず，対数関数が目に入ってくると思います。実際は，関数を多項式で記述されることが要求されているので，ある定理を学習するのだと感じ取ったでしょう。

## 課題 7.B 直感図

対数関数 $\log(1+x)$ は，$0<\theta<1$ があって，

$$\log(1+x) = x - \frac{1}{2}x^2 + \frac{1}{3}x^3 - \frac{1}{4}x^4 + \cdots$$
$$+(-1)^{n-2}\frac{1}{n-1}x^{n-1} + (-1)^{n-1}\frac{1}{n}\frac{1}{(1+\theta x)^n}x^n$$

と表されることを示せ。

<table>
<tr><td>── 覚えよう ──</td><td>── 思い出そう ──</td></tr>
<tr><td>

• テイラー展開
• マクローリン展開
• 平均値の定理の応用

</td><td>

• $n$ 階導関数
• 対数関数の微分
• $n!$ の取り扱い

</td></tr>
</table>

　解析学の中でしばしば登場するテイラー展開，マクローリン展開を学習します。これらの定理は，平均値の定理の延長線上にあります。どのようにして自分のものにするか工夫しましょう。証明を追ってみることや，具体的な関数の展開を覚えるなど様々な方法があります。この問題では，対数関数が対象です。対数関数の微分公式も復習しておきましょう。◀

　▶ 課題 7.C では，累乗根の入った関数が合成関数の形で登場しています。微分の公式を思い出しましょう。また，2 次近似式という概念は初めてかもしれません。

## 課題 7.C 直感図

関数 $y = \sqrt[3]{1+3x}$ の **2 次近似式** を利用して，

$$\sqrt[3]{1.6}$$

の近似値を小数第 2 位まで求めよ。

<table>
<tr><td>───── 覚えよう ─────<br>● 近似式<br>● 累乗根の入った関数の微分</td><td>───── 思い出そう ─────<br>● マクローリン展開<br>● 累乗根の計算<br>● 合成関数の微分法</td></tr>
</table>

　テイラー展開・マクローリン展開の応用として，近似式を学びます。本章では，1 次近似式と，2 次近似式を紹介します。関数値の近似の計算方法を，例題を通して説明します。微分の計算を正確に行うこと，使い方を理解することを考えながら，例題を読み進めて下さい。利用する関数を変えてみたり，課題対象の数値を変えてみたりして自分で問題を設定してみると，よい学習成果が得られると思います。◀

## 7.2　高階導関数

　関数の微分可能性については，4 章で定義しました。関数 $y = f(x)$ が区間 $I$ で微分可能とします。微分して得られる関数，導関数 $f'(x)$ が区間 $I$ でさらに微分可能としましょう。このようにして得られる $f'(x)$ の導関数を $f(x)$ の 2 階導関数といいます。このとき，$f(x)$ は 2 回微分可能であるといいます。

　定義から，この関数は $(f')'(x)$ となりますが，これを単に $f''(x)$ と表すことにします。

　同様に，$n$ が 3 以上の自然数であっても，$n$ 回微分可能な関数を考えることができます。$f(x)$ の $n$ 階導関数は，$f^{(n)}(x)$ と表します[1]。実際に，$f^{(n)}(x)$ を計算で求めるときには，$f^{(n-1)}(x)$ をもう一度微分する作業 $f^{(n)}(x) = (f^{(n-1)})'(x)$ をします。$n$ 階導関数の定義でも有りますが，$f^{(n)}(x)$ を帰納的に求めるときに，この公式を使います。

---

[1] 本書では，$n = 2$, 3 のときは，それぞれ $f''(x)$, $f'''(x)$ と表し，$n \geqq 4$ に対して，記号 $f^{(n)}(x)$ を用います。

導関数 $f'(x)$ を $\dfrac{dy}{dx}$ とも表しました。これに対応する 2 階導関数 $\dfrac{d\left(\dfrac{dy}{dx}\right)}{dx}$ を単に $\dfrac{d^2y}{dx^2}$ と表します。

同様に，$n$ 階導関数は，$\dfrac{d^ny}{dx^n}$ と表します。繰り返しになりますが，実際の計算のときには $\dfrac{d^ny}{dx^n} = \dfrac{d\left(\dfrac{d^{n-1}y}{dx^{n-1}}\right)}{dx}$ を行います。

2 以上の自然数 $n$ に対して，表現は 2 通り紹介しましたが，

$$f^{(n)}(x), \quad \frac{d^ny}{dx^n}$$

が存在するとき，これを $y = f(x)$ の高階導関数といいます。

具体的な高階導関数の公式を紹介する前に，もう少し語句や記号を紹介しておきます。

任意の自然数 $n$ に対して，区間 $I$ で $n$ 階導関数 $f^{(n)}(x)$ が存在するとき，$f(x)$ は無限回微分可能であるといいます。関数 $y = f(x)$ が，区間 $I$ で $n$ 回微分可能で $n$ 階導関数 $f^{(n)}(x)$ が連続であるとき，$f(x)$ は $I$ で $C^n$ 級であるといいます。

記号 $C^n(I)$ で，区間 $I$ で $C^n$ 級な関数の集合を表します。この記号を使うと $f(x)$ が $I$ で $C^n$ 級であることは，$f \in C^n(I)$ と書くことができます [2]。また，すべての $n$ に対して，$f \in C^n(I)$ であるとき，$f(x)$ は，区間 $I$ で $C^\infty$ 級（無限回微分可能）といいます。$f \in C^\infty(I)$ と書くこともできます。

先ずは，高階導関数の一般論的な公式を紹介しましょう。

---

**定理 7.1**　関数 $f(x)$, $g(x)$ は，$n$ 回微分可能な関数とする。このとき，

$$(f(x) + g(x))^{(n)} = f^{(n)}(x) + g^{(n)}(x) \tag{7.4}$$

---

[2] $f^{(0)}(x) = f(x)$ と考え，$C^0$ 級は単に連続とします。

$$(f(x)g(x))^{(n)} = \sum_{k=0}^{n} \binom{n}{k} f^{(n-k)}(x)g^{(k)}(x) \qquad (7.5)$$

公式 (7.5) は，**ライプニッツ（Leibniz**[*3]**）の公式**と呼ばれています。

次に，高階導関数の各論的な公式を紹介しましょう。単項式，指数関数，対数関数，三角関数が登場してきます。$\alpha \in \mathbb{R}$ としておきます。

$$(x^{\alpha})^{(n)} = \alpha(\alpha-1)\cdots(\alpha-n+1)x^{\alpha-n} \qquad (7.6)$$

$$(e^{\alpha x})^{(n)} = \alpha^n e^{\alpha x}, \quad (a^x)^{(n)} = (\log a)^n a^x, \quad a > 0, \ a \neq 1 \qquad (7.7)$$

$$(\log x)^{(n)} = (-1)^{n-1}\frac{(n-1)!}{x^n} \qquad (7.8)$$

$$(\sin x)^{(n)} = \sin\left(x + \frac{n\pi}{2}\right), \quad (\cos x)^{(n)} = \cos\left(x + \frac{n\pi}{2}\right) \qquad (7.9)$$

**例 7.1** (7.8) を帰納法で証明してみましょう。$n = 1$ のときは，(7.8) の左辺は $(\log x)' = \dfrac{1}{x}$ です。(7.8) の右辺は，$(-1)^0\dfrac{0!}{x} = \dfrac{1}{x}$ ですから，(7.8) は成立しています。$n$ のとき，(7.8) が正しいと仮定します。両辺を微分すると，(5.33) より右辺は，

$$\left((-1)^{n-1}\frac{(n-1)!}{x^n}\right)' = (-1)^{n-1}(n-1)!(-n)\frac{1}{x^{n+1}} = (-1)^n\frac{n!}{x^{n+1}}$$

となります。これは，(7.8) が $n+1$ のときも成り立つことを示しています。

(7.8) を用いて，$f(x) = x\log x$ の高階導関数を求めてみましょう。まず，$f'(x) = 1 \cdot \log x + x \cdot \dfrac{1}{x} = \log x + 1$ です。

次に，$f''(x) = (\log x + 1)' = (\log x)'$ ですから，$f^{(n)}(x) = (\log x)^{(n-1)}$ となります。したがって，(7.8) より

$$f^{(n)}(x) = (-1)^{n-2}\frac{(n-2)!}{x^{n-1}}, \quad n \geqq 2$$

となります。

---

[*3] Gottfried Wilhelm Leibniz, 1646–1716, ドイツ

## 7.3 課題 7.A の解決

　$n$ 階導関数の定義は，7.2 節で学習しました。課題 7.A の $f(x)$ は積の形をしていますから，ライプニッツの公式 (7.5) が適用できます。単項式の高階導関数と，指数関数の高階導関数については公式 (7.6), (7.7) であたえられました。2 項係数については，4 章を参照して下さい。ライプニッツの公式は，少々複雑そうですから，いきなり適用することは避けて，先ず，$x^2 + 3x + 1$ と $e^{2x}$ の高階導関数を求めましょう。

　公式 (7.6) を用いて
$$(x^2 + 3x + 1)' = 2x + 3, \quad (x^2 + 3x + 1)'' = (2x + 3)' = 2$$
ですから，$n \geqq 3$ については，$(x^2 + 3x + 1)^{(n)} = 0$ となります。また，公式 (7.7) から，任意の自然数 $n$ に対して
$$(e^{2x})^{(n)} = 2^n e^{2x}$$
となります。多項式 $x^2 + 3x + 1$ の微分の考察から $n = 1$, $n = 2$, $n \geqq 3$ に分けて，解答をつくりましょう。

　$n = 1$ のとき，積の微分公式 (ライプニッツの公式 (7.5) で $n = 1$) より，

$$((x^2 + 3x + 1)e^{2x})' = (2x + 3)e^{2x} + (x^2 + 3x + 1) \cdot 2e^{2x}$$
$$= (2x^2 + 8x + 5)e^{2x}$$

$n = 2$ のとき，ライプニッツの公式 (7.5) より，

$$((x^2 + 3x + 1)e^{2x})'' = 2e^{2x} + \binom{2}{1}(2x + 3) \cdot 2e^{2x} + (x^2 + 3x + 1) \cdot 2^2 e^{2x}$$
$$= (4x^2 + 20x + 18)e^{2x}$$

$n \geqq 3$ のとき，$(x^2 + 3x + 1)^{(n)} = 0$ に気をつけながら，ライプニッツの公式 (7.5) を適用しましょう。

$$((x^2 + 3x + 1)e^{2x})^{(n)} = \sum_{k=0}^{n} \binom{n}{k}(x^2 + 3x + 1)^{(n-k)}(e^{2x})^{(k)}$$

$$= \sum_{k=n-2}^{n} \binom{n}{k} (x^2 + 3x + 1)^{(n-k)} \cdot (2^k e^{2x})$$

$$= \left( \binom{n}{n-2} (x^2 + 3x + 1)'' 2^{n-2} + \binom{n}{n-1} (x^2 + 3x + 1)' 2^{n-1} \right.$$

$$\left. + \binom{n}{n} (x^2 + 3x + 1) 2^n \right) e^{2x}$$

$$= \left( \frac{n(n-1)}{2} \cdot 2 \cdot 2^{n-2} + n(2x+3) 2^{n-1} + (x^2 + 3x + 1) 2^n \right) e^{2x}$$

$$= (4x^2 + 4(n+3)x + n^2 + 5n + 4) 2^{n-2} e^{2x}$$

結果として，任意の自然数 $n$ に対して

$$((x^2 + 3x + 1)e^{2x})^{(n)} = (4x^2 + 4(n+3)x + n^2 + 5n + 4) 2^{n-2} e^{2x}$$

が成り立つことがわかりました。

## 7.4 テイラーの定理

6 章で，平均値の定理（定理 6.3）を学習しました。この節と 7.5 節において，平均値の定理から導かれる定理や公式を紹介しましょう。まずは，高階の形にしたもので**テイラーの定理**として知られるものを説明します。

> **定理 7.2** 関数 $f(x)$ が開区間 $(a - \delta, a + \delta)$ において $C^n$ 級であるとする。このとき，$x \in (a - \delta, a + \delta)$ に対して，ある $0 < \theta < 1$ が存在して
>
> $$f(x) = f(a) + f'(a)(x - a) + \frac{f''(a)}{2!}(x - a)^2 + \cdots$$
>
> $$+ \frac{f^{(n-1)}(a)}{(n-1)!}(x - a)^{n-1} + R_n \quad (7.10)$$
>
> ここで，

$$R_n = \frac{f^{(n)}(a + \theta(x - a))}{n!}(x - a)^n \qquad (7.11)$$

が成り立つ。

式 (7.11) であたえられる $R_n$ は，**剰余項**と呼ばれています。また，(7.10)，(7.11) による $f(x)$ の表現を**テイラー展開**といいます。

定理 6.3（平均値の定理）を使って，定理 7.2 の証明を追ってみましょう。

$$K = \frac{1}{(x-a)^n}\Big( f(x) - f(a) - f'(a)(x-a) - \frac{f''(a)}{2!}(x-a)^2 - \cdots$$
$$- \frac{f^{(n-1)}(a)}{(n-1)!}(x-a)^{n-1} \Big)$$

とおきます。補助関数

$$\Psi(t) = f(x) - f(t) - f'(t)(x-t) - \frac{f''(t)}{2!}(x-t)^2 - \cdots$$
$$- \frac{f^{(n-1)}(t)}{(n-1)!}(x-t)^{n-1} - K(x-t)^n \qquad (7.12)$$

を考えます。あたえられた条件から，$\Psi(t)$ は，微分可能で，$\Psi(a) = \Psi(x) = 0$ です。ゆえに，定理 6.3 から，ある $c$ が，少なくともひとつ $x$ と $a$ の間にあって，

$$\Psi'(c) = 0 \qquad (7.13)$$

をみたします。$c$ は，$a < x$ でも $a > x$ でも，$0 < \theta < 1$ を用いて，$c = a + \theta(x - a)$ と表せます。実際に，(7.13) の左辺 $\Psi'(c)$ を計算してみましょう。

$$\Psi'(t) = -f'(t) - f''(t)(x-t) + f'(t) - \frac{f'''(t)}{2!}(x-t)^2 + f''(t)(x-t) - \cdots$$
$$- \frac{f^{(n)}(t)}{(n-1)!}(x-t)^{n-1} + \frac{f^{(n-1)}(t)}{(n-2)!}(x-t)^{n-2} + nK(x-t)^{n-1}$$
$$= -\frac{f^{(n)}(t)}{(n-1)!}(x-t)^{n-1} + nK(x-t)^{n-1}$$

124

となります。この式で $t = c$ とおけば，$\Psi'(c)$ が得られます。(7.13) を使って，$K$ を計算すれば

$$K = \frac{1}{n}\frac{f^{(n)}(c)}{(n-1)!} = \frac{f^{(n)}(a + \theta(x-a))}{n!}$$

となり，定理 7.2 は証明されました。

定理 7.2 において，$n$ や $a$ が特別な場合を考えてみましょう。

式 (7.10) で，$n = 1$ の場合はどうなるでしょうか。$f(x)$ は $a$ の近くで微分可能であるとします。

$$f(x) = f(a) + f'(a + \theta(x-a))(x-a), \quad 0 < \theta < 1 \qquad (7.14)$$

となります。$x > a$ として (7.14) において，$x = b$，$c = a + \theta(x-a)$ とすれば，

$$f'(c) = \frac{f(b) - f(a)}{b - a}, \quad a < c < b$$

となって，平均値の定理を得ます。次に，(7.10)，(7.11) で $a = 0$ の場合を考えてみましょう。

$$f(x) = f(0) + f'(0)x$$
$$+ \frac{f''(0)}{2!}x^2 + \cdots + \frac{f^{(n-1)}(0)}{(n-1)!}x^{n-1} + \frac{f^{(n)}(\theta x)}{n!}x^n \quad (7.15)$$

この式 (7.15) は，**マクローリン展開**と呼ばれています。関数が原点で無限回微分可能で，かつ $n \to \infty$ のとき $\dfrac{f^{(n)}(\theta x)}{n!}x^n \to 0$ ならば，

$$f(x) = f(0) + f'(0)x + \frac{f''(0)}{2!}x^2 + \cdots + \frac{f^{(n)}(0)}{n!}x^n + \cdots \quad (7.16)$$

と表現しても良いでしょう [*4]。例えば，指数関数 $e^x$ は，無限回微分可能ですから，(7.7) より

$$e^x = 1 + x + \frac{1}{2!}x^2 + \cdots + \frac{1}{n!}x^n + \cdots \qquad (7.17)$$

---

[*4] 実際には，(7.16)–(7.19) の右辺は無限級数になりますから収束を確認する必要があります。級数についての学習は 14, 15 章で行います。

と表されます。また，三角関数 $\sin x$, $\cos x$ も無限回微分可能なので，(7.9) より

$$\sin x = x - \frac{1}{3!}x^3 + \frac{1}{5!}x^5 - \cdots + (-1)^{n-1}\frac{1}{(2n-1)!}x^{2n-1} + \cdots \quad (7.18)$$

$$\cos x = 1 - \frac{1}{2!}x^2 + \frac{1}{4!}x^4 - \cdots + (-1)^n\frac{1}{(2n)!}x^{2n} + \cdots \quad (7.19)$$

と表されます。

## 7.5 課題 7.B の解決

$f(x) = \log(1+x)$ とおきましょう。この関数は，対数の真数条件から，$x > -1$ において定義されています。また，この範囲で何回でも微分可能です。実際，

$$f'(x) = \frac{1}{1+x}, \ \ f''(x) = -\frac{1}{(1+x)^2}, \ \ f'''(x) = (-1)^2\frac{2\cdot 1}{(1+x)^3}, \cdots,$$

$$f^{(n)}(x) = (-1)^{n-1}\frac{(n-1)!}{(1+x)^n} \quad (7.20)$$

となります。定理 7.2 を用います。$0 < \theta < 1$ として，$f(0) = \log 1 = 0$, $f'(0) = 1$, $f''(0) = -1$, $f'''(0) = 2$, $\cdots$, $f^{(n-1)}(0) = (-1)^{n-2}(n-2)!$, $f^{(n)}(\theta x) = (-1)^{n-1}\frac{(n-1)!}{(1+\theta x)^n}$ を (7.15) へ代入すれば，(7.2) を得ることができます。ここでは，$\frac{(n-1)!}{n!} = \frac{1}{n}$ を使って計算をしました。

## 7.6 近似式

マクローリン展開 (7.14) を利用して，関数の近似を行ってみましょう。

関数 $f(x)$ は原点の近くで何度も微分可能とし，1 次近似式

$$f(x) = f(0) + f'(\theta x)x \fallingdotseq f(0) + f'(0)x, \quad 0 < \theta < 1 \quad (7.21)$$

および，2 次近似式

$$f(x) = f(0) + f'(0)x + \frac{1}{2}f''(\theta x)x^2, \quad 0 < \theta < 1$$

$$\fallingdotseq f(0) + f'(0)x + \frac{1}{2}f''(0)x^2 \tag{7.22}$$

を具体例を通しながら，学習しましょう。(7.21), (7.22) は，$x$ が十分 0 に近いならば，それぞれ $f'(\theta x) \fallingdotseq f'(0)$, $f''(\theta x) \fallingdotseq f''(0)$ として近似しています。

**例7.2** 1次近似式を利用して，$\sqrt{4.08}$ の近似値を小数第2位まで求めてみましょう。

$f(x) = \sqrt{4+x}$ とおくと，$f(x)$ は原点の近くで何度でも微分可能です。$f'(x) = \dfrac{1}{2\sqrt{4+x}}$ なので，原点の近くで

$$f(x) = \sqrt{4+x} = \sqrt{4} + \frac{x}{2\sqrt{4+\theta x}} \fallingdotseq 2 + \frac{x}{4}, \quad 0 < \theta < 1$$

となります。ゆえに，上式で $x = 0.08$ を代入して，2.02 が近似値として得られます。

**例7.3** 2次近似式を利用して，$\sqrt{(1.03)^3}$ の近似値を小数第3位まで求めてみましょう。

$f(x) = \sqrt{(1+x)^3} = (1+x)^{\frac{3}{2}}$ は原点の近くで何度でも微分可能で，

$$f'(x) = \frac{3}{2}\sqrt{(1+x)}, \quad f''(x) = \frac{3}{4\sqrt{1+x}}$$

です。

$$f(x) = \sqrt{(1+x)^3} = 1 + \frac{3}{2}x + \frac{3}{8\sqrt{1+\theta x}}x^2 \fallingdotseq 1 + \frac{3}{2}x + \frac{3}{8}x^2, \quad 0 < \theta < 1$$

となります。ゆえに，上式で $x = 0.03$ を代入して，$1 + \dfrac{0.09}{2} + \dfrac{0.0027}{8} \fallingdotseq$ 1.045 が近似値として得られます。

## 7.7　課題 7.C の解決

例 7.3 を参考にして，(7.22) を用いて問題を解決しましょう．この課題では，$f(x) = \sqrt[3]{1+3x} = (1+3x)^{\frac{1}{3}}$ ですから，(5.33) と定理 5.1 を用いて

$$f'(x) = \frac{1}{3}(1+3x)^{\frac{1}{3}-1} \cdot (1+3x)' = (1+3x)^{-\frac{2}{3}} = \frac{1}{\sqrt[3]{(1+3x)^2}}$$

$$f''(x) = -\frac{2}{3}(1+3x)^{-\frac{2}{3}-1} \cdot (1+3x)' = -2(1+3x)^{-\frac{5}{3}} = \frac{-2}{\sqrt[3]{(1+3x)^5}}$$

となります．(7.22) を使って，$f(x)$ の 2 次近似式をつくると，$f(0) = \sqrt[3]{1} = 1$，$f'(0) = \frac{1}{\sqrt[3]{1^2}} = 1$，$f''(0) = \frac{-2}{\sqrt[3]{1^5}} = -2$ なので，

$$f(x) \fallingdotseq f(0) + f'(0)x + \frac{f''(0)}{2}x^2 = 1 + x - x^2$$

を得ます．したがって，$\sqrt[3]{1.6} = f(0.2) \fallingdotseq 1 + 0.2 - 0.2^2 = 1.16$ となります．

## 7.8　方程式の解の近似

この節では，$f(x)$ を何回でも微分可能な関数とし，方程式 $f(x) = 0$ の実数解を近似的に求める方法を紹介します．ただし，この解は，導関数 $f'(x)$ を 0 にする点ではないものと仮定していきます．2 章で学習した定理 2.4（中間値の定理）や，6 章で学んだ $y = f(x)$ のグラフを描いて $x$ 軸との交点を求めるなどの方法によっ

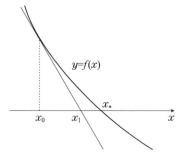

**図 7.1　ニュートンの方法（1）**

て，1 つの近似解 $x_0$ を見つけたと仮定しましょう．この $x_0$ をここでは，第 0 次近似解と呼びます．

　真の解を $x_*$ とし，$x_* - x_0 = h$（$h$ は負のこともあります）としましょう。すなわち，$f(x_*) = f(x_0 + h) = 0$ です。定理 6.3（平均値の定理）から

$$f(x_0 + h) = f(x_0) + f'(x_0 + \theta h)h = 0, \quad 0 < \theta < 1 \tag{7.23}$$

となります。前節で，学んだように $h$ が十分小さい（0 に近い）ならば，$f'(x_0 + \theta h) \fallingdotseq f'(x_0)$ としてよいですから (7.23) より，$f(x_0) + f'(x_0)h \fallingdotseq 0$，すなわち，$h \fallingdotseq -\dfrac{f(x_0)}{f'(x_0)}$ です。したがって，

$$x_1 = x_0 - \frac{f(x_0)}{f'(x_0)} \tag{7.24}$$

は，$x_0$ よりも $x_*$ に近い，より良い近似値（第 1 次近似解）をあたえることになります。以下，この操作を繰り返します。実際，第 $n$ 次近似解 $x_n$ が得られているときに，

$$x_{n+1} = x_n - \frac{f(x_n)}{f'(x_n)} \tag{7.25}$$

として，数列 $\{x_n\}$ を定義すれば，

$$\lim_{n \to \infty} x_n = x_* \tag{7.26}$$

となるだろうと期待できます。このようにして，方程式 $f(x) = 0$ の実数解を求める方法を，**ニュートンの方法**といいます。

　図 7.1 からも見て取れるように，$x_{n+1}$ は，点 $(x_n, f(x_n))$ における曲線 $y = f(x)$ の接線 $y = f'(x_0)(x - x_0) + f(x_0)$ と $x$ 軸との交点であり，$x_n$ が $x_*$ に近づいていくことがわかります。

　それでは，どのように $x_0$ を設定したら，(7.26) が保証されるのかを調べてみましょう。まず，$x_0$ と $x_*$ の間では，関数は単調になるように，$x_0$ を $x_*$ に十分近

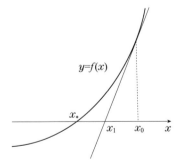

**図 7.2　ニュートンの方法（2）**

くとります。$x_0$ と $x_*$ の大小関係については，グラフの考察から，図 7.1
のような状況では，$x_0$ を $x_*$ より，小さくとる必要がありそうです。ま
た，図 7.2 では，$x_0$ を $x_*$ より，大きくとる必要がありそうです。

　実際は，$x_0$ を $x_*$ の近くにとって，$x_0$ と $x_*$ の間の任意の $x$ が

$$f(x)f''(x) > 0 \qquad (7.27)$$

をみたすように $x_0$ を設定します。

　たとえば，図 7.2 のような状況では，グラフは下に凸なので，6 章の定
理 6.6 で学んだように，$f''(x) > 0$ です。ですから，$x_0$ は，$f(x_0) > 0$ と
なるように $x_0 > x_*$ と選んでいます。また，もちろん，$x_*$ の近くで $f(x)$
が単調減少している場合も考察する必要はありますが，(7.27) をみたす
ように $x_0$ を設定すればよいのです。

　当初の仮定で $f(x)$ は何回でも微分可能で，$f'(x_*) \neq 0$ としてありま
す。そこで，$x_*$ の近くの $x$，すなわち，ある $\delta > 0$ があって $|x_* - x| < \delta$
をみたす $x$ については，$f(x)$ は小さくて（0 に近くて），

$$\left| \frac{f(x)f''(x)}{(f'(x))^2} \right| \leqq K < 1 \qquad (7.28)$$

が成り立つと仮定します。ここで，$0 < K < 1$ は定数です。

　それでは，何らかの方法で，条件式 (7.27)，(7.28) をみたすように $x_0$
を $x_*$ の近くに選ぶことができたと仮定しましょう。また，$x_0$ は $x_*$ に十
分近く，この間に方程式 $f(x) = 0$ の他の解はないとしておきます。補助
関数

$$N(x) = x - \frac{f(x)}{f'(x)} \qquad (7.29)$$

を考えます。ここで，

$$N'(x) = 1 - \frac{(f'(x))^2 - f(x)f''(x)}{(f'(x))^2} = \frac{f(x)f''(x)}{(f'(x))^2} \qquad (7.30)$$

であることに注意しておきます。(7.24)，(7.25) は，$N(x)$ を使うと，そ
れぞれ，$x_1 = N(x_0)$，$x_{n+1} = N(x_n)$ と表現されます。ゆえに，定理 6.3

から，$x_{n-1}$ と $x_n$ の間に $c_n$ があって，

$$x_{n+1} - x_n = N(x_n) - N(x_{n-1}) = N'(c_n)(x_n - x_{n-1}) \qquad (7.31)$$

が成り立ちます。(7.30), (7.28) から，

$$|x_{n+1} - x_n| \leqq K|x_n - x_{n-1}| \leqq K^2|x_{n-1} - x_{n-2}| \leqq \cdots \leqq K^n|x_1 - x_0|$$

を得ますから，

$$\begin{aligned} |x_{n+1}| &\leqq |x_{n+1} - x_n| + |x_n - x_{n-1}| + \cdots + |x_1 - x_0| + |x_0| \\ &\leqq (K^n + K^{n-1} + \cdots + 1)|x_1 - x_0| + |x_0| \\ &\leqq \frac{|x_1 - x_0|}{1 - K} + |x_0| \end{aligned}$$

より，$\{x_n\}$ は有界です。また，(7.27), (7.30) より，$x_{n-1}$ と $x_n$ の間にある任意の $x$ に対して，$N'(x) > 0$ が成り立ちます。ゆえに，(7.31) から，$x_n - x_{n-1}$ と $x_{n+1} - x_n$ が同符号であることがわかります。このことは，「$x_n$ は，単調である」ことを意味しています。したがって，1 章で学習した定理 1.5（解析学基本定理）から，$\displaystyle\lim_{n\to\infty} x_n = \alpha$ が存在することが得られます。この $\alpha$ と $x_*$ が等しいことを示せば，(7.26) が証明されたことになります。実際，(7.25) において $n \to \infty$ とすれば，$\alpha = \alpha - \dfrac{f(\alpha)}{f'(\alpha)}$ となりますから，$f(\alpha) = 0$ です。$x_0$ と $x_*$ 間に他の方程式 $f(x) = 0$ の解はないとしてありますから，$\alpha$ と $x_*$ は一致します。

**演習問題**

A

1. 以下の関数の 3 次導関数を求めよ。

(1) $y = (x^2 + 1)^3$ 　　(2) $y = \sqrt[3]{x}$

2. 以下の関数のマクローリン展開を $x^3$ の項まで求めよ。

(1) $y = (x + 1)^{-\frac{1}{2}}$ 　　(2) $y = \tan x$

3. 関数 $y = \cos 2x$ の 2 次近似式を利用して，$\cos 0.4$ の近似値を小数第 2 位まで求めよ。

4. 関数 $y = 2^x$ の $x = 1$ を中心とするテイラー展開を求めよ。

B

1. $\sinh x = \dfrac{e^x - e^{-x}}{2}$ のマクローリン展開を求めよ。

2. $e^x$ の定義をテイラー展開 (7.17) とする。この仮定の下で，$e^a e^b = e^{a+b}$ が成り立つことを確かめよ。

# 8 | 不定形の極限

《**目標＆ポイント**》　微分積分学の学習を通して，関数の極限を求めることの重要さを体感してきました。しかしながら，関数の極限はいつも容易に求まるとは限りません。関数の振る舞いを考察して，振る舞いを理解し，不定形を解消していきます。この章では，微分法の応用として，ロピタルの定理やテイラーの定理を用いて不定形の極限を求める方法を学習します。

《**キーワード**》　高位の無限小，不定形の極限，ロピタルの定理，ランダウの記号，テイラー展開の応用

## 8.1　8章の課題

3問の課題すべてが不定形解消問題です。

**課題 8.A**　ロピタルの定理を用いて，極限値

$$\lim_{x \to 0} \frac{1 - \cos 6x}{1 - \cos 3x} \tag{8.1}$$

を求めよ。

**課題 8.B**　$n$ を自然数とする。ロピタルの定理を用いて，極限値

$$\lim_{x \to \infty} \frac{x^n}{e^x} \tag{8.2}$$

を求めよ。

**課題 8.C**　テイラー展開を利用して，極限値

$$\lim_{x \to 0} \frac{\cosh x^2 - 1}{x^4} \tag{8.3}$$

を求めよ。

＊＊＊＊＊＊＊＊＊

▶ 8 章の課題は，不定形の極限の問題です。課題 8.A は，ロピタルの定理を使うように指定があります。

## 課題 8.A 直感図

**ロピタル**の定理を用いて，極限値

$$\lim_{x \to 0} \frac{1 - \cos 6x}{1 - \cos 3x}$$

を求めよ。

───── 覚えよう ─────
- コーシーの平均値の定理
- 不定形の極限
- ロピタルの定理

───── 思い出そう ─────
- 平均値の定理
- 三角関数の導関数
- 合成関数の微分法

　本章では，コーシーの平均値の定理を応用して，ロピタルの定理を証明していきます。そのための準備として，6 章，7 章で学習した平均値の定理が必要になります。不定形については，様々な形があります。課題 8.A の (8.1) がどの形なのかを見極めて，適切に使えるようになりましょう。この問題では，三角関数の微分と合成関数の微分を使いますので，復習しておきましょう。◀

　▶ 課題 8.B は，前課題に引き続き，ロピタルの定理を使う問題です。任意の自然数 $n$ が問題文に入っています。これを，どのように取り扱うかが課題の中心のようです。

134

## 課題 8.B 直感図

$n$ を自然数とする。ロピタルの定理を用いて，極限値

$$\lim_{x\to\infty} \frac{x^n}{e^x}$$

を求めよ。

┌──── 覚えよう ────┐    ┌──── 思い出そう ────┐
- 不定形の極限                 - 多項式の導関数
- 関数の増大                   - 指数関数の導関数
                              - 階乗の計算

　課題 8.A との違いは，$x\to\infty$ のときに，分母・分子ともに大きくなることです。不定形の形を見極めて，どの形のロピタルの定理が適用できるのかを確認しましょう。$n$ が具体的にあたえられていませんので，少々厄介ですが帰納的な解法で臨みます。基本的ですが，多項式，指数関数の導関数の計算も間違えないようにしましょう。◀

　▶ テイラー展開は，7章で学習しました。この課題 8.C では，テイラー展開の応用が指定されています。また，双曲線関数が登場しています。定義を思い出しておきましょう。$x^2$ が入っているところに気をつけて下さい。

## 課題 8.C 直感図

テイラー展開を利用して，極限値

$$\lim_{x\to 0} \frac{\cosh x^2 - 1}{x^4}$$

を求めよ。

　課題解決のためにランダウの記号を学習します。テイラー展開を利用することでロピタルの定理を何度も使う議論を避けられる場合があります。◀

## 8.2 ロピタルの定理 (1) $\left(\dfrac{0}{0}\ \text{の不定形}\right)$

　この節では，不定形の極限を求めるときに有効なロピタルの定理を学習します。

　2 章で不定形の極限を学習しましたが，簡単に復習しておきましょう。たとえば，$\lim_{x \to a} f(x) = 0$, $\lim_{x \to a} g(x) = 0$ の場合には，必ずしも $\lim_{x \to a} \dfrac{f(x)}{g(x)} = \dfrac{\lim_{x \to a} f(x)}{\lim_{x \to a} g(x)}$ とすることはできませんでした。これを，$\dfrac{0}{0}$ の不定形といいました。不定形にはこの他にも，$\dfrac{\infty}{\infty}$, $\infty - \infty$, $0 \cdot \infty$, $1^{\infty}$, $0^0$, $\infty^0$ などがあります。

　ここでは，まず**コーシーの平均値の定理**から始めましょう。

> **定理 8.1**　関数 $f(x)$, $g(x)$ が閉区間 $[a,b]$ で連続で，開区間 $(a,b)$ で微分可能であるとする。ただし，$(a,b)$ で $g'(x) \neq 0$ とする。このとき，
> $$\frac{f'(c)}{g'(c)} = \frac{f(b) - f(a)}{g(b) - g(a)}, \quad a < c < b \tag{8.4}$$
> をみたす $c$ が少なくともひとつ存在する。

　条件「開区間 $(a,b)$ において $g'(x) \neq 0$」からわかることは何でしょうか。もちろん，(8.4) の左辺の分母は 0 にならないことが保証されてい

ます。仮に，$g(b) = g(a)$ が成り立つとしましょう。6章で学習した，定理6.2（ロルの定理）から，ある $a < c < b$ があって，$g'(c) = 0$ になります。これは，$g'(x) \neq 0$ に矛盾します。よって，(8.4) の右辺の分母もまた 0 になる心配がありません。

では，定理 8.1（コーシーの平均値の定理）の証明を追ってみましょう。定数 $k$ を $k = \dfrac{f(b) - f(a)}{g(b) - g(a)}$ で定め，補助関数

$$\Phi(x) = f(x) - kg(x) \tag{8.5}$$

を定義します。関数 $f(x)$，$g(x)$ についての定理の仮定から，$\Phi(x)$ は，閉区間 $[a, b]$ で連続で，開区間 $(a, b)$ で微分可能になります。導関数は，$\Phi'(x) = f'(x) - kg'(x)$ です。$\Phi(a) = \Phi(b) = \dfrac{f(a)g(b) - f(b)g(a)}{g(b) - g(a)}$ なので，$\Phi(x)$ に対して定理 6.2 を適用すれば，$\Phi'(c) = 0$, $a < c < b$ をみたす $c$ が少なくともひとつ存在します。以上より，$f'(c) - kg'(c) = 0$ となり，これを書き換えれば，定理の主張の式 (8.4) が得られます。

ロピタルの定理には，不定形の形にあわせていくつかの表現の違いがあります。以下で，それらを紹介します。まずは，不定形 $\dfrac{0}{0}$ についての形です。

> **定理 8.2** 関数 $f(x)$，$g(x)$ は，$a$ の近くで微分可能で，$g'(x) \neq 0$ とし，$\lim\limits_{x \to a} f(x) = 0$ かつ $\lim\limits_{x \to a} g(x) = 0$ とする。このとき，$\lim\limits_{x \to a} \dfrac{f'(x)}{g'(x)}$ が存在すれば，$\lim\limits_{x \to a} \dfrac{f(x)}{g(x)}$ も存在して
>
> $$\lim_{x \to a} \frac{f'(x)}{g'(x)} = \lim_{x \to a} \frac{f(x)}{g(x)} \tag{8.6}$$
>
> が成り立つ。

ここで，(8.6) の極限値は，$\infty$, $-\infty$ でも構いません。また，本書において "$a$ の近くで" というときは，"ある $\delta$ があって，開区間 $(a - \delta, a + \delta)$ において" という意味で使用しています。この定理 8.2 については，$a$ が

区間の端点であっても成立します。すなわち，定理の "$x \to a$" のところを "$x \to a + 0$", "$x \to a - 0$" としてもよいのです。もう少し述べると，定理の条件で $x = a$ における微分可能性を仮定しなくてもよいのです。この場合は，$f(a) = 0$, $g(a) = 0$ と定めると，条件 $\lim_{x \to a} f(x) = 0$ かつ $\lim_{x \to a} g(x) = 0$ から，$f(x)$, $g(x)$ は，$a$ で連続になります。

定理 8.2 の証明を見てみましょう。定理の仮定のもとで，$f(x)$, $g(x)$ は $a$ において連続です。定理 8.1 を用いると，$a$ の近くの $x$ と $a$ の間に，ある $c$ が存在して，

$$\frac{f(x)}{g(x)} = \frac{f(x) - f(a)}{g(x) - g(a)} = \frac{f'(c)}{g'(c)}$$

をみたします。$x \to a$ のとき，$c \to a$ であり，仮定から $\lim_{c \to a} \dfrac{f'(c)}{g'(c)}$ が存在しますから，左辺も同じ値の極限値を持ちます。すなわち，(8.6) が得られます。

**例 8.1** 5 章の (5.12) で，登場した三角関数を含む極限値をロピタルの定理を使って求めてみましょう。

関数 $\cos x - 1$ は微分可能で，$\lim_{x \to 0} (\cos x - 1) = 0$, なので

$$\lim_{x \to 0} \frac{(\cos x - 1)'}{(x)'} = \lim_{x \to 0} \frac{-\sin x}{1} = 0$$

より，$\lim_{x \to 0} \dfrac{\cos x - 1}{x} = 0$ と求まります。

次の表現は，$x \to a$ を $x \to \infty$ としても同じ結果が得られるということです。

> **定理 8.3** 関数 $f(x)$, $g(x)$ は，区間 $(b, \infty)$ で微分可能で，$g'(x) \neq 0$ とし，$\lim_{x \to \infty} f(x) = 0$ かつ $\lim_{x \to \infty} g(x) = 0$ とする。このとき，$\lim_{x \to \infty} \dfrac{f'(x)}{g'(x)}$ が存在すれば，$\lim_{x \to \infty} \dfrac{f(x)}{g(x)}$ も存在して

138

$$\lim_{x\to\infty}\frac{f'(x)}{g'(x)}=\lim_{x\to\infty}\frac{f(x)}{g(x)} \qquad (8.7)$$

が成り立つ。

ここでは，$x\to\infty$ での議論ですから，$b>0$ としていいでしょう。$F(x)=f\left(\dfrac{1}{x}\right)$，$G(x)=g\left(\dfrac{1}{x}\right)$ とおくと，$F(x)$，$G(x)$ は，開区間 $\left(0,\dfrac{1}{b}\right)$ において微分可能で，$G'(x)=-g'\left(\dfrac{1}{x}\right)\cdot\dfrac{1}{x^2}\neq 0$ です。また，$\lim_{x\to+0}F(x)=0$ かつ $\lim_{x\to+0}G(x)=0$ になります。ここで，仮定から

$$\lim_{x\to+0}\frac{F'(x)}{G'(x)}=\lim_{x\to+0}\frac{-f'\left(\frac{1}{x}\right)\cdot\frac{1}{x^2}}{-g'\left(\frac{1}{x}\right)\cdot\frac{1}{x^2}}=\lim_{x\to\infty}\frac{f'(x)}{g'(x)}$$

なる極限値が存在します。定理 8.2 を適用すれば

$$\lim_{x\to\infty}\frac{f(x)}{g(x)}=\lim_{x\to+0}\frac{F(x)}{G(x)}=\lim_{x\to+0}\frac{F'(x)}{G'(x)}=\lim_{x\to\infty}\frac{f'(x)}{g'(x)}$$

となり，(8.7) は導かれました。

## 8.3 課題 8.A の解決

課題 (8.1) の分母については，$\lim_{x\to0}(1-\cos 3x)=0$，分子については，$\lim_{x\to0}(1-\cos 6x)=0$ ですから，$\dfrac{0}{0}$ の不定形です。分母・分子ともに，微分可能です。分子を微分すると，$6\sin 6x$，分母を微分すると，$3\sin 3x$ です。明らかに，$\lim_{x\to0}\dfrac{6\sin 6x}{3\sin 3x}$ は，いぜん $\dfrac{0}{0}$ の不定形です。分母・分子ともに，微分可能ですから，$\dfrac{(6\sin 6x)'}{(3\sin 3x)'}=\dfrac{36\cos 6x}{9\cos 3x}$ を調べればよさそうです。実際，定理 8.2 を適用して，

$$\lim_{x\to0}\frac{1-\cos 6x}{1-\cos 3x}=\lim_{x\to0}\frac{6\sin 6x}{3\sin 3x}=\lim_{x\to0}\frac{36\cos 6x}{9\cos 3x}=\frac{36}{9}=4$$

となります。

## 8.4 ロピタルの定理 (2) $\left( \dfrac{\infty}{\infty}$ の不定形 $\right)$

次は，$\dfrac{\infty}{\infty}$ の不定形についてです。

---

**定理 8.4**　関数 $f(x)$，$g(x)$ は，$a$ の近くで微分可能で，$g'(x) \neq 0$ とし，$\lim\limits_{x \to a} f(x) = \infty$ かつ $\lim\limits_{x \to a} g(x) = \infty$ とする。このとき，$\lim\limits_{x \to a} \dfrac{f'(x)}{g'(x)}$ が存在すれば，$\lim\limits_{x \to a} \dfrac{f(x)}{g(x)}$ も存在して

$$\lim_{x \to a} \frac{f'(x)}{g'(x)} = \lim_{x \to a} \frac{f(x)}{g(x)} \tag{8.8}$$

が成り立つ。

---

直感的には，$\dfrac{f(x)}{g(x)} = \dfrac{\dfrac{1}{g(x)}}{\dfrac{1}{f(x)}}$ と変形して，定理 8.2 が適用できそうです

が，条件の確認が大変そうです。ここでは，$x > a$，$x < a$ の場合にわけて，証明を追ってみることにしましょう。便宜上，極限値 $\lim\limits_{x \to a} \dfrac{f'(x)}{g'(x)} = \alpha$ とおくことにします。

$a < x < t$ をとります。定理 8.1（コーシーの平均値の定理）から，ある $c$ が $x$ と $t$ の間にあって，

$$\frac{f(t) - f(x)}{g(t) - g(x)} = \frac{f'(c)}{g'(c)} \tag{8.9}$$

が成り立ちます。もちろん，$c$ は $x$ と $t$ に依存します。(8.9) の左辺の分母・分子を $g(x)$ で割って，整理をすれば，

$$\frac{f(x)}{g(x)} = \left( 1 - \frac{g(t)}{g(x)} \right) \frac{f'(c)}{g'(c)} + \frac{f(t)}{g(x)}$$

となります。さらに，

$$\frac{f(x)}{g(x)} = \left(1 - \frac{g(t)}{g(x)}\right)\left(\frac{f'(c)}{g'(c)} - \alpha\right) + \alpha\left(1 - \frac{g(t)}{g(x)}\right) + \frac{f(t)}{g(x)}$$

と変形しておきましょう。この式から

$$\left|\frac{f(x)}{g(x)} - \alpha\right| \leqq \left|1 - \frac{g(t)}{g(x)}\right|\left|\frac{f'(c)}{g'(c)} - \alpha\right| + \alpha\left|\frac{g(t)}{g(x)}\right| + \left|\frac{f(t)}{g(x)}\right| \quad (8.10)$$

を得ます。$t$ を固定して，$x \to a+0$ とすれば，$\lim_{x \to a} f(x) = \infty$ かつ $\lim_{x \to a} g(x) = \infty$ ですから，$\frac{g(t)}{g(x)} \to 0$，$\frac{f(t)}{g(x)} \to 0$ です。

次に，$t \to a+0$ とすれば，$c \to a+0$ であり，仮定より $\frac{f'(c)}{g'(c)} \to \alpha$ です。したがって，(8.10) より，$\lim_{x \to a+0} \frac{f(x)}{g(x)} = \alpha$ が示されました。

$a > x$ のときは，$a > x > t$ として，同様の議論を行い，$\lim_{x \to a-0} \frac{f(x)}{g(x)} = \alpha$ を示すことができます。以上より，定理 8.4 は証明されました。

定理 8.3 を導いた議論と同じ方法で，定理 8.4 において，$x \to a$ を $x \to \infty$ としても同じ結果が得られます。

---

**定理 8.5** 関数 $f(x)$，$g(x)$ は，区間 $(b, \infty)$ で微分可能で，$g'(x) \neq 0$ とし，$\lim_{x \to \infty} f(x) = \infty$ かつ $\lim_{x \to \infty} g(x) = \infty$ とする。このとき，$\lim_{x \to \infty} \frac{f'(x)}{g'(x)}$ が存在すれば，$\lim_{x \to \infty} \frac{f(x)}{g(x)}$ も存在して

$$\lim_{x \to \infty} \frac{f'(x)}{g'(x)} = \lim_{x \to \infty} \frac{f(x)}{g(x)} \quad (8.11)$$

が成り立つ。

---

**例 8.2** $n$ を自然数として，次の極限を考えてみましょう。

$$\lim_{x \to \infty} \frac{(\log x)^n}{x}$$

関数 $(\log x)^k$，$k = 1, 2, \cdots, n$，$x$ は微分可能です。定理 5.1 と，(4.13)，

(5.31) より $((\log x)^k)' = \dfrac{k(\log x)^{k-1}}{x}$ です。$\lim\limits_{x\to\infty}(\log x)^k = \infty$, $k=1$, $2,\cdots,n$ かつ $\lim\limits_{x\to\infty}x=\infty$ ですから，定理 8.5 を繰り返し用いて，

$$\lim_{x\to\infty}\frac{(\log x)^n}{x} = \lim_{x\to\infty}\frac{n(\log x)^{n-1}}{x\cdot(x)'} = \cdots = \lim_{x\to\infty}\frac{n!\log x}{x\cdot(x)'}$$
$$= \lim_{x\to\infty}\frac{n!}{x\cdot(x)'} = 0$$

を得ます。

## 8.5　課題 8.B の解決

課題 8.B の (8.2) の分母については，$\lim\limits_{x\to\infty}(e^x)=\infty$，分子については，$\lim\limits_{x\to\infty}(x^n)=\infty$ ですから，$\dfrac{\infty}{\infty}$ の不定形です。関数 $e^x$ および $x^k$，$k=1$, $2,\cdots,n$ は微分可能です。(5.23), (4.13) より，$(e^x)'=e^x$, $(x^n)'=nx^{n-1}$ です。$n=1$ ならば，定理 8.5 を用いて，

$$\lim_{x\to\infty}\frac{x}{e^x} = \lim_{x\to\infty}\frac{1}{e^x} = 0$$

となります。

$n\geqq 2$ であれば，$\lim\limits_{x\to\infty}\dfrac{nx^{n-1}}{e^x}$ は，いぜん $\dfrac{\infty}{\infty}$ の不定形です。$\lim\limits_{x\to\infty}x^k = \infty$, $k=1, 2,\cdots,n$ かつ $\lim\limits_{x\to\infty}e^x=\infty$ ですから，定理 8.5 を繰り返し用いて，

$$\lim_{x\to\infty}\frac{x^n}{e^x} = \lim_{x\to\infty}\frac{nx^{n-1}}{e^x} = \cdots = \lim_{x\to\infty}\frac{n!x}{e^x} = \lim_{x\to\infty}\frac{n!}{e^x} = 0$$

を得ます。

## 8.6 ロピタルの定理 (3) (様々な不定形)

ここまでに学習した定理 8.2 から定理 8.5 を応用して, $\dfrac{0}{0}$, $\dfrac{\infty}{\infty}$ 以外の不定形の極限を求める例を紹介します。

**例 8.3** 極限 $\displaystyle\lim_{x \to 1+0} \left( \dfrac{1}{x-1} - \dfrac{1}{\log x} \right)$ を考えてみましょう。$x \to 1+0$ のとき, 第 1 項の分母も第 2 項の分母も 0 に近づきますから, 「$\infty - \infty$ の不定形」の問題です。通分をすると, $\dfrac{\log x - x + 1}{(x-1)\log x}$ となります。$x \to 1+0$ のとき, 分子は $\log x - x + 1 \to 0$, 分母は $(x-1)\log x \to 0$ となり, $\dfrac{0}{0}$ の不定形になりました。分母・分子ともに $x = 1$ の近くで微分可能ですから, 分母・分子をそれぞれ微分した関数は

$$\frac{\dfrac{1}{x} - 1}{\log x + \dfrac{x-1}{x}} = \frac{1-x}{x\log x + x - 1}$$

です。$x \to 1+0$ のとき, 右辺の分子は, $1 - x \to 0$, 分母は $x\log x + x - 1 \to 0$ となり, いぜん $\dfrac{0}{0}$ の不定形です。ここでも, 分母・分子ともに $x = 1$ の近くで微分可能ですから, さらに分母・分子をそれぞれ微分すると, $\dfrac{-1}{2 + \log x}$ になります。以上のことから, 定理 8.2 を適用して

$$\lim_{x \to 1+0} \left( \frac{1}{x-1} - \frac{1}{\log x} \right) = \lim_{x \to 1+0} \frac{1-x}{x\log x + x - 1}$$
$$= \lim_{x \to 1+0} \frac{-1}{2 + \log x} = -\frac{1}{2}$$

となります。

**例 8.4** 極限 $\displaystyle\lim_{x \to +0} x \log x$ を考えてみましょう。$\displaystyle\lim_{x \to +0} \log x = -\infty$ です。ゆえに, この問題は, 「$0 \cdot (-\infty)$ の不定形」の問題です。$x \log x = \dfrac{\log x}{\dfrac{1}{x}}$

と書き直すと，$x \to +0$ のとき，$\dfrac{-\infty}{\infty}$ の不定形です。定理 8.4 を適用して

$$\lim_{x \to +0} x \log x = \lim_{x \to +0} \frac{\log x}{\dfrac{1}{x}} = \lim_{x \to +0} \frac{\dfrac{1}{x}}{-\dfrac{1}{x^2}} = - \lim_{x \to +0} x = 0$$

となります。

**例 8.5**　次は，「$1^\infty$ の不定形」の問題です。ここで，$n$ は自然数としま
す。極限 $\displaystyle\lim_{x \to +0} (x^n + 1)^{\frac{1}{x}}$ を求めましょう。

$y = (x^n + 1)^{\frac{1}{x}}$ とおきます。このとき，まず，$\log y = \dfrac{\log(1 + x^n)}{x}$ です。
極限 $\displaystyle\lim_{x \to +0} \log y = \lim_{x \to +0} \frac{\log(1 + x^n)}{x}$ を調べます。$\displaystyle\lim_{x \to +0} \log(1 + x^n) = 0$
ですから，$\displaystyle\lim_{x \to +0} \log y$ は，$\dfrac{0}{0}$ の不定形になっています。定理 8.2 を適用
して，

$$\lim_{x \to +0} \log y = \lim_{x \to +0} \frac{\log(1 + x^n)}{x} = \lim_{x \to +0} \frac{\dfrac{nx^{n-1}}{x^n + 1}}{(x)'} = \lim_{x \to +0} \frac{nx^{n-1}}{x^n + 1}$$

です。

$n = 1$ のときは，$\displaystyle\lim_{x \to +0} \log y = \lim_{x \to +0} \frac{1}{x^n + 1} = 1$ ですから，極限 $\displaystyle\lim_{x \to +0} y$
は，$e$ になります。

また，$n \geqq 2$ のときは，$\displaystyle\lim_{x \to +0} \log y = \lim_{x \to +0} \frac{nx^{n-1}}{x^n + 1} = 0$ です。したがっ
て，求める極限 $\displaystyle\lim_{x \to +0} y$ は，1 になります。

不定形には，上に紹介したものの他に，$0^0$，$\infty^0$ などがあります。

## 8.7　ランダウの記号

関数 $\varphi(x)$，$\psi(x)$ は，$a$ の近くで定義されているとします。本章のロピ
タルの定理で学んだように，$\displaystyle\lim_{x \to a} \varphi(x) = 0$，$\displaystyle\lim_{x \to a} \psi(x) = 0$ が成り立って

いても，その比の極限値は 1 となるとは限らず，様々な値をとりました。
これは，0 に収束する "速さ" がいろいろあるということを意味していま
す。また，$\lim_{x \to a} \varphi(x) = \infty$，$\lim_{x \to a} \psi(x) = \infty$ としても，その比の極限値は
1 になるとは限らず，やはり様々な値をとりました。これは，$\infty$ に発散
する "速さ（増大度)" がいろいろあるということです。

この節では，これらの速さを表現する記号を紹介します。

まず，$\lim_{x \to a} \varphi(x) = 0$，$\lim_{x \to a} \psi(x) = 0$ の場合を考えましょう。本書では，
記号 $\varphi(x) \sim \psi(x)$ は，$\lim_{x \to a} \dfrac{\varphi(x)}{\psi(x)} = 1$ を意味します。$\varphi(x)$ と $\psi(x)$ が同
じ速さで 0 に収束するということです。

記号 $\varphi(x) = o(\psi(x))$ は，$\lim_{x \to a} \dfrac{\varphi(x)}{\psi(x)} = 0$ を意味します。これは，$\varphi(x)$
が $\psi(x)$ よりも速く 0 にいくということです。$\varphi(x)$ は，$\psi(x)$ より高位の
無限小という表現を使います。

また，正の数 $K$ があって，$\left| \dfrac{\varphi(x)}{\psi(x)} \right| \leqq K$，$x \to a$ のとき $\varphi(x) = O(\psi(x))$
と表します[*1]。ある $b$ があって，2 つの関数，$\varphi(x)$，$\psi(x)$ が $x \geqq b$ で定
義されていれば，$x \to a$ のところを $x \to \infty$ とすることも可能です。

これらの記号 $o(\cdot)$, $O(\cdot)$ は**ランダウ（Landau**[*2]**）の記号**と呼ばれてい
ます。

たとえば，7 章の定理 7.2 より，$f(x)$ が $a$ の近くで，何回でも微分可
能とすると，ランダウの記号を用いて，任意の $n$ に対して

$$f(x) = f(a) + f'(a)(x - a) + \frac{f''(a)}{2!}(x - a)^2 + \cdots$$
$$+ \frac{f^{(n-1)}(a)}{(n-1)!}(x - a)^{n-1} + O((x - a)^n), \quad x \to a \quad (8.12)$$

と表すこともできます。

---

[*1] 極限 $\lim_{x \to a} \dfrac{\varphi(x)}{\psi(x)}$ は存在しなくてもかまいません。

[*2] Edmund Georg Hermann Landau, 1877–1938, ドイツ

**例 8.6**　2 章で登場した (2.14) より，$\sin x \sim x$，$x \to 0$ と表せます。また，5 章の (5.12) より，$\cos x - 1 = o(x)$，$x \to 0$ です。課題 8.A の解決結果から，$1 - \cos 6x = O(1 - \cos 3x)$，$x \to 0$ と表すことができます。

次に，$\displaystyle\lim_{x \to a} \varphi(x) = \infty$，$\displaystyle\lim_{x \to a} \psi(x) = \infty$ の場合を考えましょう。記号 $\varphi(x) \sim \psi(x)$ は，$\displaystyle\lim_{x \to a} \frac{\varphi(x)}{\psi(x)} = 1$ を意味します。$\varphi(x)$ と $\psi(x)$ が同じ速さで $\infty$ に大きくなる（無限大に発散する）ということです。

記号 $\varphi(x) = o(\psi(x))$ は，$\displaystyle\lim_{x \to a} \frac{\varphi(x)}{\psi(x)} = 0$ を意味します。これは，$\psi(x)$ が $\varphi(x)$ よりも速く $\infty$ に発散するということです。$\psi(x)$ は，$\varphi(x)$ より高位の無限大といいます。

また，正の数 $K$ があって，$\left|\dfrac{\varphi(x)}{\psi(x)}\right| \leq K$，$x \to a$ のとき $\varphi(x) = O(\psi(x))$ と表します。やはり，$x \to a$ のところを $x \to \infty$ とすることも可能です。

**例 8.7**　3 つの関数 $f_1(x) = e^x$，$f_2(x) = x^n$，$f_3(x) = \log x$ を考えましょう。ここで，$n$ は自然数です。明らかに，$\displaystyle\lim_{x \to \infty} f_j(x) = \infty$，$j = 1, 2, 3$ です。課題 8.B の解決結果より，$\displaystyle\lim_{x \to \infty} \frac{f_2(x)}{f_1(x)} = 0$ です。また，定理 8.5 を適用すれば，

$$\lim_{x \to \infty} \frac{f_3(x)}{f_1(x)} = \lim_{x \to \infty} \frac{\dfrac{1}{x}}{e^x} = 0$$

となります。

ランダウの記号を用いると，$f_2(x) = o(f_1(x))$，$f_3(x) = o(f_1(x))$，$x \to \infty$ と表せます。ここでのランダウの記号は増大度を評価している記号ですから，$f_2(x) + f_3(x) = 2o(f_1(x))$ とは通常は表記しません [*3]。

---

[*3] $f_2(x) + f_3(x) = o(f_1(x))$，$x \to \infty$ と表すことは可能です。

## 8.8 テイラー展開の応用

前節 (8.12) で学習したテイラー展開をランダウの記号で表現すること
を応用して，不定形の極限値を求める方法を例を通して学習します。

**例 8.8** 極限

$$\lim_{x \to 0} \frac{\log(1+x) - x}{x^2} \tag{8.13}$$

を考察しましょう。

課題 7.B の (7.2) をランダウの記号を用いると，

$$\log(1+x) = x - \frac{1}{2}x^2 + \frac{1}{3}x^3 - \frac{1}{4}x^4 + \cdots$$
$$+ \frac{(-1)^{n-2}}{n-1}x^{n-1} + O(x^n), \quad x \to 0 \tag{8.14}$$

と表せます。関数 $\varphi(x) = O(x^n)$, $x \to 0$ とすると，ある定数 $K > 0$ が
あって，$\left| \dfrac{\varphi(x)}{x^n} \right| \leqq K$, $x \to 0$ です。ゆえに，$\left| \dfrac{\varphi(x)}{x^{n-1}} \right| \leqq Kx$, $x \to 0$ です
から，$\varphi(x) = o(x^{n-1})$, $x \to 0$ となり，$\dfrac{\varphi(x)}{x^{n-1}} = o(1)$, $x \to 0$ とも表すこ
とができます。

$n = 3$ として (8.14) を適用すると，(8.13) は，

$$\lim_{x \to 0} \frac{\log(1+x) - x}{x^2} = \lim_{x \to 0} \frac{\left(x - \frac{1}{2}x^2 + o(x^2)\right) - x}{x^2}$$
$$= \lim_{x \to 0} \frac{-\frac{1}{2}x^2 + o(x^2)}{x^2} = \lim_{x \to 0} \left(-\frac{1}{2} + o(1)\right) = -\frac{1}{2}$$

となります [*4]。

---

[*4] $n$ を 2 以上の自然数とします。$o(x^n)$ は $x^2$ で割って $x \to 0$ としたときに 0 に近づく
量です。したがって $o(x^2)/x^2$ は $o(1)$ と表すことができます。

## 8.9 課題 8.C の解決

3 章の 3.9 節（双曲線関数）で学習した $\cosh x$ を復習しておきましょう。定義は，$\cosh x = \dfrac{e^x + e^{-x}}{2}$ ですから，指数関数のテイラー展開の式 (7.17) を用いると，

$$\cosh x = \frac{1}{2}\left(\left(1 + x + \frac{1}{2!}x^2 + \cdots + \frac{1}{n!}x^n + \cdots\right)\right.$$
$$\left. + \left(1 - x + \frac{1}{2!}x^2 + \cdots + \frac{1}{n!}(-x)^n + \cdots\right)\right)$$

です。ゆえに，課題 8.C (8.3) の関数 $\cosh x^2$ をランダウの記号を使って表せば，

$$\cosh x^2 = 1 + \frac{1}{2!}x^4 + O(x^8), \quad x \to 0$$

となります。したがって，

$$\lim_{x \to 0} \frac{\cosh x^2 - 1}{x^4} = \lim_{x \to 0} \frac{\frac{1}{2!}x^4 + O(x^8)}{x^4} = \lim_{x \to 0}\left(\frac{1}{2} + \frac{O(x^8)}{x^4}\right)$$
$$= \lim_{x \to 0}\left(\frac{1}{2} + o(1)\right) = \frac{1}{2}$$

と求めることができます。

**演習問題**

A

1. 以下の極限値を求めよ。

(1) $\displaystyle\lim_{x\to 0}\frac{1+x-e^x}{x^2}$     (2) $\displaystyle\lim_{x\to 0}\frac{1-\cos 2x}{1-\cos 4x}$

2. 以下の極限値を求めよ。

(1) $\displaystyle\lim_{x\to\infty}\frac{(\log x)^2}{\sqrt{x}}$     (2) $\displaystyle\lim_{x\to\infty}\frac{3^x}{x^3}$

3. 対数を利用して，極限値 $\displaystyle\lim_{x\to\infty}x^{\frac{1}{x}}$ を求めよ。

4. $x-\dfrac{\pi}{2}=t$ とおいて，極限値 $\displaystyle\lim_{x\to\frac{\pi}{2}}\left(x-\frac{\pi}{2}\right)\tan x$ を求めよ。

B

1. テイラー展開を利用して，極限値 $\displaystyle\lim_{x\to 0}\left(\frac{1}{x^2}-\frac{1}{\sin^2 x}\right)$ を求めよ。

2. 極限値 $\displaystyle\lim_{x\to\infty}\left(\cos\frac{1}{x}+\sin\frac{1}{x}\right)^x$ を求めよ。

# 9 ｜ 不定積分

《目標＆ポイント》 積分法の導入の仕方はいくつかあります。まず，この章では微分法の逆演算として，不定積分を導入します。導関数と原始関数の関係や積分定数の意味の理解に勉めましょう。また，各論的な微分法の公式から不定積分を求められるようになりましょう。ここでは，多項式，指数関数，三角関数などを学習します。逆三角関数を応用した有理関数や無理関数の積分公式も紹介します。

《キーワード》 原始関数，不定積分，多項式の積分，指数関数の積分，三角関数の積分

## 9.1 9章の課題

不定積分を求める課題に取り組みましょう。微分の逆演算としての公式を適用する前に，それぞれの関数の特徴を生かした式変形を求められることもあります。

**課題 9.A** 不定積分

$$\int \frac{x^3+1}{\sqrt{x^3}+\sqrt{x}}\,dx \tag{9.1}$$

を求めよ。

**課題 9.B** 不定積分

$$\int \sin 5x \sin 2x\,dx \tag{9.2}$$

を求めよ。

**課題 9.C**　$A$ を定数とする。不定積分

$$\int \frac{1}{x^2 + A}\,dx \tag{9.3}$$

を求めよ。

\* \* \* \* \* \* \* \* \*

▶ 9 章から積分に入ります。定積分から導入する方法もありますが，本章では，微分演算の逆演算として不定積分を定義していきます。積分定数の意味なども含め，定義を理解するようにしましょう。課題 9.A では，$\sqrt{x^3}$ に目を引かれた人もいるかと思います。ここをどのように処理するかが，鍵になりそうです。

**課題 9.A 直感図**

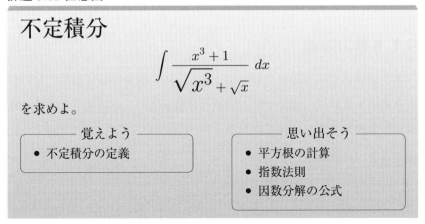

不定積分

$$\int \frac{x^3 + 1}{\sqrt{x^3} + \sqrt{x}}\,dx$$

を求めよ。

―― 覚えよう ――
- 不定積分の定義

―― 思い出そう ――
- 平方根の計算
- 指数法則
- 因数分解の公式

不定積分の定義や積分定数の意味を，例をあげながら説明します。また，課題 9.A を取り扱うために必要な基本的な公式を紹介してあります。特に，$x^\alpha$ の積分公式の使い方に慣れましょう。◀

▶ 課題 9.B では，被積分関数が三角関数の積になっています。ここを変形して，積分の公式が使えるようにできれば解けそうです。

**課題 9.B 直感図**

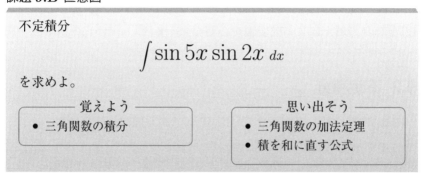

不定積分

$$\int \sin 5x \sin 2x \, dx$$

を求めよ。

┌─── 覚えよう ───┐
- 三角関数の積分

┌─── 思い出そう ───┐
- 三角関数の加法定理
- 積を和に直す公式

三角関数の微分公式を復習して，三角関数の積分公式を学習します。置換積分などの方法は，次章で紹介しますが，三角関数の基本公式や加法定理を応用して不定積分を見つける方法を，例題を通して紹介します。◀

▶ 課題 9.C (9.3) の被積分関数の中に文字 $A$ が含まれています。$A > 0$，$A = 0$，$A < 0$ のそれぞれの場合に分けて，議論する必要がありそうです。

**課題 9.C 直感図**

$A$ を定数とする。不定積分

$$\int \frac{1}{x^2 + A} \, dx$$

を求めよ。

┌─── 覚えよう ───┐
- 逆三角関数の応用
- $x^{\alpha}$ の積分

┌─── 思い出そう ───┐
- 逆三角関数
- 部分分数展開
- 対数関数の性質

152

$A > 0$ の場合は，逆正接関数が関係してきます。逆三角関数の微分を復習しながら積分公式を紹介します。$A = 0$，$A < 0$ の場合は，$x^\alpha$ の積分公式で対応します。$\alpha$ によって，公式の形が変わってきますので注意して下さい。また，$A < 0$ の場合は，公式を適用する前に部分分数展開（部分分数分解）による式変形が必要です。◀

## 9.2 不定積分

関数 $f(x)$ に対して，微分をして $f(x)$ になる関数，すなわち

$$\frac{dF}{dx} = F'(x) = f(x) \tag{9.4}$$

をみたす関数 $F(x)$ があれば，これを $f(x)$ の原始関数といいます。

$F_1(x)$ もまた $f(x)$ の原始関数とすると，

$$(F_1(x) - F(x))' = F_1'(x) - F'(x) = f(x) - f(x) = 0$$

となりますから，$F_1(x) - F(x)$ は，微分して $0$ になる関数，すなわち定数です。ゆえに，$f(x)$ の原始関数の全体は，$C$ を任意定数として，$F(x) + C$ と表すことができます。これを，$f(x)$ の不定積分といって

$$\int f(x)\, dx = F(x) + C \tag{9.5}$$

と書きます。ここでは，$f(x)$ の不定積分（原始関数の全体）を求めることを，$f(x)$ を積分するということにします [*1]。不定積分について，次の定理が成り立ちます。

> **定理 9.1** 関数 $f(x)$，$g(x)$ に対し，
>
> (i) $\displaystyle\int cf(x)\, dx = c\int f(x)\, dx$

---

[*1] 積分される関数を被積分関数といいます。(9.5) の左辺では，$f(x)$ が被積分関数です。

(ii) $\displaystyle\int (f(x) + g(x))\, dx = \int f(x)\, dx + \int g(x)\, dx$

が成り立つ。ここで，$c$ は定数とする。

　この節の課題はすべて，不定積分を求めることが要求されています。定義から，(9.5) の $F(x)$ のところが，$F_1(x)$ であっても積分されたことになります。

**例 9.1**　関数 $f(x) = (x + 1)^2$ を積分せよ（不定積分を求めよ）という問題が出されました。A さんは，$f(x) = x^2 + 2x + 1$ と展開して，微分して $x^2$，$2x$，$1$ になる関数を探しました。(4.13) から，$(x^3)' = 3x^2$ ですから，微分して，$x^2$ になる関数は，$\dfrac{1}{3}x^3$ であることに気づきました。同様に，$(x^2)' = 2x$，$x' = 1$ を見いだして，$f(x)$ の原始関数のひとつ $\dfrac{1}{3}x^3 + x^2 + x$ を得ました。そこで，

$$\int (x + 1)^2\, dx = \frac{1}{3}x^3 + x^2 + x + C \tag{9.6}$$

と解答しました。

　また，B さんは，定理 5.1 を使って，$\dfrac{1}{3}((x + 1)^3)' = (x + 1)^2$ であることに気づきました。このことから，

$$\int (x + 1)^2\, dx = \frac{1}{3}(x + 1)^3 + C \tag{9.7}$$

と解答しました。もちろん一見すると，異なる解答のようですが，どちらの解答も正解です。考察のため，(9.6) の積分定数を $C_1$，(9.7) の積分定数を $C_2$ としましょう。(9.7) の右辺を展開することで，$C_1 = \dfrac{1}{3} + C_2$ であること（$\dfrac{1}{3}$ なる定数差）がわかります。

　不定積分はその定義から，積分定数をつけて表すことが望ましいのです。しかしながら，例 9.1 で見たように，積分定数の任意性を理解していれば，煩雑さを避けるために，積分定数の表記を省略することも許さ

154

れるでしょう。本書では，以下で，積分定数を省略した表現をもちいることにいたします。

$a \neq 0$, $b$ を定数とします。定理 5.1 から，$F(x)$ が微分可能なら，
$$F(ax+b)' = \frac{dF(ax+b)}{dx} = F'(ax+b) \cdot (ax+b)' = aF'(ax+b)$$
となります。このことから，次の定理が成り立ちます。

---

**定理 9.2** $a \neq 0$, $b$ を定数とする。$f(x)$ の不定積分を $F(x)$ とすれば，
$$\int f(ax+b)\,dx = \frac{1}{a}F(ax+b) \tag{9.8}$$
が成り立つ。

---

## 9.3 多項式の積分

公式 (4.13) において，$n$ を $n+1$ に置き換えると，$(x^{n+1})' = (n+1)x^n$ となります。定理 9.1 の (i) から，$n \neq -1$ ならば
$$\int x^n\,dx = \frac{1}{n+1}x^{n+1}, \quad n \neq -1 \tag{9.9}$$
であることがわかります。$n = -1$ のときは，どうなるでしょうか。微分をして，$\frac{1}{x}$, $x \neq 0$ となる関数は，5 章の (5.31) とその補足説明から，$\log|x|$ であることがわかります。したがって，
$$\int \frac{1}{x}\,dx = \log|x| \tag{9.10}$$
となります[*2]。

**例 9.2** 関数 $y = x^4 + 4x^3 + 6x^2 + 4x + 1$ の不定積分は，定理 9.1, (9.9) を用いれば

---

[*2] $\int \frac{1}{x}\,dx$ は，$\int \frac{dx}{x}$ と表記することもあります。

$$\int (x^4 + 4x^3 + 6x^2 + 4x + 1)\, dx = \frac{1}{5}x^5 + x^4 + 2x^3 + 2x^2 + x$$

と計算できます。

　また，被積分関数は，$(x+1)^4$ とも表されますから，定理 9.2 から，

$$\int (x^4 + 4x^3 + 6x^2 + 4x + 1)\, dx = \int (x+1)^4\, dx = \frac{1}{5}(x+1)^5$$

と解答することもできます。

## 9.4 関数 $x^\alpha$ の積分

　公式 (4.13) は，(5.33) のように，任意の実数 $\alpha$ に対して拡張されました。(9.9)，(9.10) を含む形で，

$$\int x^\alpha\, dx = \begin{cases} \dfrac{1}{\alpha+1}x^{\alpha+1}, & \alpha \neq -1 \\ \log|x|, & \alpha = -1 \end{cases} \tag{9.11}$$

とまとめられます。

**例 9.3**　不定積分

$$\int \frac{\left(x+\sqrt{x}\right)^2}{x}\, dx$$

を求めてみましょう。被積分関数の分子は $x^2 + 2x\sqrt{x} + x$ と展開されますから，被積分関数は，$x + 2\sqrt{x} + 1$ になります。はじめに，$\sqrt{x}$ の不定積分を (9.11) を使って計算しておくと

$$\int \sqrt{x}\, dx = \int x^{\frac{1}{2}}\, dx = \frac{1}{\frac{1}{2}+1}x^{\frac{1}{2}+1} = \frac{2}{3}x^{\frac{3}{2}} = \frac{2}{3}x\sqrt{x}$$

です。ゆえに，求める不定積分は，(9.11) を用いて

$$\int \frac{\left(x+\sqrt{x}\right)^2}{x}\, dx = \frac{1}{2}x^2 + \frac{4}{3}x\sqrt{x} + x$$

となります。

**例 9.4**　不定積分

$$\int \frac{5}{x^2 - 3x - 4}\, dx$$

を (9.11) を使う方針で考えてみましょう。被積分関数がこのままでは，(9.11) は適用できません。そこで，被積分関数を部分分数展開すると

$$\frac{5}{x^2 - 3x - 4} = \frac{5}{(x-4)(x+1)} = \frac{1}{x-4} - \frac{1}{x+1}$$

となります。ゆえに，題意の不定積分は，(9.11) を用いて

$$\int \frac{5}{x^2 - 3x - 4}\, dx = \int \left( \frac{1}{x-4} - \frac{1}{x+1} \right) dx$$

$$= \log|x-4| - \log|x+1| = \log\left| \frac{x-4}{x+1} \right|$$

と求まります。

## 9.5 課題 9.A の解決

公式 (9.11) で対応できそうです。被積分関数を変形しておきましょう。

$$\frac{x^3 + 1}{\sqrt{x^3} + \sqrt{x}} = \frac{(x^3 + 1)\sqrt{x}}{x^2 + x} = \frac{(x+1)(x^2 - x + 1)\sqrt{x}}{(x+1)x}$$

$$= x\sqrt{x} - \sqrt{x} + \frac{1}{\sqrt{x}} = x^{\frac{3}{2}} - x^{\frac{1}{2}} + x^{-\frac{1}{2}}$$

ゆえに，題意の不定積分は，

$$\int \frac{x^3 + 1}{\sqrt{x^3} + \sqrt{x}}\, dx = \int \left( x^{\frac{3}{2}} - x^{\frac{1}{2}} + x^{-\frac{1}{2}} \right) dx$$

$$= \frac{1}{\frac{3}{2} + 1} x^{\frac{3}{2} + 1} - \frac{1}{\frac{1}{2} + 1} x^{\frac{1}{2} + 1} + \frac{1}{-\frac{1}{2} + 1} x^{-\frac{1}{2} + 1}$$

$$= \frac{2}{5} x^{\frac{5}{2}} - \frac{2}{3} x^{\frac{3}{2}} + 2x^{\frac{1}{2}} = \frac{2}{5} x^2 \sqrt{x} - \frac{2}{3} x\sqrt{x} + 2\sqrt{x}$$

となります。

## 9.6 指数関数の積分

指数関数 $e^x$ は，5 章の 5.5 節で学んだように，微分をしてもかわりません。ですから，$e^x$ の不定積分も $e^x$ です。定理 9.2 を用いると，$a \neq 0$ として

$$\int e^{ax}\, dx = \frac{1}{a}e^{ax} \tag{9.12}$$

となります。

次に，$a^x$ の不定積分を考えてみましょう。ここで，$a > 0$, $a \neq 1$ なる定数とします。$a = e^{\log a}$ であることに気がつくと，$a^x = e^{(\log a)x}$ とかけます。(9.12) の $a$ の部分が $\log a$ となっていますから

$$\int a^x\, dx = \frac{1}{\log a}e^{(\log a)x} = \frac{1}{\log a}a^x \tag{9.13}$$

を得ます。

**例 9.5**　不定積分

$$\int (e^{-2x} + 3^x)^2\, dx$$

を求めましょう。被積分関数を (9.12)，(9.13) が使える形に変形しましょう。

$$(e^{-2x} + 3^x)^2 = e^{-4x} + 2e^{-2x} \cdot 3^x + 3^{2x} = e^{-4x} + 2e^{(-2+\log 3)x} + 9^x$$

ですから，求める不定積分は，

$$\int (e^{-2x} + 3^x)^2\, dx = -\frac{1}{4}e^{-4x} + \frac{2}{(-2 + \log 3)}e^{(-2+\log 3)x} + \frac{1}{\log 9}9^x$$

となります。

## 9.7 三角関数の積分

5 章の 5.4 節で学んだように，$(\sin x)' = \cos x$, $(\cos x)' = -\sin x$ でした。定理 9.2 を用いると，$a \neq 0$ として，

**158**

$$\int \sin ax \; dx = -\frac{1}{a}\cos ax, \quad \int \cos ax \; dx = \frac{1}{a}\sin ax \qquad (9.14)$$

となります。

また，$(\tan x)' = \dfrac{1}{\cos^2 x}$ なので，定理 9.2 を用いると，$a \neq 0$ として，

$$\int \frac{1}{\cos^2 ax} \; dx = \frac{1}{a}\tan ax \qquad (9.15)$$

です。これに対応する $\cot x$ に関係するものについては，

$$\int \frac{1}{\sin^2 ax} \; dx = -\frac{1}{a}\cot ax \qquad (9.16)$$

となります[*3]。

三角関数には基本公式の他にも加法定理など多くの公式があります。例題を通して，(9.14) を利用して不定積分が求まる場合を紹介します。

**例 9.6** 正弦の倍角の公式 $\sin 2x = 2\sin x \cos x$ を用いることで，

$$\int \sin x \cos x \; dx = \int \frac{\sin 2x}{2} \; dx = -\frac{\cos 2x}{4}$$

を得ます。また，余弦の倍角の公式 $\cos 2x = 2\cos^2 x - 1 = 1 - 2\sin^2 x$ を利用すると

$$\int \cos^2 x \; dx = \int \frac{1 + \cos 2x}{2} \; dx = \frac{x}{2} + \frac{\sin 2x}{4}$$

$$\int \sin^2 x \; dx = \int \frac{1 - \cos 2x}{2} \; dx = \frac{x}{2} - \frac{\sin 2x}{4}$$

を求めることができます。

一般には，三角関数の積については，積を和に直す公式[*4]を用いることで，次のような不定積分を求めることができます。

---

[*3] $\displaystyle\int \tan x \; dx$, $\displaystyle\int \cot x \; dx$ は，次章で登場します。

[*4] $\sin A \cos B = \dfrac{1}{2}(\sin(A+B) + \sin(A-B))$, $\sin A \sin B = -\dfrac{1}{2}(\cos(A+B) - \cos(A-B))$, $\cos A \cos B = \dfrac{1}{2}(\cos(A+B) + \cos(A-B))$

$$\int \sin(3x+2)\cos(1-2x)\ dx = \int \frac{1}{2}(\sin(x+3) + \sin(5x+1))\ dx$$
$$= -\frac{1}{2}\cos(x+3) - \frac{1}{10}\cos(5x+1)$$

**例 9.7**　不定積分

$$\int \frac{\sin^3 x}{1 + \cos x}\ dx$$

を求めましょう。$\sin^2 x + \cos^2 x = 1$ を利用して，被積分関数を

$$\frac{\sin^3 x}{1 + \cos x} = \frac{\sin^3 x\,(1 - \cos x)}{(1 + \cos x)(1 - \cos x)} = \frac{\sin^3 x\,(1 - \cos x)}{1 - \cos^2 x}$$
$$= \frac{\sin^3 x\,(1 - \cos x)}{\sin^2 x} = \sin x - \sin x \cos x$$

と変形します。よって，題意の不定積分は

$$\int \frac{\sin^3 x}{1 + \cos x}\ dx = \int (\sin x - \sin x \cos x)\ dx = -\cos x + \frac{1}{4}\cos 2x$$

となります。

## 9.8　課題 9.B の解決

例 9.6 と類似の方法で解決できそうです。

$$\int \sin 5x \sin 2x\ dx = \int -\frac{1}{2}(\cos 7x - \cos 3x)\ dx$$
$$= -\frac{1}{14}\sin 7x + \frac{1}{6}\sin 3x$$

となります。

## 9.9 逆三角関数の応用

逆三角関数の微分について，5章の5.6で学習しました。(5.28)，(5.29)，(5.30) を思い出して下さい。定理5.1を用いると，これらの公式は，以下のようになります。ここで，$a > 0$ は定数とします。

$$\left(\sin^{-1}\left(\frac{x}{a}\right)\right)' = \frac{1}{a}\frac{1}{\sqrt{1-\left(\frac{x}{a}\right)^2}} = \frac{1}{\sqrt{a^2-x^2}} \tag{9.17}$$

$$\left(\cos^{-1}\left(\frac{x}{a}\right)\right)' = -\frac{1}{a}\frac{1}{\sqrt{1-\left(\frac{x}{a}\right)^2}} = -\frac{1}{\sqrt{a^2-x^2}} \tag{9.18}$$

$$\left(\tan^{-1}\left(\frac{x}{a}\right)\right)' = \frac{1}{a}\frac{1}{1+\left(\frac{x}{a}\right)^2} = \frac{a}{a^2+x^2} \tag{9.19}$$

これらの，(9.17)，(9.18)，(9.19) から，ある形の無理関数と分数関数についての不定積分を求める公式が導かれます。

$$\int \frac{1}{\sqrt{a^2-x^2}}\,dx = \sin^{-1}\left(\frac{x}{a}\right) \tag{9.20}$$

$$\int -\frac{1}{\sqrt{a^2-x^2}}\,dx = \cos^{-1}\left(\frac{x}{a}\right) \tag{9.21}$$

$$\int \frac{1}{a^2+x^2}\,dx = \frac{1}{a}\tan^{-1}\left(\frac{x}{a}\right) \tag{9.22}$$

**例9.8** 不定積分 $\displaystyle\int \frac{1}{\sqrt{5-x^2}}\,dx$ を求めてみましょう。(9.20) で $a^2 = 5$，$a > 0$，すなわち，$a = \sqrt{5}$ ととれば良さそうです。したがって，

$$\int \frac{1}{\sqrt{5-x^2}}\,dx = \sin^{-1}\left(\frac{x}{\sqrt{5}}\right)$$

となります。

不定積分 $\displaystyle\int \frac{1}{x^2+4x+13}\,dx$ についてはどうでしょう。被積分関数の分母を平方完成すると，$(x+2)^2 + 9$ になります。(9.22) と (9.8) を使い

ます。

$$\int \frac{1}{x^2 + 4x + 13} \, dx = \int \frac{1}{(x+2)^2 + 3^2} \, dx = \frac{1}{3} \tan^{-1}\left(\frac{x+2}{3}\right)$$

となります。

## 9.10 課題 9.C の解決

$A$ によって場合分けが必要そうです。まず，$A > 0$ の場合を考えましょう。$A = \left(\sqrt{A}\right)^2$ とできるので，(9.22) より，

$$\int \frac{1}{x^2 + \left(\sqrt{A}\right)^2} \, dx = \frac{1}{\sqrt{A}} \tan^{-1}\left(\frac{x}{\sqrt{A}}\right)$$

となります。$A = 0$ のときは，(9.11) から

$$\int \frac{1}{x^2} \, dx = \frac{1}{-2+1} x^{-2+1} = -x^{-1} = -\frac{1}{x}$$

です。

最後に，$A < 0$ のときは，$-A = a^2$，$a = \sqrt{-A}$ とおきましょう。このとき，被積分関数は，

$$\frac{1}{x^2 + A} = \frac{1}{x^2 - a^2} = \frac{1}{(x-a)(x+a)} = \frac{1}{2a}\left(\frac{1}{x-a} - \frac{1}{x+a}\right)$$

と書けますから，(9.11) を用いて，

$$\int \frac{1}{x^2 + A} \, dx = \int \frac{1}{2a}\left(\frac{1}{x-a} - \frac{1}{x+a}\right) dx$$
$$= \frac{1}{2a}\left(\log|x-a| - \log|x+a|\right)$$

となります。以上より，

$$\int \frac{1}{x^2 + A} \, dx = \frac{1}{2\sqrt{-A}} \log\left|\frac{x - \sqrt{-A}}{x + \sqrt{-A}}\right|$$

と求まります。

**演習問題**

A

1. 以下の不定積分を求めよ。

(1) $\displaystyle \int \frac{(x-1)^2}{\sqrt{x}}\ dx$　　　　(2) $\displaystyle \int \frac{2+\sqrt{x}}{\sqrt[3]{x}}\ dx$

2. 以下の不定積分を求めよ。

(1) $\displaystyle \int \cos 2x \cos 3x\ dx$　　　　(2) $\displaystyle \int \sin^3 2x\ dx$

3. 次の不定積分を求めよ。

$$\int \frac{1}{\sqrt{-3+4x-x^2}}\ dx$$

4. 次の不定積分を求めよ。

$$\int \frac{1}{x^2+6x+13}\ dx$$

B

1. 部分分数展開を利用して，次の不定積分を求めよ。

$$\int \frac{1}{x(x-1)(x+1)}\ dx$$

2. 3倍角の公式 $\sin 3\alpha = 3\sin\alpha - 4\sin^3\alpha$ を利用して，次の不定積分を求めよ。

$$\int \sin^3 \frac{x}{2}\ dx$$

# 10 | 積分法の基本公式

《**目標＆ポイント**》　積分法についての一般的な基本公式，置換積分法，部分積分法などを学びます。更に，各論的な諸公式と併せて，具体的な関数の不定積分を求められるようになりましょう。また，任意の有理関数は初等的な式変形で，不定積分が求められることを説明していきます。

《**キーワード**》　置換積分，部分積分，有理関数の積分，無理関数の積分，三角関数の積分

## 10.1　10章の課題

　具体的な関数の不定積分を求める課題を出題しました。何から手をつけて良いかわからないこともあるかもしれません。本章で紹介する方法で例題や課題の解決が理解できたら，演習問題にも取り組んでみて下さい。今度は，いろいろな解法が思い浮かぶはずです。

**課題 10.A**　不定積分

$$\int \frac{\log x}{x(3 + \log x)}\, dx \tag{10.1}$$

を求めよ。

**課題 10.B**　不定積分

$$\int \tan^{-1} x\, dx \tag{10.2}$$

を求めよ。

164

**課題 10.C** 不定積分

$$\int \frac{1}{3 + \cos x}\, dx \tag{10.3}$$

を求めよ。

\* \* \* \* \* \* \* \* \*

▶ 課題 10.A では，被積分関数の分母と分子に対数関数があって，直感的には取り扱いにくそうです。式は長めになっても構いませんから，被積分関数を積分しやすい形に変形することを試みましょう。

**課題 10.A 直感図**

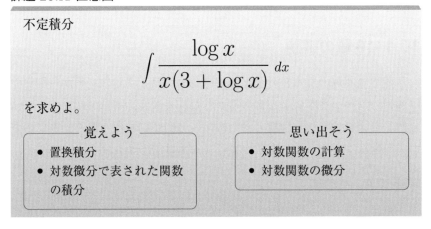

不定積分

$$\int \frac{\log x}{x(3 + \log x)}\, dx$$

を求めよ。

―― 覚えよう ――
- 置換積分
- 対数微分で表された関数の積分

―― 思い出そう ――
- 対数関数の計算
- 対数関数の微分

不定積分を求める有効手段として置換積分を学習します。本質的には同じ式が，場面に応じて，一見異なったものに見えることがあります。例題を通しながら，置換積分の使い方に慣れるようにしましょう。◀

▶ 課題 10.B では，被積分関数が，逆正接関数 $\tan^{-1} x$ のひとつだけです。直接的な公式は見あたりませんから，ひと工夫必要そうです。

**課題 10.B 直感図**

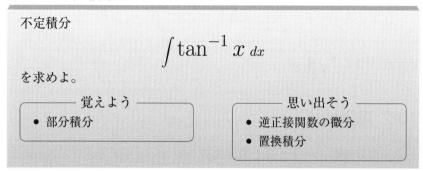

不定積分

$$\int \tan^{-1} x \, dx$$

を求めよ。

──── 覚えよう ────
- 部分積分

──── 思い出そう ────
- 逆正接関数の微分
- 置換積分

　関数の積の不定積分を求めるために有効な部分積分を学習します。部分積分は，様々な使い方がありますので，例題を通して学んで下さい。課題 10.B の不定積分は，$1 \cdot \tan^{-1} x$ と見ることができれば解決へと向かいます。上手に計算して，置換積分が使える形に帰着させて下さい。◀

　▶ 課題 10.C のように三角関数の積分の問題は，いろいろな解決方法があります。その由縁は，加法定理に代表されるような公式が，三角関数には多く存在するからです。この課題 10.C の被積分関数はどのように変形すればよいでしょうか。

**課題 10.C 直感図**

不定積分

$$\int \frac{1}{3 + \cos x} \, dx$$

を求めよ。

──── 覚えよう ────
- 有理関数の積分
- 三角関数の加法定理の積分
  への応用

──── 思い出そう ────
- 三角関数の加法定理
- 逆正接関数

　講義の部分では，任意の有理関数の不定積分を求める方法を紹介します。代数学基本定理や部分分数展開の定理を使って証明を試みます。課題 10.C の不定積分は，三角関数の倍角の公式を用いて，有理関数の積分に帰着させます。◀

## 10.2 置換積分

　適当な置き換えによって，積分変数を変更して不定積分を求める方法を紹介します。

> **定理 10.1**　関数 $f(x)$ が連続であり，関数 $\varphi(t)$ は，微分可能で，導関数 $\varphi'(t)$ が連続とする。このとき，$x = \varphi(t)$ とすれば，
>
> $$\int f(x)\,dx = \int f(\varphi(t))\varphi'(t)\,dt \tag{10.4}$$
>
> が成り立つ。

　$F(x) = \displaystyle\int f(x)\,dx$ とおくと，$\dfrac{dF(x)}{dx} = f(x)$ です。ここで，$x = \varphi(t)$ とおけば，$f(x) = f(\varphi(t))$ ですから，定理 5.1 より

$$\frac{dF(x)}{dt} = \frac{dF}{dx}\frac{dx}{dt} = f(x)\varphi'(t) = f(\varphi(t))\varphi'(t)$$

となります。したがって，

$$F(x) = \int f(\varphi(t))\varphi'(t)\,dt$$

を得ます [*1]。

**例 10.1**　定理 10.1 を用いて，不定積分

$$\int x\sqrt{x+2}\,dx \tag{10.5}$$

---

[*1] $x = \varphi(t)$ の微分を考えれば，$dx = \varphi'(t)\,dt$ となります（4 章学びの扉 4.1，4.6 節を参照）。これらの式を (10.4) の左辺に形式的に代入すれば，右辺と一致します。

を求めましょう。ここでは，置き換えの仕方は，1 通りとは限らないことを体験して下さい。被積分関数の根号の部分をどう処理するかが鍵のようです。

最初は根号の中を置き換えましょう。すなわち，$x + 2 = t$，$x = t - 2$ $(= \varphi(t))$ と置換した場合を考えます。$\varphi'(t) = 1$ ですから，(10.5) は，

$$\int (t-2)\sqrt{t} \cdot 1 \, dt = \int \left(t\sqrt{t} - 2\sqrt{t}\right) \, dt = \int \left(t^{\frac{3}{2}} - 2t^{\frac{1}{2}}\right) \, dt$$

$$= \frac{2}{5}t^{\frac{5}{2}} - \frac{4}{3}t^{\frac{3}{2}} = t^{\frac{3}{2}}\left(\frac{2}{5}t - \frac{4}{3}\right) = (x+2)\sqrt{x+2}\left(\frac{2}{5}x - \frac{8}{15}\right)$$

もう一つの方法を紹介します。根号ごと置き換えて $\sqrt{x+2} = t$，$x = t^2 - 2$ $(= \varphi(t))$ と置換した場合はどうなるでしょう。$\varphi'(t) = 2t$ ですから，(10.5) は，

$$\int (t^2 - 2)t \cdot 2t \, dt = \int (2t^4 - 4t^2) \, dt = \frac{2}{5}t^5 - \frac{4}{3}t^3$$

$$= t^3\left(\frac{2}{5}t^2 - \frac{4}{3}\right) = (x+2)\sqrt{x+2}\left(\frac{2}{5}x - \frac{8}{15}\right)$$

と計算できます。

定理 10.1 の (10.4) において，$t$ と $x$ の役割を代えると

$$\int f(\varphi(x))\varphi'(x) \, dx = \int f(t) \, dt \tag{10.6}$$

となります。ここで，$\varphi(x) = t$ としています。この形での応用としていくつか例をあげておきます。

**例 10.2**　不定積分 $\displaystyle\int 2xe^{x^2} \, dx$ を求めてみましょう。$x^2 = t$ と置けば，$t = \varphi(x) = x^2$ です。$\varphi'(x) = 2x$ ですから，(10.6) で $f(t) = e^t$ とみれば

$$\int 2xe^{x^2} \, dx = \int (x^2)'e^{x^2} \, dx = \int e^t \, dt = e^t = e^{x^2}$$

となります。もうひとつ，指数関数の入った問題を考えてみましょう。不

定積分 $\displaystyle\int \frac{1}{e^x+e^{-x}}\,dx$ についてはどうでしょうか。被積分関数を $\dfrac{e^x}{e^{2x}+1}$ と変形すると方針がみえてくるでしょう。$t=\varphi(x)=e^x$ とおくと，$\varphi'(x)=e^x$ ですから，

$$\int \frac{e^x}{e^{2x}+1}\,dx = \int \frac{1}{t^2+1}\,dt = \tan^{-1} t = \tan^{-1} e^x$$

となります。

**例 10.3** 不定積分 $\displaystyle\int \frac{1}{x\log x}\,dx$ を考えてみましょう。被積分関数を $\dfrac{1}{\log x}\cdot\dfrac{1}{x}$ と書きます。$t=\varphi(x)=\log x$ とおけば，$\varphi'(x)=\dfrac{1}{x}$ です。ゆえに，(10.6) を使って，

$$\int \frac{1}{\log x}\cdot\frac{1}{x}\,dx = \int \frac{1}{t}\,dt = \log|t| = \log|\log x|$$

となります。

(10.6) の特別な場合として，$f(x)=x^\alpha$ とすると

$$\int \varphi(x)^\alpha \varphi'(x)\,dx = \begin{cases} \dfrac{1}{\alpha+1}\varphi(x)^{\alpha+1}, & \alpha \neq -1 \\[2mm] \log|\varphi(x)|, & \alpha = -1 \end{cases} \tag{10.7}$$

と表せます[*2]。

**例 10.4** 不定積分 $\displaystyle\int \cos^3 x\,dx$ を (10.7) を利用して，求めてみましょう。三角関数の基本公式 $\sin^2 x + \cos^2 x = 1$ を用いると，被積分関数は，$\cos^3 x = \cos x(1-\sin^2 x) = \cos x - \cos x\sin^2 x$ と変形できます。したがって，

$$\int \cos^3 x\,dx = \int \cos x\,dx - \int \cos x\sin^2 x\,dx$$

---

[*2] $\alpha=-1$ のときは，$\displaystyle\int \frac{\varphi'(x)}{\varphi(x)}\,dx = \log|\varphi(x)|$ です。この式は，対数微分の公式を不定積分で表現したものになっています。

$$= \sin x - \int (\sin x)' \sin^2 x \, dx = \sin x - \frac{1}{3} \sin^3 x$$

と計算できます。

(10.7) の $\alpha = -1$ の場合の公式を使うと，$\tan x$ の原始関数を求めることができます。実際，

$$\int \tan x \, dx = \int \frac{\sin x}{\cos x} \, dx$$
$$= \int \frac{-(\cos x)'}{\cos x} \, dx = -\log|\cos x| \qquad (10.8)$$

となります。

## 10.3　課題 10.A の解決

被積分関数を (10.7) が使える形に変形します。

$$\frac{\log x}{x(3 + \log x)} = \frac{\log x + 3}{x(3 + \log x)} + \frac{-3}{x(3 + \log x)} = \frac{1}{x} - \frac{1}{x} \cdot \frac{3}{3 + \log x}$$

となります。$(3 + \log x)' = \dfrac{1}{x}$ なので，課題 10.A の不定積分は，

$$\int \frac{\log x}{x(3 + \log x)} \, dx = \int \frac{1}{x} \, dx - 3 \int \frac{(3 + \log x)'}{3 + \log x} \, dx$$
$$= \log|x| - 3\log|3 + \log x| = \log \frac{|x|}{|3 + \log x|^3}$$

と求まります。

## 10.4　部分積分

関数 $f(x)$，$g(x)$ が微分可能とします。積 $f(x)g(x)$ の微分についての公式は，(5.4) で紹介したように，

$$(f(x)g(x))' = f'(x)g(x) + f(x)g'(x)$$

でした。それぞれの導関数が連続であれば，この式の両辺を積分して，

$$f(x)g(x) = \int f'(x)g(x)\,dx + \int f(x)g'(x)\,dx$$

となります。整理をすると，次の定理になります。

---

**定理 10.2** 関数 $f(x)$，$g(x)$ が微分可能で，$f'(x)$，$g'(x)$ が連続とする。このとき，

$$\int f(x)g'(x)\,dx = f(x)g(x) - \int f'(x)g(x)\,dx \qquad (10.9)$$

が成立する。

---

実際に，(10.9) を使って，2 つの関数の積の積分を考えるために，$\int f(x)\,dx = F(x)$，$\int g(x)\,dx = G(x)$ とおいて，書き換えると，

$$\int f(x)g(x)\,dx = f(x)G(x) - \int f'(x)G(x)\,dx \qquad (10.10)$$

$$= F(x)g(x) - \int F(x)g'(x)\,dx \qquad (10.11)$$

となります。(10.10)，(10.11) のどちらを適用するかは，

 (i) $f(x)$，$g(x)$ において，原始関数はどちらが見つけやすいか，

(ii) $f'(x)G(x)$，$F(x)g'(x)$ において，原始関数はどちらが見つけやすいか，

で判断することになります。必要に応じて，繰り返し定理 10.2（部分積分）を行うこともあります。いくつか，応用例を見てみましょう。

**例 10.5** 不定積分 $\int xe^x\,dx$ を求めましょう。(i) については，関数 $x$，$e^x$ ともに，原始関数は容易に見つけられます。実際，$\int x\,dx = \frac{1}{2}x^2$，$\int e^x\,dx = e^x$ です。(ii) については，$(x)'e^x = 1\cdot e^x = e^x$ の原始関数は $e^x$ とすぐに見つかりますが，$\frac{1}{2}x^2(e^x)' = \frac{1}{2}x^2 e^x$ の原始関数はすぐには

出てきません。そこで，(10.10) を用いることにします。

$$\int xe^x\, dx = xe^x - \int (x)'e^x\, dx = xe^x - e^x = (x-1)e^x \qquad (10.12)$$

と求まります。

では，$\displaystyle\int x^2 e^x\, dx$ についてはどうでしょう。(i) については，関数 $x^2$，$e^x$ の原始関数は，それぞれ $\displaystyle\int x^2\, dx = \frac{1}{3}x^3$，$\displaystyle\int e^x\, dx = e^x$ です。(ii) については，$(x^2)'e^x = 2xe^x$，$\dfrac{1}{3}x^3(e^x)' = \dfrac{1}{3}x^3 e^x$ の原始関数はすぐには見つからなそうですが，(10.12) を使うと $(x^2)'e^x = 2xe^x$ については，積分できそうです。そこで，今回も，(10.10) を用いることにします。(10.12) を利用して，

$$\int x^2 e^x\, dx = x^2 e^x - \int (x^2)'e^x\, dx = x^2 e^x - \int 2xe^x\, dx$$
$$= x^2 e^x - 2(x-1)e^x = (x^2 - 2x + 2)e^x$$

となります。実際には，2 度，部分積分を行ったことになります。

**例 10.6** 不定積分 $\displaystyle\int x\log x\, dx$ を考えましょう。(i) については，関数 $x$ の原始関数は容易に見つけられますが，$\log x$ については，すぐには出てきません。実際，$\displaystyle\int x\, dx = \frac{1}{2}x^2$ です。可能性のある方の (ii) の条件について調べましょう。$\dfrac{1}{2}x^2(\log x)' = \dfrac{1}{2}x^2 \cdot \dfrac{1}{x} = \dfrac{1}{2}x$ の原始関数は，$\dfrac{1}{4}x^2$ と見つかります。そこで，(10.11) を用いることにします。

$$\int x\log x\, dx = \frac{1}{2}x^2 \log x - \int \frac{1}{2}x^2 (\log x)'\, dx$$
$$= \frac{1}{2}x^2 \log x - \frac{1}{4}x^2 = \frac{1}{4}x^2 (2\log x - 1)$$

と求まります。

次に，$\displaystyle\int \log x\, dx$ について考えてみましょう。被積分関数が $\log x$ だ

けなのですが，$\log x = 1 \cdot \log x$ と見て，(10.11) を適用しましょう。こ
こでも，$(\log x)' = \dfrac{1}{x}$ を使います。

$$\int \log x \, dx = \int 1 \cdot \log x \, dx = x \log x - \int x (\log x)' \, dx$$

$$= x \log x - \int 1 \, dx = x \log x - x \tag{10.13}$$

となります。

**例 10.7**　例 10.5，例 10.6 では，積 $f(x)g(x)$ について，少なくとも 1 つ
の組合せが，(i)，(ii) を同時にみたすように選ぶことができました。言
い換えると，(10.10)，(10.11) のどちらかは，使うことができました。次
に，紹介する例は，必ずしも (ii) をみたすように選ぶことができなくとも，
部分積分を応用して，不定積分が求められる場合です。問題は，「$a \neq 0$,
$b \neq 0$ を定数として，$\displaystyle\int e^{ax} \cos bx$ を求めよ。」です。

$$I_1 = \int e^{ax} \cos bx \, dx, \quad I_2 = \int e^{ax} \sin bx \, dx$$

とおきます（$I_1$ が求める不定積分です）。定理 10.2，(10.11) を用いると，

$$I_1 = \frac{1}{a} e^{ax} \cos bx - \int \frac{1}{a} e^{ax} (\cos bx)' \, dx$$

$$= \frac{1}{a} e^{ax} \cos bx + \int \frac{b}{a} e^{ax} \sin bx \, dx = \frac{1}{a} e^{ax} \cos bx + \frac{b}{a} I_2,$$

$$I_2 = \frac{1}{a} e^{ax} \sin bx - \int \frac{1}{a} e^{ax} (\sin bx)' \, dx$$

$$= \frac{1}{a} e^{ax} \sin bx - \int \frac{b}{a} e^{ax} \cos bx \, dx = \frac{1}{a} e^{ax} \sin bx - \frac{b}{a} I_1$$

ゆえに，$I_1$，$I_2$ は，連立方程式

$$\begin{cases} I_1 = \dfrac{1}{a} e^{ax} \cos bx + \dfrac{b}{a} I_2 \\[2mm] I_2 = \dfrac{1}{a} e^{ax} \sin bx - \dfrac{b}{a} I_1 \end{cases}$$

を解くことで，求められます。実際，$I_2$ を消去すれば，

$$I_1 = \frac{1}{a}e^{ax}\cos bx + \frac{b}{a}\left(\frac{1}{a}e^{ax}\sin bx - \frac{b}{a}I_1\right),$$

すなわち，

$$\left(1 + \frac{b^2}{a^2}\right)I_1 = \frac{1}{a}e^{ax}\cos bx + \frac{b}{a^2}e^{ax}\sin bx$$

したがって，

$$I_1 = \frac{e^{ax}}{a^2 + b^2}(a\cos bx + b\sin bx)$$

と求めることができます。ちなみに，

$$I_2 = \frac{e^{ax}}{a^2 + b^2}(a\sin bx - b\cos bx)$$

です。

## 10.5　課題 10.B の解決

例 10.6 後半のアイデアを使ってみましょう。実際には，部分積分，置換積分の両方を使います。逆正接関数の微分公式 (5.30)，$(\tan^{-1} x)' = \dfrac{1}{1+x^2}$ と置換積分の (10.7)，$\displaystyle\int \frac{\varphi'(x)}{\varphi(x)}\, dx = \log|\varphi(x)|$ を思い出して下さい。

$$\int \tan^{-1} x\, dx = \int 1 \cdot \tan^{-1} x\, dx$$

$$= x\tan^{-1} x - \int x(\tan^{-1} x)'\, dx$$

$$= x\tan^{-1} x - \int \frac{x}{1+x^2}\, dx = x\tan^{-1} x - \frac{1}{2}\int \frac{(1+x^2)'}{1+x^2}\, dx$$

$$= x\tan^{-1} x - \frac{1}{2}\log\left|1+x^2\right| \tag{10.14}$$

となります。

## 10.6 有理関数の積分

有理関数は，多項式の割り算で表せる関数のことです。ここでは，$V(x)$，$U(x)$ を互いに素な多項式として，有理関数 $f(x)$ を

$$f(x) = \frac{V(x)}{U(x)} \tag{10.15}$$

と表します。分母の $U(x)$ が定数であれば，$f(x)$ は多項式ですから，(9.9) を使って不定積分 $\int f(x)\,dx$ を求めることができます。もちろん，結果は，多項式になります。また，9 章の課題 9.C で学んだように，$f(x) = \dfrac{1}{x^2 + A}$ であれば，不定積分は，$A > 0$ のときは，(9.19) を用いて，逆正接関数に，$A = 0$ のときは，(9.11) を用いて有理関数になりました。また，$A < 0$ のときは，対数関数を用いて表されます。

この節では，一般の有理関数について，上記のことが成り立つことを確認していきましょう。

> **定理 10.3** 任意の有理関数の不定積分は，有理関数，対数関数，逆正接関数のみを用いて表すことができる。

多項式 $V(x)$ の次数が，$U(x)$ の次数よりも小さくない場合を考えます。このとき，

$$V(x) = P(x)U(x) + V_1(x)$$

と表せます。ここで，$P(x)$ は多項式，$V_1(x)$ は，$U(x)$ よりも低次の多項式です。そこで，(10.15) の被積分関数で多項式の割り算を行って

$$f(x) = P(x) + \frac{V_1(x)}{U(x)}$$

と変形しておきます。多項式 $P(x)$ の不定積分は多項式になりますから，定理 10.3 を示すためには，$\dfrac{V_1(x)}{U(x)}$ について，定理の主張が示されれば良いことになります。そこで，以下では，(10.15) において，多項式 $V(x)$

の次数が，$U(x)$ の次数よりも小さいと仮定しておきます。

　ここで，代数方程式および部分分数展開についての定理を引用しておくことにしましょう。ただし，これらの結果についての証明は本書では記述しないことにします。

---

**定理 10.4**　多項式 $U(z)$ の次数を $n \geqq 1$ とする。

(i) 多項式 $U(z)$ は，互いに異なる複素数 $\lambda_1, \ldots, \lambda_m$ と自然数 $k_1, \ldots, k_m$，$k_1 + \cdots + k_m = n$ があって
$$U(x) = A(x - \lambda_1)^{k_1} \cdots (x - \lambda_m)^{k_m} \tag{10.16}$$
と一意的に因数分解される。ここで，$A$ は定数である [*3]。

(ii) (i) の $\lambda_j$，$j = 1, 2, \ldots, m$，の中に，複素数 $\lambda = u + vi$，$u$，$v$ は実数で $v \neq 0$ が含まれていれば，$\lambda$ の共役複素数 $\overline{\lambda} = u - vi$ もまた $\lambda_j$，$j = 1, 2, \ldots, m$，の中に含まれる。したがって，$U(x)$ は，$(x - \lambda)(x - \overline{\lambda}) = x^2 - 2ux + u^2 + v^2 = (x - u)^2 + v^2$ を因数にもつ。

(iii) (i) の $\lambda_j$，$j = 1, 2, \ldots, m$ を実数と複素数（実数でない）にわける。すなわち $\alpha_1, \ldots, \alpha_s$ を実数とし，重複度をそれぞれ $h_1, \ldots, h_s$，$u_1 + v_1 i$，$u_1 - v_1 i$，$\ldots$，$u_t + v_t i$，$u_t - v_t i$ を複素数とし，重複度をそれぞれ $\ell_1, \ldots, \ell_t$ とする。ここで，$u_j$，$v_j$ は実数で $v_j \neq 0$，$j = 1, \ldots, t$，$\displaystyle\sum_{j=1}^{s} h_j + 2 \sum_{j=1}^{t} \ell_j = n$ である。このとき，(10.16) は，さらに
$$\begin{aligned} U(x) = {} & A(x - \alpha_1)^{h_1} \cdots (x - \alpha_s)^{h_s} \\ & \times \left( (x - u_1)^2 + v_1^2 \right)^{\ell_1} \cdots \left( (x - u_t)^2 + v_t^2 \right)^{\ell_t} \end{aligned} \tag{10.17}$$
と表せる。

(iv) ある定数 $a_{11}, \cdots, a_{sh_s}$，$b_{11}, \cdots, b_{t\ell_t}$，$c_{11}, \cdots, c_{t\ell_t}$ があって

---

[*3] **代数学基本定理**と呼ばれています。本書では，多項式の係数は実数ですが，(i) は複素数係数の場合でも成り立ちます。

$$\frac{V(x)}{U(x)} = \sum_{j=1}^{s} \left( \frac{a_{j1}}{x - \alpha_j} + \frac{a_{j2}}{(x - \alpha_j)^2} + \cdots + \frac{a_{jh_j}}{(x - \alpha_j)^{h_j}} \right)$$

$$+ \sum_{j=1}^{t} \left( \frac{b_{j1}x + c_{j1}}{(x - u_j)^2 + v_j^2} + \frac{b_{j2}x + c_{j2}}{\left( (x - u_j)^2 + v_j^2 \right)^2} + \cdots \right.$$

$$\left. + \frac{b_{j\ell_j}x + c_{j\ell_j}}{\left( (x - u_j)^2 + v_j^2 \right)^{\ell_j}} \right)$$

と部分分数展開できる [*4]。

定理 10.4 (iv) の変形は複雑に見えますが，定理 10.3 を示すためには，以下の 2 つの形 $\dfrac{1}{(x - \alpha)^n}$, $n = 1, 2, \cdots$, $\dfrac{bx + c}{\left( (x - u)^2 + v^2 \right)^n}$, $n = 1, 2, \cdots$ の不定積分が求められれば良いことになります。前者は，定理 10.1 と (9.11) を用いて，

$$\int \frac{1}{(x - \alpha)^n} \, dx = \begin{cases} \log|x - \alpha|, & n = 1 \\ -\dfrac{1}{n - 1} \dfrac{1}{(x - \alpha)^{n-1}}, & n \geqq 2 \end{cases}$$

となります。

後者については，$bx + c = \dfrac{b}{2} \cdot 2(x - u) + (bu + c)$ と変形して被積分関数を，$\dfrac{b}{2} \cdot \dfrac{2(x - u)}{\left( (x - u)^2 + v^2 \right)^n} + \dfrac{bu + c}{\left( (x - u)^2 + v^2 \right)^n}$ に分けましょう。(10.7) を用いると，

$$\int \frac{2(x - u)}{\left( (x - u)^2 + v^2 \right)^n} \, dx = \begin{cases} -\dfrac{1}{n - 1} \dfrac{1}{\left( (x - u)^2 + v^2 \right)^{n-1}}, & n \neq 1 \\ \log\left| (x - u)^2 + v^2 \right|, & n = 1 \end{cases}$$

となります。これによって，定数部分は無視して考えても差し障りはありませんので，残された形は，$\dfrac{1}{\left( (x - u)^2 + v^2 \right)^n}$ であることがわかりま

---

[*4] $V(x)$ の次数が $U(x)$ の次数より小さいという仮定は (iv) を示すときに必要です。

す。ここで，

$$I_n = \int \frac{1}{\left((x-u)^2 + v^2\right)^n} \, dx, \quad n = 1, 2, \cdots \tag{10.18}$$

とおきましょう。$n = 1$ のときは，定理 10.1 と (9.19) を使って

$$I_1 = \int \frac{1}{(x-u)^2 + v^2} \, dx = \frac{1}{v} \tan^{-1} \frac{x-u}{v} \tag{10.19}$$

と求まります。$n \geqq 2$ のときは，帰納的に証明します。$n = 1$ のときが，(10.19) で示されましたので，$I_{n-1}$ が求まることを仮定して，$I_n$ が求まることを示します。実際には，$I_n$ と $I_{n-1}$ の関係式（漸化式）を導くことで，定理 10.3 が確かめられたことになります。

$$I_{n-1} = \int \frac{(x-u)^2 + v^2}{\left((x-u)^2 + v^2\right)^n} \, dx$$

$$= v^2 I_n + \int (x-u) \frac{(x-u)}{\left((x-u)^2 + v^2\right)^n} \, dx \tag{10.20}$$

と変形して，上式の右辺の第 2 項を (10.10) を使って部分積分します。

$$\int (x-u) \frac{x-u}{\left((x-u)^2 + v^2\right)^n} \, dx$$

$$= -\frac{1}{2(n-1)} \left( \frac{x-u}{\left((x-u)^2 + v^2\right)^{n-1}} - \int \frac{1}{\left((x-u)^2 + v^2\right)^{n-1}} \, dx \right)$$

$$= -\frac{1}{2(n-1)} \left( \frac{x-u}{\left((x-u)^2 + v^2\right)^{n-1}} - I_{n-1} \right)$$

この式と (10.20) をあわせると，

$$I_n = \frac{1}{2(n-1)v^2} \left( \frac{x-u}{\left((x-u)^2 + v^2\right)^{n-1}} + (2n-3)I_{n-1} \right) \tag{10.21}$$

となります。以上で，定理 10.3 が証明されました。

**例 10.8** 不定積分 $\displaystyle\int \frac{1}{(x^2+1)^3}\,dx$ を (10.21) を使って求めましょう。この問題では，(10.19)，(10.21) で $u=0$，$v^2=1$ です。まず，(10.19) より，

$$I_1 = \tan^{-1} x$$

です。次に，(10.21) で $n=2$ として，

$$I_2 = \frac{1}{2}\left(\frac{x}{x^2+1} + I_1\right) = \frac{1}{2}\left(\frac{x}{x^2+1} + \tan^{-1} x\right)$$

となります。さらに，(10.21) で $n=3$ とすることで，

$$
\begin{aligned}
I_3 &= \frac{1}{4}\left(\frac{x}{(x^2+1)^2} + 3I_2\right) \\
&= \frac{1}{4}\left(\frac{x}{(x^2+1)^2} + \frac{3}{2}\left(\frac{x}{x^2+1} + \tan^{-1} x\right)\right) \\
&= \frac{x}{4(x^2+1)^2} + \frac{3x}{8(x^2+1)} + \frac{3}{8}\tan^{-1} x
\end{aligned}
$$

を得ます。

**例 10.9** 三角関数を含んだ被積分関数において，以下の置換

$$\tan \frac{x}{2} = t \tag{10.22}$$

で有理関数の積分に帰着させる方法があります。簡単のため $\dfrac{x}{2} = \theta$ とおくと，$x = 2\theta$ であり，加法定理と基本公式 [*5] から，

$$\sin x = \sin 2\theta = 2\sin\theta\cos\theta = 2\cos^2\theta\tan\theta = \frac{2\tan\theta}{1+\tan^2\theta} = \frac{2t}{1+t^2}$$

$$\cos x = \cos 2\theta = 2\cos^2\theta - 1 = \frac{2}{1+\tan^2\theta} - 1 = \frac{1-\tan^2\theta}{1+\tan^2\theta}$$

$$= \frac{1-t^2}{1+t^2}$$

$$\tan x = \tan 2\theta = \frac{2\tan\theta}{1-\tan^2\theta} = \frac{2t}{1-t^2}$$

---

[*5] $1 + \tan^2\theta = \dfrac{1}{\cos^2\theta}$

と計算できます。まとめると,

$$\sin x = \frac{2t}{1+t^2}, \quad \cos x = \frac{1-t^2}{1+t^2}, \quad \tan x = \frac{2t}{1-t^2} \tag{10.23}$$

となります。また,

$$\frac{dt}{dx} = \frac{1}{2}\frac{1}{\cos^2\frac{x}{2}} = \frac{1}{2}(1+t^2) \tag{10.24}$$

であり, 定理 5.2 より,

$$\frac{dx}{dt} = \frac{2}{1+t^2} \tag{10.25}$$

であります。

これらを利用して, 不定積分 $\displaystyle\int \frac{1}{1+\sin x}\,dx$ を求めてみましょう。

$$\int \frac{1}{1+\sin x}\,dx = \int \frac{1}{1+\dfrac{2t}{1+t^2}}\cdot\frac{2}{1+t^2}\,dt = \int \frac{2}{(1+t)^2}\,dt$$

$$= -\frac{2}{1+t} = -\frac{2}{1+\tan\dfrac{x}{2}}$$

となります。

## 10.7 課題 10.C の解決

例 10.9 で学んだ方法を適用しましょう。(10.23), (10.25), (9.22) を用いて,

$$\int \frac{1}{3+\cos x}\,dx = \int \frac{1}{3+\dfrac{1-t^2}{1+t^2}}\cdot\frac{2}{1+t^2}\,dt = \int \frac{1}{t^2+2}\,dt$$

$$= \frac{1}{\sqrt{2}}\tan^{-1}\frac{t}{\sqrt{2}} = \frac{1}{\sqrt{2}}\tan^{-1}\left(\frac{\tan\dfrac{x}{2}}{\sqrt{2}}\right)$$

となります。

180

演習問題

A

1. 以下の不定積分を求めよ。

$$(1) \int 3x^2(x^3+1)^3\,dx \qquad (2) \int \frac{x}{\sqrt{x+2}}\,dx$$

2. 以下の不定積分を求めよ。

$$(1) \int (x+3)e^{-x}\,dx \qquad (2) \int x^2\cos 2x\,dx$$

3. 置換積分を利用して，次の不定積分を求めよ。

$$\int \frac{\log\log\log x}{x\log x}\,dx$$

4. 次の不定積分を求めよ。

$$\int \frac{x-3}{x^2+1}\,dx$$

B

1. 次の不定積分を求めよ。

$$\int \frac{1}{\cos x}\,dx$$

2. $n$ を自然数とする。$I_n = \int (\log x)^n\,dx$ とするとき，

$$I_n = x(\log x)^n - nI_{n-1}$$

を示せ。

# 11 | 定積分と面積

《目標＆ポイント》　面積から定積分を定義していく方法を紹介します。学習が終わりますと，面積から始めた積分の定義が，微分の逆演算と結びつきます。つまり，微積分学基本定理の意味を理解することになります。応用として，具体的な関数について，グラフの囲む面積が求められるようになります。
《キーワード》　定積分，面積，微積分学基本定理，積分可能性，置換積分，部分積分

## 11.1　11章の課題

　定積分と面積の関係を中心に課題が出されています。微積分学基本定理，面積，定積分の漸化式などが出題されています。背景となる知識も要求されています。各自の抽斗（ひきだし）にしまっておいた数学的小道具の準備もお願いします。

**課題 11.A**　関数 $f(t)$ は，実数全体で連続とする。このとき，関数

$$\int_{-x^2}^{x^2} f(t)\ dt \tag{11.1}$$

の導関数を求めよ。

**課題 11.B**　関数

$$f(x) = \frac{1}{\sqrt{4 - x^2}} \tag{11.2}$$

のグラフと直線 $x = \sqrt{2}$, $x = \sqrt{3}$ および $x$ 軸で囲まれる図形の面積を求めよ。

182

**課題 11.C** 定積分

$$\int_0^{\frac{\pi}{2}} \sin^6 x \; dx \tag{11.3}$$

を求めよ。

\* \* \* \* \* \* \* \* \*

▶ 課題 11.A では，関数が定積分で定義されています。定積分の上端と下端に関数が入っているところをどのように取り扱うのか思案のしどころです。ここでは，定積分における積分変数の役割を学びましょう。

**課題 11.A 直感図**

関数 $f(t)$ は，実数全体で連続とする。このとき，関数

$$\int_{-x^2}^{x^2} f(t) \; dt$$

の導関数を求めよ。

┌─ 覚えよう ─
- 定積分
- 微分積分学基本定理
- 定積分の性質

┌─ 思い出そう ─
- 合成関数の微分

定積分を面積を用いて定義していきます。微分積分学基本定理を通して，微分の逆演算としての積分を再認識しましょう。積分可能性についての議論も書き加えておきました。被積分関数の条件に気を配りましょう。課題の解決に合成関数の微分法を使いますので復習しておいて下さい。◀

▶ 課題 11.B は，定積分を応用して面積を求める問題とひらめくでしょう。分母にある根号を取り扱える公式を思い出して下さい。

## 課題 11.B 直感図

関数

$$f(x) = \frac{1}{\sqrt{4 - x^2}}$$

のグラフと直線 $x = \sqrt{2}$, $x = \sqrt{3}$ および $x$ 軸で囲まれる図形の **面積**を求めよ。

───── 覚えよう ─────
- 定積分の応用
- 逆三角関数の応用

───── 思い出そう ─────
- 逆正弦関数の値
- 根号の計算

計算する定積分は直ぐに書き出せるでしょう。積分には逆三角関数を利用します。念のため，被積分関数の定義域も確認しておきましょう。定積分ですので，具体的に逆三角関数の値を求めることが必要になってきます。三角関数の特別な角の値を復習しておきましょう。◀

▶ 課題 11.C では，被積分関数の 6 乗が印象的です。どのように変形すればよいのでしょうか。または，便利な公式があるのでしょうか。

## 課題 11.C 直感図

定積分

$$\int_0^{\frac{\pi}{2}} \sin^6 x \, dx$$

を求めよ。

───── 覚えよう ─────
- 定積分の置換積分・部分積分
- 漸化式

───── 思い出そう ─────
- 三角関数の微分積分公式
- 三角関数の基本公式

三角関数の積分の方法はいろいろ考えられます。ここでは，課題の定積

分の"6"の部分を，一般の自然数 $n$ とした定積分を考えます。$n$ に関する
定積分について漸化式を導きます。部分積分が，重要な役割を演じます。◀

## 11.2 定積分

本章では，定積分の学習を 2 段階に
分けて行います。この節では，閉区間
で連続な関数に限って考察します。次
節では，一般的な関数について積分可
能性を学んでいきます。

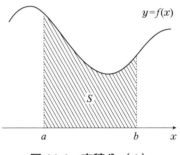

関数 $f(x)$ は，閉区間 $I = [a, b]$ で定義
されていて，$I$ で連続であるとします。

**図 11.1　定積分（1）**

まず，図 11.1 のように $f(x) \geqq 0$ で
ある場合を考えます。直線 $x = a$，$x = b$，$x$ 軸および，曲線 $y = f(x)$ で
囲まれた部分の面積 $S$ を $f(x)$ の $I$ における定積分といい，

$$\int_a^b f(x)\,dx = S \tag{11.4}$$

と表します。

次に，$f(x)$ が $I$ で，負の値をとる場合を考えます。定理 2.6 から $I$ での
最小値が存在しますが，この場合は，負になります。この最小値を $-m$，
$m > 0$ とおけば，関数 $f(x) + m \geqq 0$ とできます。$f(x) + m$ は，連続で
すから，(11.4) で定めたように定積分が定義できます。そこで，$f(x)$ の
定積分を

$$\int_a^b f(x)\,dx = \int_a^b (f(x) + m)\,dx - m(b - a) \tag{11.5}$$

と定義します。

実際には，図 11.2 の $x$ 軸の上部の面積 $S_1$ から $x$ 軸の下部の面積 $S_2$
を引いた値が定積分になります。すなわち，$\displaystyle\int_a^b f(x)\,dx = S_1 - S_2$ です。

$b = a$ のときは，$\displaystyle\int_a^a f(x)\,dx = 0,$

$a > b$ のときは，$\displaystyle\int_a^b f(x)dx =$

$-\displaystyle\int_b^a f(x)\,dx$ と約束しておきます。

　定積分の定義から，以下の性質が成り立ちます。

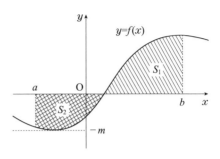

**図 11.2　定積分（2）**

---

**定理 11.1**　関数 $f(x)$, $g(x)$ は，閉区間 $[a,b]$ で連続とする。このとき，以下の (i)〜(iv) が成り立つ。ただし，$\alpha$ は定数で，$c \in [a,b]$ とする。

(i) $\displaystyle\int_a^b (f(x) + g(x))\,dx = \int_a^b f(x)\,dx + \int_a^b g(x)\,dx$

(ii) $\displaystyle\int_a^b \alpha f(x)\,dx = \alpha \int_a^b f(x)\,dx$

(iii) $\displaystyle\int_a^b f(x)\,dx = \int_a^c f(x)\,dx + \int_c^b f(x)\,dx$

(iv) 区間 $[a,b]$ でつねに $f(x) \leqq g(x)$ ならば，$\displaystyle\int_a^b f(x)\,dx \leqq \int_a^b g(x)\,dx$

---

　一般に，実数 $A$, $B$ に対して，$|A + B| \leqq |A| + |B|$ が成り立ちますから，数列の和について，$\displaystyle\left|\sum_{k=1}^n a_n\right| \leqq \sum_{k=1}^n |a_n|$ が成り立ちます。積分については，以下のようになります。

---

**定理 11.2**　関数 $f(x)$ は，閉区間 $[a,b]$ で連続とする。このとき，

$$\left|\int_a^b f(x)\,dx\right| \leqq \int_a^b |f(x)|\,dx$$

が成り立つ。

---

　証明を考えてみましょう。

$$f^+(x) = \max\{f(x), 0\}, \quad f^-(x) = -\min\{f(x), 0\} = \max\{-f(x), 0\}$$

186

とおくと，$f^+(x)$，$f^-(x)$ はともに非負でかつ連続で，

$$f^+(x) - f^-(x) = f(x), \quad f^+(x) + f^-(x) = |f(x)|$$

です。

$$\left| \int_a^b f(x)\, dx \right| = \left| \int_a^b f^+(x)\, dx - \int_a^b f^-(x)\, dx \right|$$

$$\leqq \left| \int_a^b f^+(x)\, dx \right| + \left| \int_a^b f^-(x)\, dx \right|$$

$$= \int_a^b f^+(x)\, dx + \int_a^b f^-(x)\, dx$$

$$= \int_a^b (f^+(x) + f^-(x))\, dx = \int_a^b |f(x)|\, dx$$

次の定理は，積分の平均値の定理と呼ばれています。

---

**定理 11.3** 関数 $f(x)$ は，閉区間 $[a,b]$ で連続とする。このとき，ある $c \in [a,b]$ が存在して，

$$\int_a^b f(x)\, dx = f(c)(b-a) \tag{11.6}$$

をみたす。

---

関数 $f(x)$ が定数のときは，自明ですから，$f(x)$ が定数でないとして証明を追ってみましょう。関数 $f(x)$ が，連続なので，定理2.6より，閉区間 $[a,b]$ における最大値 $M$ と最小値 $m$ が存在し，$m(b-a) < \int_a^b f(x)\, dx < M(b-a)$ が成り立ちます。書き直すと

$$m < \frac{\int_a^b f(x)\, dx}{b-a} < M \tag{11.7}$$

となります。関数 $f(x)$ は，連続なので，定理2.4（中間値の定理）から，$f(x)$ は $m$ と $M$ の間の任意の値 $\ell$ をとります。$\dfrac{\displaystyle\int_a^b f(x)\, dx}{b-a}$ は定数ですか

ら，$\ell$ としてこの値を選べば，ある $c \in [a,b]$ があって，$f(c) = \dfrac{\displaystyle\int_a^b f(x)\,dx}{b-a}$
をみたします。以上より，(11.6) は，導かれました。

　定理 11.3 の証明の中でも用いましたが，定積分は，$a$，$b$ によって決まる定数です。したがって，積分変数 $x$ を他の文字に代えてもかまいません。たとえば，$x$ を $t$ に代えたとすれば，$\displaystyle\int_a^b f(x)\,dx = \int_a^b f(t)\,dt$ です。

　次に，$a$ を固定して，$b$ を動かすことを考えましょう。便宜上，$b$ を $x$ に代えて，積分変数を $t$ にしておきます。図 11.3 では，$f(x) > 0$ で $x$ が増加すれば，面積が増える分，定積分

$$F(x) = \int_a^x f(t)\,dt \qquad (11.8)$$

は増加します。明らかに，$F(x)$ は，$x$ の関数になります。図 11.3 では，

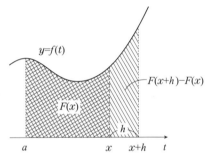

**図 11.3　定積分（3）**

斜線部分が，$F(x+h) - F(x)$ です。次の定理は，**微分積分学基本定理**と呼ばれています。

---

**定理 11.4**　関数 $f(x)$ は，閉区間 $I$ で連続とし，$a \in I$ とする。$x \in I$ に対して，$F(x)$ を (11.8) で定義する。このとき，$F(x)$ は，$I$ において微分可能で，

$$F'(x) = \frac{d}{dx}\left( \int_a^x f(t)\,dt \right) = f(x) \qquad (11.9)$$

が成り立つ。

---

　証明を追ってみましょう。まずは，$h > 0$ として議論します。定積分の定義と定理 11.3（積分の平均値の定理）より，ある $c \in [x, x+h]$ があって，

$$F(x+h) - F(x) = \int_a^{x+h} f(t)\ dt - \int_a^x f(t)\ dt$$

$$= \int_x^{x+h} f(t)\ dt = f(c)h \qquad (11.10)$$

となります。また，$f(x)$ の連続性から，$h \to 0$ のとき，$c \to x$，$f(c) \to f(x)$ です。したがって，(11.10) より

$$\lim_{h \to 0} \frac{F(x+h) - F(x)}{h} = \lim_{c \to x} f(c) = f(x)$$

となります。$h < 0$ の場合も同様に議論できますので，$F(x)$ は微分可能で，$F'(x) = f(x)$ であることが示されました。

---

**定理 11.5**　関数 $f(x)$ は，閉区間 $I$ で連続とし，$a,\ b \in I$ とする。$f(x)$ の原始関数のひとつを，$F(x)$ とすれば，

$$\int_a^b f(x)\ dx = F(b) - F(a) \qquad (11.11)$$

である。

---

本書では，(11.11) の右辺を $\left[ F(x) \right]_a^b$ と表すことにします。

**例 11.1**　関数 $f(t)$ は，実数全体で連続とします。このとき，

$$g(x) = \int_a^x (\sin x + t) f(t)\ dt \qquad (11.12)$$

の導関数を求めてみましょう。ここで，$a$ は定数です。

(11.12) の右辺は $t$ についての積分ですから，

$$g(x) = \sin x \int_a^x f(t)\ dt + \int_a^x t f(t)\ dt$$

と書くことができます。定理 11.4 と積の微分公式 (5.4) を用いれば，求める導関数は，

$$g'(x) = \cos x \int_a^x f(t)\ dt + f(x) \sin x + x f(x)$$

となります。

## 11.3 課題 11.A の解決

まず，$f(x)$ を連続関数，$\varphi(x)$ を微分可能な関数，$a$ を定数として，

$$h(x) = \int_a^{\varphi(x)} f(t)\ dt$$

の導関数を考えてみましょう。$g(x) = \int_a^x f(t)\ dt$ とおけば，$h(x) = g(\varphi(x)) = (g \circ \varphi)(x)$ です。定理 5.1 より，$h'(x) = g'(\varphi(x))\varphi'(x)$ となりますから，

$$h'(x) = \left( \int_a^{\varphi(x)} f(t)\ dt \right)' = f(\varphi(x))\varphi'(x) \tag{11.13}$$

を得ます。さて，課題 11.A の関数 (11.1) を見てみましょう。まず，

$$\int_{-x^2}^{x^2} f(t)\ dt = \int_{-x^2}^{0} f(t)\ dt + \int_{0}^{x^2} f(t)\ dt$$

$$= -\int_{0}^{-x^2} f(t)\ dt + \int_{0}^{x^2} f(t)\ dt$$

と変形します。(11.13) を適用すれば，求める導関数は，

$$\left( \int_{-x^2}^{x^2} f(t)\ dt \right)' = 2xf(-x^2) + 2xf(x^2) = 2x(f(-x^2) + f(x^2))$$

となります。

## 11.4 積分可能性

関数 $f(x)$ は，閉区間 $I = [a, b]$ で有界な関数とし，$m \leqq f(x) \leqq M$，$x \in I$ とします。$I$ を $n$ 個の小区間 $I_j = [x_{j-1}, x_j]$，$j = 1, 2, \cdots, n$ に分けます。すなわち，

$$\Delta: \quad a = x_0 < x_1 < \cdots < x_{j-1} < x_j < \cdots < x_n = b \tag{11.14}$$

とします。これを，$I$ の分割 $\Delta$ と呼ぶことにしましょう。$\Delta$ は，各小区間 $I_j$ の長さをすべて等しくとること（$n$ 等分する）もできますし，一般に

**190**

は，長さは異なっていてもかまいません。記号として，$\delta_j = x_j - x_{j-1}$，$|\Delta| = \max_{1 \le j \le n} \delta_j$ としておきます。

この節では，今のところ，関数
には，有界性のみしか仮定してい
ませんので，$y = f(x)$ のグラフは
どのような形になるのか様々な可
能性があります。たとえば，$f(x)$
に正値，連続性の仮定をおくと，
$y = f(x)$ のグラフ，直線 $x = a$,
$x = b$ および $x$ 軸とで囲まれる図
形の面積 $S$ を考察することができ

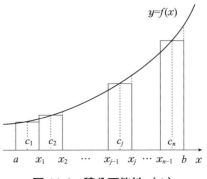

図 11.4　積分可能性（1）

ます。$S$ を小区間 $I_j$ ごとに分けて，これらを張り合わすことが考えられ
ます。

ここでは，2つの方法を紹介します。

はじめは，リーマン [*1]和 (11.15) を用いる方法です。各小区間 $I_j$ から
任意に点 $c_j$ をとり，

$$R(\Delta, f) = \sum_{j=1}^{n} f(c_j)\delta_j \tag{11.15}$$
$$= f(c_1)(x_1 - x_0) + \cdots + f(c_n)(x_n - x_{n-1})$$

とします [*2]。分割の幅をどんどん小さくしていくと，$f(c_j)(x_j - x_{j-1})$ の
それぞれが，小区間の面積に近づいていきそうですから (11.15) は，$S$ に
近づいていきそうです。図 11.4 は，連続関数についてのイメージです。
これから定義を述べる（リーマンの意味での）積分可能性は，必ずしも
連続性は仮定していません。

---

[*1] Georg Friedrich Bernhard Riemann, 1826–1866, ドイツ

[*2] $c_j$ は，区間 $I_j$ の代表点と呼ばれます。

**定義 11.1**　関数 $f(x)$ は，閉区間 $I = [a, b]$ で有界な関数とし，$I$ の分割の列 $\{\Delta_k\}$ は，$\lim\limits_{k \to \infty} |\Delta_k| = 0$ をみたすとする。$c_j$ のとり方に無関係に

$$\lim_{k \to \infty} R(\Delta_k, f) = \lim_{k \to \infty} \sum_{j=1}^{k} f(c_j)\delta_j \tag{11.16}$$

が存在するとき，$f(x)$ は $I$ でリーマンの意味で積分可能であるといい，極限値を**リーマン積分**と呼ぶ。

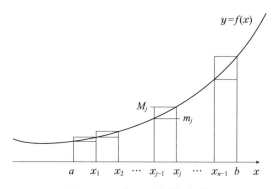

**図 11.5　積分可能性（2）**

　次は，ダルブー[*3]による方法です。集合 $A_j = \{f(x) \mid x \in I_j\}$ における上限を $M_j = \sup A_j$，下限を $m_j = \inf A_j$ とおきます。さらに，

$$S(\Delta) = S(\Delta, f) = \sum_{j=1}^{n} M_j \delta_j, \quad s(\Delta) = s(\Delta, f) = \sum_{j=1}^{n} m_j \delta_j \tag{11.17}$$

と定めます。すべての $j$ について，$m \leqq m_j \leqq M_j \leqq M$ ですから，どのような分割 $\Delta$ に対しても，(11.17) より，$m(b-a) \leqq s(\Delta) \leqq S(\Delta) \leqq M(b-a)$ を得ます。$S(\Delta)$，$s(\Delta)$ は有界なので，分割 $\Delta$ についての $S(\Delta)$，$s(\Delta)$ の下限と上限が存在します。そこで，

$$\inf_{\Delta} S(\Delta, f) = S(f), \quad \sup_{\Delta} s(\Delta, f) = s(f) \tag{11.18}$$

と定義します。

---

[*3] Jean Gaston Darboux, 1842–1917, フランス

**192**

▷▷▷ **学びの扉 11.1** ▬▬▬▬▬▬

ダルブーによる方法では，面積を (11.17)，(11.18) のように，リーマン積分とは別の形で考察しています。このとき，次の**ダルブーの定理**が成り立ちます。

> **定理 11.6**　分割の列 $\{\Delta_k\}$ は，$\lim_{k\to\infty}|\Delta_k|=0$ をみたすとする。このとき，
> $$\lim_{k\to\infty}S(\Delta_k,f)=S(f),\quad \lim_{k\to\infty}s(\Delta_k,f)=s(f) \qquad (11.19)$$
> が成り立つ。

　ここでは，定理 11.6 の証明は省略することにします。興味のある読者は [4]，[7] などを参照して下さい。

▬▬▬▬▬▬ ◁◁◁

　以下に，（ダルブーの意味での）積分可能性の定義を述べます。

**定義 11.2**　関数 $f(x)$ は，閉区間 $I=[a,b]$ で有界な関数とし，
$$S(f)=s(f) \qquad (11.20)$$
であるとき，$f(x)$ は $I$ でダルブーの意味で積分可能であるという。

　2 つの積分可能性を定義 11.1，定義 11.2 で紹介しました。(11.16) の極限値と (11.20) の値が一致していることが示されれば，この値を $\displaystyle\int_a^b f(x)\,dx$ と定義して良さそうです。

> **定理 11.7**
> (i) 分割の列 $\{\Delta_k\}$ は，$\lim_{k\to\infty}|\Delta_k|=0$ をみたすとする。(11.20) が成り立てば，$c_j$ のとり方に無関係に (11.16) の極限値が存在して，この極限値は，$S(f)\,(=s(f))$ と一致する。

(ii) ある分割の列 $\{\Delta_k\}$, $\lim\limits_{k\to\infty}|\Delta_k|=0$ があって，$c_j$ のとり方に無関係に (11.16) の極限値が存在するならば，(11.20) が成り立ち，この極限値は，$S(f)\ (=s(f))$ と一致する。

　定理 11.7 の証明を追ってみましょう。

　(i) (11.20) が成り立つとします。(11.15), (11.17) より，任意の $\Delta_k$ に対して，

$$s(\Delta_k, f) \leqq R(\Delta_k, f) \leqq S(\Delta_k, f)$$

が $c_j$ のとり方に無関係に成り立ちます。定理 11.6 から，上式で $k\to\infty$ とすれば，

$$s(f) = \lim_{k\to\infty} R(\Delta_k, f) = S(f)$$

となります。

　(ii) $\Delta$ を (11.14) であたえられる任意の分割とします。$M_j$, $m_j$ の定義から，任意の正の数 $\varepsilon$ に対して，ある $c_j'$, $c_j'' \in I_j$ が存在して，

$$M_j - \varepsilon < f(c_j'), \quad m_j + \varepsilon > f(c_j'') \tag{11.21}$$

が成り立ちます。そこで，代表点として $c_j'$ を選んだリーマン和を $R'(\Delta)$，$c_j''$ を選んだリーマン和を $R''(\Delta)$ と表すことにします。(11.21) より，

$$S(\Delta) - \varepsilon(b-a) \leqq R'(\Delta), \quad s(\Delta) + \varepsilon(b-a) \geqq R''(\Delta)$$

です。$\Delta$ として，(ii) の仮定にある $\Delta_k$ をとり，$k\to\infty$ とすれば，定理 11.6 から，

$$\lim_{k\to\infty} R''(\Delta_k) - \varepsilon(b-a) \leqq s(f)$$
$$\leqq S(f) \leqq \lim_{k\to\infty} R'(\Delta_k) + \varepsilon(b-a) \tag{11.22}$$

となります。この $\Delta_k$ に関しては，代表点のとり方に無関係に (11.16) の極限値が存在するので，$\lim\limits_{k\to\infty} R'(\Delta_k) = \lim\limits_{k\to\infty} R''(\Delta_k)$ です。この値を $R(f)$ と書いておきます。(11.22) において，$\varepsilon$ は任意なので，$s(f) = R(f) = S(f)$ となります。

以下では，$s(f) = S(f)$ が成立するとき，この値を $\displaystyle\int_a^b f(x)\,dx$ と表すことにします。定理 11.7 から，リーマン積分の値と一致します。

**例 11.2** 定理 11.7 によれば，積分可能な関数の定積分を求めるには，ある特別な分割 $\Delta_k$，$|\Delta_k| \to 0$ や代表点 $c_j$ を選んで，$\displaystyle\lim_{k\to\infty} R(\Delta_k)$ を求めれば良いことがわかります。たとえば，

$$\int_0^1 x^2\,dx$$

については，$f(x) = x^2$，$a = 0$，$b = 1$，$I = [0,1]$ なので，$\Delta_k$ として，$I$ を $k$ 等分するように $I_j = \left[\dfrac{j-1}{k}, \dfrac{j}{k}\right]$，$j = 1, 2, \cdots, k$，ととりましょう。また，代表点を $c_j = \dfrac{j}{k}$ と選べば，$\delta_j = \dfrac{1}{k}$ なので，

$$\int_0^1 x^2\,dx = \lim_{k\to\infty} \sum_{j=1}^k \left(\frac{j}{k}\right)^2 \cdot \frac{1}{k} = \lim_{k\to\infty} \frac{1}{k^3} \frac{k(k+1)(2k+1)}{6} = \frac{1}{3}$$

と求めることができます。

▷▷▷ **学びの扉 11.2**

積分可能でない関数については，どのようなものがあるのでしょうか。(11.20) が成り立たない，すなわち $S(f) > s(f)$ なる関数について，例をあげておきましょう。

$I = [a,b]$ とし，

$$f(x) = \begin{cases} 1, & x \text{ は有理数} \\ 0, & x \text{ は無理数} \end{cases}$$

とします。実数の性質から，どのような分割に対しても，$M_j = 1$，$m_j = 0$ になります。したがって，$S(\Delta, f) = \displaystyle\sum_{j=1}^n M_j \delta_j = \sum_{j=1}^n \delta_j = b - a$ ですか

ら，$S(f) = b - a$ です。また，$s(\Delta, f) = \sum_{j=1}^{n} m_j \delta_j = 0$ ですから，$s(f) = 0$ となり，$S(f) > s(f)$ です。

◁◁◁

積分可能となる条件を紹介していきましょう。

> **定理 11.8**　関数 $f(x)$ は，閉区間 $I = [a, b]$ で有界な関数とし，単調ならば，(11.20) が成り立つ。

$f(x)$ が単調増加関数の場合の証明を見てみましょう。$I$ の任意の分割 $\Delta$ を (11.14) とします。このとき，$f(x)$ は単調増加ですから，$S(\Delta, f) = \sum_{j=1}^{n} f(x_j)\delta_j$，$s(\Delta, f) = \sum_{j=1}^{n} f(x_{j-1})\delta_j$ となります。したがって，

$$0 \leqq S(\Delta, f) - s(\Delta, f) = \sum_{j=1}^{n} (f(x_j) - f(x_{j-1}))\delta_j$$

$$\leqq \sum_{j=1}^{n} (f(x_j) - f(x_{j-1}))|\Delta| = (f(b) - f(a))|\Delta|$$

です。ゆえに，$\lim_{k \to \infty} |\Delta_k| = 0$ なる分割の列 $\Delta_k$ に対して，

$$\lim_{k \to \infty} (S(\Delta_k, f) - s(\Delta_k, f)) = 0$$

となります。以上より，(11.20) が導かれました。単調減少の場合も同様にできますので，確かめてみて下さい。

> **定理 11.9**　関数 $f(x)$ は，閉区間 $I = [a, b]$ で連続な関数とする。このとき，(11.20) が成り立つ。

2 章の 2.9 節で学んだように，$f(x)$ は閉区間 $I$ で連続なので，$I$ で一様連続です。すなわち，任意の $\varepsilon > 0$ に対して，ある $\delta > 0$ を適当にとることで，

196

$0 < |x - x'| < \delta$ をみたす，すべての $x$, $x' \in I$ に対して $|f(x) - f(x')| < \varepsilon$ が成り立つようにできます．このことを使って，定理 11.9 を証明してみましょう．

$I$ の任意の分割 $\Delta$ を (11.14) とし，$|\Delta| < \delta$ をみたすようにしておきます．実際，(11.20) を調べる際には，$\lim_{k \to \infty} |\Delta_k| = 0$ なる分割の列を対象にしますから，$|\Delta| < \delta$ なる仮定は問題ありません．$f(x)$ が連続なことから，定理 2.6 から，閉区間 $I_j$ の中に最大値 $M_j$ をあたえる点 $c_j'$ と，最小値 $m_j$ をあたえる点 $c_j''$ が存在することがわかります．したがって，$|c_j' - c_j''| \leqq |I_j| \leqq |\Delta| < \delta$ なので，$|f(c_j') - f(c_j'')| = |M_j - m_j| < \varepsilon$ とできます．このことから，

$$0 \leqq S(\Delta, f) - s(\Delta, f) = \sum_{j=1}^{n} (M_j - m_j)\delta_j < \varepsilon \sum_{j=1}^{n} \delta_j = \varepsilon(b - a)$$

となり，

$$0 \leqq S(f) - s(f) \leqq \varepsilon(b - a)$$

とできます．$\varepsilon$ は任意の正数ですから，$S(f) = s(f)$ が得られます．

## 11.5 面 積

前節で考察をしたように，関数 $f(x)$ の定積分と面積は深い関わりがあります．特に，$f(x)$ が閉区間 $[a, b]$ で正値連続関数であれば，$y = f(x)$ のグラフと $x = a$, $x = b$ および $x$ 軸で囲まれる図形の面積は

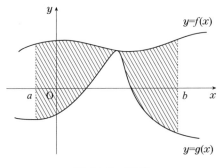

**図 11.6　面積**

$\int_a^b f(x)\, dx$ になります．図 11.6 のように，2 つのグラフで囲まれる部分の面積については次の定理であたえられます．

> **定理 11.10**  関数 $f(x)$, $g(x)$ は区間 $[a, b]$ で連続で, $f(x) \geqq g(x)$, $x \in [a, b]$ であれば, $y = f(x)$, $y = g(x)$ のグラフと直線 $x = a$, $x = b$ で囲まれる図形の面積は
>
> $$\int_a^b (f(x) - g(x)) \, dx$$
>
> である。

**例 11.3**  関数 $f(x) = 2x$, $g(x) = \log x$ のグラフと直線 $x = 1$, $x = e$ で囲まれる図形の面積を求めましょう。

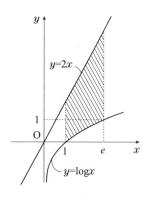

定理 11.10 より，求める面積は，

$$\int_1^e (2x - \log x) \, dx = \left[ x^2 - x \log x + x \right]_1^e$$
$$= (e^2 - e + e) - (1 - 0 + 1) = e^2 - 2$$

となります。

**図 11.7　例 11.3**

## 11.6 課題 11.B の解決

課題の図形は図 11.8 のようになります。定理 11.10 より，求める面積は，定積分

$$\int_{\sqrt{2}}^{\sqrt{3}} \frac{1}{\sqrt{4 - x^2}} \, dx$$

を計算すれば求まります。被積分関数の分母の根号の考察から，その定義域は $(-2, 2)$ になります。積分区間 $\left[ \sqrt{2}, \sqrt{3} \right]$ は，定義域に含まれています。

ここでは，(9.20)（逆三角関数の応用）を用いて，計算をしましょう。

$$\int_{\sqrt{2}}^{\sqrt{3}} \frac{1}{\sqrt{4-x^2}}\, dx = \left[\sin^{-1}\frac{x}{2}\right]_{\sqrt{2}}^{\sqrt{3}}$$

$$= \sin^{-1}\frac{\sqrt{3}}{2} - \sin^{-1}\frac{\sqrt{2}}{2}$$

$$= \frac{\pi}{3} - \frac{\pi}{4} = \frac{\pi}{12}$$

となります。

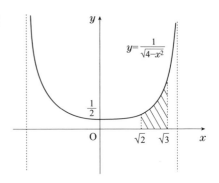

図 11.8　課題 11.B の解決

## 11.7 置換積分

定積分における置換積分の公式を紹介しましょう。

> **定理 11.11**　関数 $f(x)$ が連続であり，関数 $\varphi(t)$ は微分可能で，導関数 $\varphi'(t)$ が連続とする。$a = \varphi(\alpha)$，$b = \varphi(\beta)$ であれば，
>
> $$\int_a^b f(x)\, dx = \int_\alpha^\beta f(\varphi(t))\varphi'(t)\, dt \qquad (11.23)$$
>
> が成り立つ。

定理 10.1 を用いれば，$f(x)$ の原始関数 $F(x)$ のひとつはあたえられた条件より，

$$F(x) = \int f(x)\, dx = \int f(\varphi(t))\varphi'(t)\, dt, \quad x = \varphi(t)$$

と求まります。したがって，(11.23) の右辺を計算すると

$$\int_\alpha^\beta f(\varphi(t))\varphi'(t)\, dt = \left[F(\varphi(t))\right]_\alpha^\beta = F(\varphi(\beta)) - F(\varphi(\alpha))$$

$$= F(b) - F(a) = \int_a^b f(x)\, dx$$

となり，(11.23) の左辺に至ります。

**例 11.4** 定積分 $\displaystyle\int_{\frac{1}{4}}^{\frac{3}{4}} x\sqrt{1-x}\,dx$ を定理 11.11 を用いて，求めましょう。

$\sqrt{1-x} = t$ とおくと，$x = 1 - t^2 \ (=\varphi(t))$，$\dfrac{dx}{dt} = \varphi'(t) = -2t$ です。

また，$x = \dfrac{1}{4}$ のとき，$t = \dfrac{\sqrt{3}}{2}$，$x = \dfrac{3}{4}$ のとき，$t = \dfrac{1}{2}$ なので，

$$
\begin{aligned}
\int_{\frac{1}{4}}^{\frac{3}{4}} x\sqrt{1-x}\,dx &= \int_{\frac{\sqrt{3}}{2}}^{\frac{1}{2}} (1-t^2)t \cdot (-2t)\,dt \\
&= \int_{\frac{\sqrt{3}}{2}}^{\frac{1}{2}} (-2t^2 + 2t^4)\,dt = \left[-\frac{2}{3}t^3 + \frac{2}{5}t^5\right]_{\frac{\sqrt{3}}{2}}^{\frac{1}{2}} \\
&= -\frac{2}{3}\left(\frac{1}{8} - \frac{3\sqrt{3}}{8}\right) + \frac{2}{5}\left(\frac{1}{32} - \frac{9\sqrt{3}}{32}\right) \\
&= \frac{-17 + 33\sqrt{3}}{240}
\end{aligned}
$$

と計算できます。

**例 11.5** 定積分 $\displaystyle\int_{0}^{2} \sqrt{4-x^2}\,dx$ を計算しましょう。例 11.4 と同様に被積分関数に根号を含んでいますが，この問題では三角関数を利用します。$x = 2\sin t \ (=\varphi(t))$ とおくと，$\dfrac{dx}{dt} = \varphi'(t) = 2\cos t$ です。また，$x = 0$ のとき，$t = \sin^{-1} 0 = 0$，$x = 2$ のとき，$t = \sin^{-1} 1 = \dfrac{\pi}{2}$ です。区間 $\left[0, \dfrac{\pi}{2}\right]$ において，$\cos t$ は非負ですから，

$$
\begin{aligned}
\int_{0}^{2} \sqrt{4-x^2}\,dx &= \int_{0}^{\frac{\pi}{2}} \sqrt{4 - 4\sin^2 t} \cdot (2\cos t)\,dt \\
&= \int_{0}^{\frac{\pi}{2}} \sqrt{4\cos^2 t} \cdot (2\cos t)\,dt = 4\int_{0}^{\frac{\pi}{2}} \cos^2 t\,dt \\
&= 4\int_{0}^{\frac{\pi}{2}} \frac{1 + \cos 2t}{2}\,dt = \left[2t + \sin 2t\right]_{0}^{\frac{\pi}{2}} = \pi
\end{aligned}
$$

と計算できます。

## 11.8 部分積分

10 章で学習した定理 10.2 から，定積分について，次の定理が成り立ちます。

---

**定理 11.12**　関数 $f(x)$, $g(x)$ が微分可能で，$f'(x)$, $g'(x)$ が連続とする。このとき，

$$\int_a^b f(x)g'(x)\ dx = \left[ f(x)g(x) \right]_a^b - \int_a^b f'(x)g(x)\ dx \qquad (11.24)$$

が成立する。

---

(10.10), (10.11) に対応する形としては，$\displaystyle\int f(x)\ dx = F(x)$, $\displaystyle\int g(x)\ dx = G(x)$ とおいて，

$$\int_a^b f(x)g(x)\ dx = \left[ f(x)G(x) \right]_a^b - \int_a^b f'(x)G(x)\ dx \quad (11.25)$$

$$= \left[ F(x)g(x) \right]_a^b - \int_a^b F(x)g'(x)\ dx \quad (11.26)$$

となります。適用の方法については，10.4 節の説明に準じておこなうと良いでしょう。

**例 11.6**　定理 11.12, (11.26) を用いて，定積分 $\displaystyle\int_\alpha^\beta (x-\alpha)(x-\beta)\ dx$ を求めましょう。

$$\int_\alpha^\beta (x-\alpha)(x-\beta)\ dx$$

$$= \left[ \frac{(x-\alpha)^2}{2}(x-\beta) \right]_\alpha^\beta - \int_\alpha^\beta \frac{(x-\alpha)^2}{2}(x-\beta)'\ dx$$

$$= -\left[ \frac{(x-\alpha)^3}{6} \right]_\alpha^\beta = -\frac{(\beta-\alpha)^3}{6}$$

となります。

## 11.9 課題 11.C の解決

ここでは，定理 11.12 を用いる解決法を紹介します。まず，$n$ を非負の整数とし，

$$I_n = \int_0^{\frac{\pi}{2}} \sin^n x \; dx \tag{11.27}$$

についての漸化式を導きましょう。2 以上の自然数 $n$ に対して，定理 11.12 (11.25) を使うと，

$$
\begin{aligned}
I_n &= \int_0^{\frac{\pi}{2}} \sin^n x \; dx = \int_0^{\frac{\pi}{2}} \sin^{n-1} x \sin x \; dx \\
&= \left[ \sin^{n-1} x(-\cos x) \right]_0^{\frac{\pi}{2}} + \int_0^{\frac{\pi}{2}} (\sin^{n-1} x)' \cos x \; dx \\
&= \int_0^{\frac{\pi}{2}} (n-1)(\sin^{n-2} x)\cos^2 x \; dx \\
&= \int_0^{\frac{\pi}{2}} (n-1)(\sin^{n-2} x)(1 - \sin^2 x) \; dx \\
&= (n-1)\int_0^{\frac{\pi}{2}} \sin^{n-2} x \; dx - (n-1)\int_0^{\frac{\pi}{2}} \sin^n x \; dx \\
&= (n-1)I_{n-2} - (n-1)I_n
\end{aligned}
$$

となります。すなわち，

$$I_n = \frac{n-1}{n} I_{n-2} \tag{11.28}$$

を得ます。(11.27) を用いて，$I_0$, $I_1$ を計算しておきましょう。

$$I_0 = \int_0^{\frac{\pi}{2}} \sin^0 x \; dx = \left[ x \right]_0^{\frac{\pi}{2}} = \frac{\pi}{2},$$

$$I_1 = \int_0^{\frac{\pi}{2}} \sin x \; dx = \left[ -\cos x \right]_0^{\frac{\pi}{2}} = -\cos \frac{\pi}{2} + \cos 0 = 1$$

です。(11.28) を利用して，課題 11.C の定積分の値を求めることができます。実際，

$$\int_0^{\frac{\pi}{2}} \sin^6 x\,dx = I_6 = \frac{5}{6}I_4 = \frac{5}{6} \cdot \frac{3}{4}I_2 = \frac{5}{6} \cdot \frac{3}{4} \cdot \frac{1}{2}I_0 = \frac{5}{32}\pi$$

となります。

**演習問題**

A

1. 以下の定積分を求めよ。

   (1) $\displaystyle\int_{-2}^{3} (3x^2 + x - 5)\,dx$　　(2) $\displaystyle\int_{1}^{4} \frac{x}{x^2 + 4}\,dx$

2. 以下の定積分を求めよ。

   (1) $\displaystyle\int_{-4}^{4} \sqrt{16 - x^2}\,dx$　　　(2) $\displaystyle\int_{0}^{\frac{\pi}{2}} x\cos 2x\,dx$

3. 関数 $f(x) = e^{\frac{x}{2}}$, $g(x) = -x + 1$ の 2 つのグラフと直線 $x = 2$ で囲まれる図形の面積を求めよ。

4. 関数 $f(t)$ は，実数全体で連続とする。このとき，関数

$$F(x) = \int_0^x (x - t)f(t)\,dt$$

の導関数 $F'(x)$ を求めよ。

B

1. $n$ を自然数とする。このとき，$\displaystyle\int_0^{\frac{\pi}{2}} \cos^n x\,dx = \int_0^{\frac{\pi}{2}} \sin^n x\,dx$ であることを示せ。

2. 不等式 $\displaystyle\frac{\pi}{4} < \int_0^1 \frac{1}{1 + x^3}\,dx$ が成り立つことを示せ。

# 12 │ 広義積分

《**目標&ポイント**》　図形の面積というと閉じた図形の内部を連想すると思います。ここでは，閉じていない図形を取り上げて，広い意味での定積分を取り扱います。実際には，連続でない関数や積分区間が有限でない場合を学習します。また，ガンマ関数やベータ関数など広義積分で定義される特殊関数も紹介します。

《**キーワード**》　広義積分，不連続点，無限区間，判定条件，特殊関数，ガンマ関数，ベータ関数

## 12.1　12章の課題

　課題に取り上げられた積分の被積分関数の特徴や積分区間に注目して下さい。その特徴に気がつくと，本論の内容が染み込みやすくなると思います。

**課題 12.A**　広義積分

$$\int_{-1}^{1} \frac{1}{\sqrt[3]{x^2}} \, dx \tag{12.1}$$

は存在するか，存在するならばその値を求めよ。

**課題 12.B**　広義積分

$$\int_{1}^{\infty} \frac{1}{x(1+x^2)} \, dx \tag{12.2}$$

は存在するか，存在するならばその値を求めよ。

**課題 12.C** ガンマ関数 $\Gamma(x)$ は,

$$\Gamma(x+1) = x\Gamma(x), \quad x > 0 \tag{12.3}$$

をみたすことを証明せよ。

\* \* \* \* \* \* \* \* \*

▶ 課題 12.A では, 広義積分という表現が目につきます。また, 積分の存在とはどういう定義なのでしょうか。被積分関数が, 積分範囲の $x = 0$ で発散します。この性質の取り扱いが鍵になりそうです。

**課題 12.A 直感図**

広義積分

$$\int_{-1}^{1} \frac{1}{\sqrt[3]{x^2}}\, dx$$

は存在するか, 存在するならばその値を求めよ。

― 覚えよう ―
- 広義積分
- 不連続点

― 思い出そう ―
- $x^{\alpha}$ の積分
- 定積分
- 極限の計算

新しい概念の学習が求められています。定積分と面積を関連づけて, 被積分関数のグラフが積分範囲でどうなっているかを確認しましょう。講義の部分では, 定積分を拡張する形で広い意味の積分を定義していきます。11 章で学んだ, 定積分をもう一度読み直すと効果が出てきそうです。◀

▶ 課題 12.B では, 積分区間の長さが無限大になっています。これも広義積分のひとつです。被積分関数は有理関数です。分母の扱い方が問題です。

## 課題 12.B 直感図

広義積分

$$\int_1^\infty \frac{1}{x(1+x^2)}\, dx$$

は存在するか，存在するならばその値を求めよ。

覚えよう
- 無限区間
- 有理関数の定積分

思い出そう
- 部分分数展開
- 対数微分法を応用した積分

　無限区間の広義積分について，定義から詳しく説明します。有理関数の原始関数の見つけ方を復習しておきましょう。この課題では，部分分数展開と対数微分の応用が鍵となります。◀

　▶ 課題 12.C では，ガンマ関数という新しい概念が登場しています。また，この課題は証明問題です。変数に $x+1$ が入っていることも気になります。これから学ぶガンマ関数の定義から，どのように課題の差分方程式を導出するか意見を出し合ってみましょう。

## 課題 12.C 直感図

**ガンマ関数** $\Gamma(x)$ は，

$$\Gamma(x+1) = x\Gamma(x), \quad x > 0$$

をみたすことを**証明**せよ。

覚えよう
- ガンマ関数
- 広義積分の部分積分
- 差分方程式

思い出そう
- 部分積分
- 無限区間の広義積分

　本章では，広義積分で定義される特殊関数を紹介します。部分積分法が課題の差分方程式を導くために役立ちます。復習をしておきましょう。特殊関数は，微分方程式，差分方程式などの関数方程式に応用されたり，微分積分学とともに，自然科学においての役割を果たしてきました。ここでは，入門として，定義のみの紹介になりますが，今後の発展的学びの契機にして下さい。◀

## 12.2 広義積分

　11 章で学んだ定積分では，閉区間で有界な被積分関数，さらに連続という条件をみたす被積分関数を対象にしてきました。本章では，これらの条件が満たされない場合に定積分を拡張することを考えます。具体的には，

　I 被積分関数 $f(x)$ が，閉区間 $[a,b]$ に不連続点 $c$ をもち有界でない場合
　II 積分区間が無限区間の場合
を取り扱います。

### I　不連続点をもつ場合

　積分区間は閉区間 $I = [a,b]$ とします。被積分関数 $f(x)$ が，$I$ の端点（$a$ または $b$）で連続でない場合と，内点 $c \in (a,b)$ で連続でない場合にわけて説明していきましょう。

　(i) まずは，$f(x)$ が $a$ で不連続な場合を考えます。ここでは，$(a,b]$ では，連続と仮定しておきます。$\varepsilon > 0$ をとって，図 12.1 のように考えれば，$f(x)$ は閉区間 $[a+\varepsilon, b]$ では連続ですから，定積分 $\displaystyle\int_{a+\varepsilon}^{b} f(x)\, dx$ は定義されます。

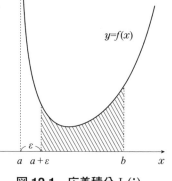

**図 12.1　広義積分 I (i)**

この値は，$\varepsilon$ に依存しています。そこで，極限

$$\lim_{\varepsilon \to 0} \int_{a+\varepsilon}^{b} f(x)\ dx \tag{12.4}$$

が存在するとき，この極限値を広義積分 $\int_{a}^{b} f(x)\ dx$ と定義します。同様に，$f(x)$ が，$b$ において不連続で，$[a,b)$ で連続な場合は，$\lim_{\varepsilon \to 0} \int_{a}^{b-\varepsilon} f(x)\ dx$
が存在するとき，この値を $\int_{a}^{b} f(x)\ dx$ と定義します。

　両端 $a$，$b$ において不連続で，$(a,b)$ で連続な場合は，

$$\lim_{\varepsilon_1, \varepsilon_2 \to 0} \int_{a+\varepsilon_1}^{b-\varepsilon_2} f(x)\ dx \tag{12.5}$$

が存在するとき，この極限値を広義積分 $\int_{a}^{b} f(x)\ dx$ と定義します。(12.5) の極限において $\varepsilon_1 > 0$，$\varepsilon_2 > 0$ は独立に 0 に近づくものとします。

**例 12.1**　広義積分

$$\int_{-3}^{1} \frac{1}{\sqrt{1-x}}\ dx$$

を調べましょう。被積分関数は $x=1$ において不連続です。実際，$\lim_{x \to 1-0} \frac{1}{\sqrt{1-x}} = \infty$ です。被積分関数は，$[-3,1)$ では，連続なので，$\varepsilon > 0$ として，

$$\lim_{\varepsilon \to 0} \int_{-3}^{1-\varepsilon} \frac{1}{\sqrt{1-x}}\ dx = \lim_{\varepsilon \to 0} \left[ -2\sqrt{1-x} \right]_{-3}^{1-\varepsilon}$$
$$= \lim_{\varepsilon \to 0} \left( 2\sqrt{1-(-3)} - 2\sqrt{1-(1-\varepsilon)} \right) = 4$$

です。極限値が存在しますから，広義積分は存在し $\int_{-3}^{1} \frac{1}{\sqrt{1-x}}\ dx = 4$ となります。

**例 12.2**　広義積分

$$I = \int_{0}^{1} \frac{1}{x^{\alpha}}\ dx, \quad \alpha > 0 \tag{12.6}$$

を考察しましょう。被積分関数は $x = 0$ において不連続で，$\displaystyle\lim_{x \to +0} \frac{1}{x^\alpha} = \infty$ です。また，被積分関数は，$(0, 1]$ で連続です。

はじめに，$\alpha \neq 1$ のときを調べましょう。$\varepsilon > 0$ として，

$$\lim_{\varepsilon \to 0} \int_\varepsilon^1 \frac{1}{x^\alpha}\, dx = \lim_{\varepsilon \to 0} \left[ \frac{1}{1-\alpha} x^{1-\alpha} \right]_\varepsilon^1 \tag{12.7}$$
$$= \lim_{\varepsilon \to 0} \frac{1}{1-\alpha} (1 - \varepsilon^{1-\alpha})$$

です。(12.7) において，$0 < \alpha < 1$ ならば，極限は存在し，その極限値は，$\dfrac{1}{1-\alpha}$ になります。$\alpha > 1$ ならば，極限は存在しません（$\infty$ に発散します）。

次に，$\alpha = 1$ としましょう。$\varepsilon > 0$ として，

$$\lim_{\varepsilon \to 0} \int_\varepsilon^1 \frac{1}{x}\, dx = \lim_{\varepsilon \to 0} \Big[ \log|x| \Big]_\varepsilon^1 = \lim_{\varepsilon \to 0} (0 - \log \varepsilon)$$

です。よって，極限は存在しません（$\infty$ に発散します）。

まとめると，$0 < \alpha < 1$ のとき，広義積分 $I$ は存在し，$\displaystyle\int_0^1 \frac{1}{x^\alpha}\, dx = \frac{1}{1-\alpha}$ であり，$\alpha \geqq 1$ のとき，広義積分は存在しません。

**例 12.3**　広義積分

$$\int_{-3}^3 \frac{1}{\sqrt{9 - x^2}}\, dx$$

についてはどうでしょうか。(9.20) を思い出しておいて下さい。被積分関数は，積分区間の両端 $x = -3$，$x = 3$ において不連続です。実際，$\displaystyle\lim_{x \to -3+0} \frac{1}{\sqrt{9 - x^2}} = \infty$，$\displaystyle\lim_{x \to 3-0} \frac{1}{\sqrt{9 - x^2}} = \infty$ となっています。また，被積分関数は，$(-3, 3)$ では連続です。$\varepsilon_1 > 0$，$\varepsilon_2 > 0$ として，

$$\lim_{\varepsilon_1, \varepsilon_2 \to 0} \int_{-3+\varepsilon_1}^{3-\varepsilon_2} \frac{1}{\sqrt{9 - x^2}}\, dx = \lim_{\varepsilon_1, \varepsilon_2 \to 0} \left[ \sin^{-1} \frac{x}{3} \right]_{-3+\varepsilon_1}^{3-\varepsilon_2}$$
$$= \lim_{\varepsilon_1, \varepsilon_2 \to 0} \left( \sin^{-1} \frac{3 - \varepsilon_2}{3} - \sin^{-1} \frac{-3 + \varepsilon_1}{3} \right) \tag{12.8}$$

です。ここで,

$$\lim_{\varepsilon_2 \to 0} \sin^{-1} \frac{3 - \varepsilon_2}{3} = \lim_{\varepsilon_2 \to 0} \sin^{-1} \left(1 - \frac{\varepsilon_2}{3}\right) = \frac{\pi}{2} \tag{12.9}$$

$$\lim_{\varepsilon_1 \to 0} \sin^{-1} \frac{-3 + \varepsilon_1}{3} = \lim_{\varepsilon_1 \to 0} \sin^{-1} \left(-1 + \frac{\varepsilon_1}{3}\right) = -\frac{\pi}{2} \tag{12.10}$$

です。ともに極限値が存在しますから, 広義積分は存在します。(12.8), (12.9), (12.10) より $\displaystyle\int_{-3}^{3} \frac{1}{\sqrt{9 - x^2}}\,dx = \frac{\pi}{2} - \left(-\frac{\pi}{2}\right) = \pi$ となります。

　(ii) 次に, $c \in (a, b)$ で連続でない場合を考えます。この場合, 被積分関数 $f(x)$ は, $[a, c)$, $(c, b]$ で連続と仮定し, (i) の評価方法を適用して, 2 つの広義積分 $\displaystyle\int_{a}^{c} f(x)\,dx$, $\displaystyle\int_{c}^{b} f(x)\,dx$ を調べます。これらの広義積分がともに存在するとき,

$$\int_{a}^{b} f(x)\,dx = \int_{a}^{c} f(x)\,dx + \int_{c}^{b} f(x)\,dx$$

と定義します[*1]。

**例 12.4**　広義積分

$$\int_{-1}^{1} \frac{1}{x^2}\,dx \tag{12.11}$$

について考えましょう。

　広義積分 $\displaystyle\int_{-1}^{0} \frac{1}{x^2}\,dx$, $\displaystyle\int_{0}^{1} \frac{1}{x^2}\,dx$ が存在した場合に, これらの和で $\displaystyle\int_{-1}^{1} \frac{1}{x^2}\,dx$ を定義します。実際には, 例 12.2 で学んだように, (12.6) で $\alpha = 2 \geqq 1$ ですから, $\displaystyle\int_{0}^{1} \frac{1}{x^2}\,dx$ は存在しません[*2]。したがって, (12.11) の広義積分は, 存在しないことになります。

---

[*1] 不連続点が有限個ある場合も同様に定義します。

[*2] $\displaystyle\int_{-1}^{0} \frac{1}{x^2}\,dx$ も存在しません。

## 12.3 課題 12.A の解決

内部に不連続点のある問題です。(12.1) の被積分関数 $\dfrac{1}{\sqrt[3]{x^2}}$ は，$x = 0$ において不連続で，$[-1,0)$, $(0,1]$ で連続です。そこで，広義積分 $\displaystyle\int_{-1}^{0} \dfrac{1}{\sqrt[3]{x^2}}\,dx$, $\displaystyle\int_{0}^{1} \dfrac{1}{\sqrt[3]{x^2}}\,dx$ をそれぞれ調べましょう。まず，$\varepsilon_1 > 0$ として，

$$\lim_{\varepsilon_1 \to 0} \int_{-1}^{-\varepsilon_1} \frac{1}{\sqrt[3]{x^2}}\,dx = \lim_{\varepsilon_1 \to 0} \left[3\sqrt[3]{x}\right]_{-1}^{-\varepsilon_1} = \lim_{\varepsilon_1 \to 0} 3\left(-\sqrt[3]{\varepsilon_1} - (-1)\right) = 3$$

と極限が存在しますから，広義積分 $\displaystyle\int_{-1}^{0} \dfrac{1}{\sqrt[3]{x^2}}\,dx$ は存在して，その値は 3 です。一方，$\displaystyle\int_{0}^{1} \dfrac{1}{\sqrt[3]{x^2}}\,dx$ については，例 12.2 の (12.6) で $\alpha = \dfrac{2}{3}$ なので，広義積分 $\displaystyle\int_{0}^{1} \dfrac{1}{\sqrt[3]{x^2}}\,dx$ が存在して，その値は，$\dfrac{1}{1-\frac{2}{3}} = 3$ です。以上より，(12.1) の広義積分は存在し，

$$\int_{-1}^{1} \frac{1}{\sqrt[3]{x^2}}\,dx = \int_{-1}^{0} \frac{1}{\sqrt[3]{x^2}}\,dx + \int_{0}^{1} \frac{1}{\sqrt[3]{x^2}}\,dx = 3 + 3 = 6$$

となります。

### Ⅱ　積分区間が無限区間の場合

これまでは，関数を $[a,b]$ で積分することを学んできました。ここでは，このような有限区間ではなく，$[a,\infty)$, $(-\infty,b]$, $(-\infty,\infty)$ などの無限区間での広義積分を考えることにします。

関数 $f(x)$ が $[a,\infty)$ において連続であるとします。このとき，図 12.2 のように，$a < A$ なる $A$ をとれば，$f(x)$ は閉区間 $[a,A]$ で連続です。そこで，$\displaystyle\int_{a}^{A} f(x)\,dx$ を考えることができます。

極限

$$\lim_{A\to\infty}\int_a^A f(x)\,dx \qquad (12.12)$$

が存在するとき，この極限値を広義積
分 $\displaystyle\int_a^\infty f(x)\,dx$ と定義します。

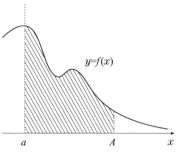

　同様に，$f(x)$ が，$(-\infty, b]$ で連続
な場合は，$B < b$ なる $B$ をとって，

$$\lim_{B\to-\infty}\int_B^b f(x)\,dx \text{が存在するとき，こ}$$

の値を $\displaystyle\int_{-\infty}^b f(x)\,dx$ と定義します。

**図 12.2　広義積分 II (i)**

　被積分関数 $f(x)$ が，$(-\infty, \infty)$ で連続の場合は，$c \in (-\infty, \infty)$ を
とって，上で述べた評価方法を適用して，2 つの広義積分 $\displaystyle\int_{-\infty}^c f(x)\,dx$,
$\displaystyle\int_c^\infty f(x)\,dx$ を調べます。これらの広義積分がともに存在するとき，

$$\int_{-\infty}^\infty f(x)\,dx = \int_{-\infty}^c f(x)\,dx + \int_c^\infty f(x)\,dx$$

と定義します。この値は，定積分の性質から，$c$ の取り方に依存しません。
　被積分関数 $f(x)$ が，$(a, \infty)$ で連続の場合は，$c \in (a, \infty)$ をとって，I,
II で述べた評価方法で，2 つの広義積分 $\displaystyle\int_a^c f(x)\,dx$, $\displaystyle\int_c^\infty f(x)\,dx$ を調
べます。これらの広義積分がともに存在するとき，

$$\int_a^\infty f(x)\,dx = \int_a^c f(x)\,dx + \int_c^\infty f(x)\,dx$$

と定義します。$(-\infty, b)$ で連続の場合も同様に定義できます。

**例 12.5**　広義積分

$$I = \int_1^\infty \frac{1}{x^\alpha}\,dx, \quad \alpha > 0 \qquad (12.13)$$

を考えてみましょう。例 12.2 と比較しながら読み進めると良いでしょう。被積分関数は，$[1, \infty)$ で連続です。

はじめに，$\alpha \neq 1$ のときを調べましょう。$A > 1$ として，

$$\lim_{A \to \infty} \int_1^A \frac{1}{x^\alpha}\, dx = \lim_{A \to \infty} \left[ \frac{1}{1-\alpha} x^{1-\alpha} \right]_1^A \qquad (12.14)$$
$$= \lim_{A \to \infty} \frac{1}{1-\alpha} (A^{1-\alpha} - 1)$$

です。(12.14) において，$\alpha > 1$ ならば，極限は存在し，その極限値は，$\frac{1}{\alpha - 1}$ になります。$0 < \alpha < 1$ ならば，極限は存在しません（$\infty$ に発散します）。

次に，$\alpha = 1$ としましょう。$A > 1$ として，

$$\lim_{A \to \infty} \int_1^A \frac{1}{x}\, dx = \lim_{A \to \infty} \left[ \log|x| \right]_1^A = \lim_{A \to \infty} (\log A - \log 1) = \infty$$

です。よって，極限は存在しません（$\infty$ に発散します）。

まとめると，$\alpha > 1$ のとき，広義積分 $I$ は存在し，$\int_1^A \frac{1}{x^\alpha}\, dx = \frac{1}{\alpha - 1}$ であり，$0 < \alpha \leqq 1$ のとき，広義積分は存在しません。

## 12.4 課題 12.B の解決

被積分関数 $\frac{1}{x(1+x^2)}$ は，$[1, \infty)$ で連続です。定義に基づいて，$A > 1$ をとって，$\lim_{A \to \infty} \int_1^A \frac{1}{x(1+x^2)}\, dx$ を調べることになります。まず，被積分関数の原始関数を見つけましょう。被積分関数は有理関数ですから，10 章の定理 10.3 で学んだ手順で進めましょう。分子の次数は分母の次数より小さいですから，被積分関数は部分分数展開可能です。実際，

$$\frac{1}{x(1+x^2)} = \frac{1}{x} - \frac{x}{1+x^2} = \frac{1}{x} - \frac{1}{2} \cdot \frac{2x}{1+x^2}$$

と表せます。(10.7) を用いれば，

$$\int \frac{1}{x(1+x^2)}\,dx = \int \left(\frac{1}{x} - \frac{1}{2}\cdot\frac{2x}{1+x^2}\right)dx$$
$$= \log|x| - \frac{1}{2}\log|1+x^2| = \log\left|\frac{x}{\sqrt{1+x^2}}\right|$$

となります。これを使って，

$$\lim_{A\to\infty}\int_1^A \frac{1}{x(1+x^2)}\,dx = \lim_{A\to\infty}\left[\log\left|\frac{x}{\sqrt{1+x^2}}\right|\right]_1^A$$
$$= \lim_{A\to\infty}\left(\log\left|\frac{A}{\sqrt{1+A^2}}\right| - \log\left|\frac{1}{\sqrt{2}}\right|\right) = \log\sqrt{2}$$

となり極限が存在します。したがって，(12.2) の広義積分は存在し，その値は $\log\sqrt{2}$ です。

## 12.5　広義積分の性質

　この節では，広義積分が存在するための条件を学習しましょう。

---

**定理 12.1**　区間 $[a,b)$，$a < b \leqq \infty$ で $f(x)$ は連続で，$f(x)\geqq 0$ とする。広義積分 $\displaystyle\int_a^b f(x)\,dx$ が存在するための同値な条件は，関数 $F(x) = \displaystyle\int_a^x f(x)\,dx$ が $[a,b]$ で有界なことである。

---

　$f(x)$ が非負な関数ですから，$F(x)$ は，$F(x)\geqq 0$ で単調増加になります。$\displaystyle\int_a^b f(x)\,dx$ が存在すると仮定すれば，任意の $a < x < b$ に対して，$F(x)\leqq \displaystyle\int_a^b f(x)\,dx$ となりますから，$F(x)$ は有界です。

　一方，$F(x)$ が $[a,b)$ において有界と仮定すると，$b < \infty$ のときは，3 章の定理 3.1 (ii) より，$b = \infty$ のときは，定理 3.2 より，

214

$$\lim_{x \to b-0} F(x) = \lim_{x \to b-0} \int_a^x f(x)\, dx$$

が存在します。$b = \infty$ のときは，上式は，$\displaystyle\lim_{x \to \infty}$ になります。したがって，広義積分 $\displaystyle\int_a^b f(x)\, dx$ は存在します。

定理 12.1 から，2 つの関数の関係がわかっている場合に，一方の広義積分の存在から他方の存在を示すことができます。まずは，ともに非負の場合です。

---

**定理 12.2**　関数 $f(x)$，$g(x)$ はともに区間 $[a, b)$，$a < b \leqq \infty$ で連続で，$0 \leqq f(x) \leqq g(x)$ とする。このとき，広義積分 $\displaystyle\int_a^b g(x)\, dx$ が存在すれば，$\displaystyle\int_a^b f(x)\, dx$ も存在する。

---

証明は，$0 \leqq \displaystyle\int_a^x f(t)\, dt \leqq \int_a^x g(t)\, dt \leqq \int_a^b g(t)\, dt$ より，$\displaystyle\int_a^x f(t)\, dt$ が有界であることがわかります。したがって，定理 12.1 から，$\displaystyle\int_a^b f(x)\, dx$ も存在します。

広義積分についての，$f(x)$ と $|f(x)|$ の関係は，以下の定理のようになります。

---

**定理 12.3**　関数 $f(x)$ は，区間 $[a, b)$，$a < b \leqq \infty$ で連続とする。このとき，$\displaystyle\int_a^b |f(x)|\, dx$ が存在すれば，$\displaystyle\int_a^b f(x)\, dx$ も存在し，

$$\left| \int_a^b f(x)\, dx \right| \leqq \int_a^b |f(x)|\, dx$$

が成り立つ。

---

定理 11.2 のアイデアを使って証明を追ってみましょう。

$$f^+(x) = \max\{f(x), 0\}, \quad f^-(x) = -\min\{f(x), 0\} = \max\{-f(x), 0\}$$

とおくと，$f^+(x)$, $f^-(x)$ はともに非負でかつ連続で，

$$f^+(x) - f^-(x) = f(x), \quad f^+(x) + f^-(x) = |f(x)|$$

です。さらに，

$$0 \leqq f^+(x) \leqq |f(x)|, \quad 0 \leqq f^-(x) \leqq |f(x)|$$

です。定理 12.2 を用いれば，

$$\int_a^b f^+(x)\,dx, \quad \int_a^b f^-(x)\,dx \tag{12.15}$$

が存在することがわかります。$a \leqq x < b$ として，

$$\int_a^x f(t)\,dt = \int_a^x f^+(t)\,dt - \int_a^x f^-(t)\,dt$$

ですから，右辺の 2 つの広義積分がともに存在しているので，左辺の広義積分が存在します。また，(12.15) の 2 つの広義積分がともに存在していることから，

$$\left| \int_a^b f(x)\,dx \right| \leqq \int_a^b f^+(x)\,dx + \int_a^b f^-(x)\,dx = \int_a^b |f(x)|\,dx$$

を得ます。

　この節の最後に，広義積分についての置換積分と部分積分の公式について述べていきます。ただし，ここでは，区間 $[a,b)$ のみの場合にとどめます。他の場合も類似の結果が成り立ちます。

**定理 12.4**　関数 $f(x)$ が $[a,b)$ で連続であり，関数 $\varphi(t)$ はある $t$ の区間 $J$ において単調かつ微分可能で，導関数 $\varphi'(t)$ が連続とする。関数 $\varphi(t)$ による $J$ の像は，$[a,b)$ を含むとし，$\varphi^{-1}(a) = \alpha$, $\displaystyle\lim_{c \to b-0} \varphi^{-1}(c) = \beta$ とすれば，広義積分 $\displaystyle\int_\alpha^\beta f(\varphi(t))\varphi'(t)\,dt$ は，存在し

$$\int_a^b f(x)\,dx = \int_\alpha^\beta f(\varphi(t))\varphi'(t)\,dt$$

が成り立つ。

---

**定理 12.5** 関数 $f(x)$, $g(x)$ が $[a, b)$ で微分可能で, $f'(x)$, $g'(x)$ が連続とする。極限 $\lim_{x \to b-0} f(x)g(x)$, および, 広義積分 $\int_a^b f'(x)g(x)\,dx$ が存在すると仮定する。このとき, 広義積分 $\int_a^b f(x)g'(x)\,dx$ も存在し,

$$\int_a^b f(x)g'(x)\,dx = \Big[f(x)g(x)\Big]_a^b - \int_a^b f'(x)g(x)\,dx$$

が成立する。

---

## 12.6 特殊関数

この節では, 広義積分で定義された特殊関数の例を紹介しましょう。

**例 12.6** 実数 $x > 0$ に対して,

$$\Gamma(x) = \int_0^\infty t^{x-1}e^{-t}\,dt \tag{12.16}$$

によって, **ガンマ関数** $\Gamma(x)$ を定義します。

(12.16) の右辺の広義積分が存在することを確かめましょう。ここでは,

$$I_1 = \int_0^1 t^{x-1}e^{-t}\,dt, \quad I_2 = \int_1^\infty t^{x-1}e^{-t}\,dt$$

の存在を確認します。被積分関数 $t^{x-1}e^{-t}$ は, $t$ の区間 $(0, 1]$, $[1, \infty)$ において連続です。

まず $I_1$ についてです。$x \geqq 1$ ならば, $t^{x-1}e^{-t}$ は, 閉区間 $[0, 1]$ で連続になります。このときは, $I_1$ は（広義積分ではなく）積分可能です。そ

こで，$0 < x < 1$ のときを扱えば良いでしょう。$t^{x-1}e^{-t} \leqq t^{x-1} = \dfrac{1}{t^{1-x}}$ なので，例 12.2 において，$0 < \alpha = 1 - x < 1$ ですから，定理 12.2 より広義積分 $I_1$ は存在します。

次に，$I_2$ を調べましょう。任意の実数 $x > 0$ に対して，$x \leqq n$ なる自然数 $n$ を選びます。

課題 8.B から，$\displaystyle\lim_{t \to \infty} \dfrac{t^{n+1}}{e^t} = 0$ なので，ある正の定数 $K$ があって，

$$0 \leqq t^{x-1}e^{-t} \leqq \frac{t^{n+1}}{e^t} \cdot \frac{1}{t^2} \leqq \frac{K}{t^2}, \quad t \geqq 1 \tag{12.17}$$

となります。例 12.5 において $\alpha = 2$ とすれば，広義積分 $\displaystyle\int_1^{\infty} \dfrac{K}{t^2}\,dt$ は存在することがわかります。定理 12.2 と (12.17) から，広義積分 $I_2$ は存在します。以上より，(12.16) のガンマ関数の定義式の広義積分が存在することが示されました。

**例 12.7** $p > 0$，$q > 0$ に対して，

$$B(p, q) = \int_0^1 x^{p-1}(1-x)^{q-1}\,dx \tag{12.18}$$

と定義します。この関数は，**ベータ関数**と呼ばれています。(12.18) の右辺の広義積分の存在を確かめましょう。

被積分関数 $x^{p-1}(1-x)^{q-1}$ は，$(0,1)$ で連続です。$x \in \left(0, \dfrac{1}{2}\right]$ においては，$|(1-x)^{q-1}| \leqq 2$ が任意の $q > 0$ に対して成り立ちます。したがって，$|x^{p-1}(1-x)^{q-1}| \leqq |2x^{p-1}| = \dfrac{2}{x^{1-p}}$ となります。$p \geqq 1$ ならば，被積分関数は，$\left[0, \dfrac{1}{2}\right]$ で連続なので，$\displaystyle\int_0^{\frac{1}{2}} x^{p-1}(1-x)^{q-1}\,dx$ は存在し，$p < 1$ ならば，例 12.2 と定理 12.2 より，広義積分 $\displaystyle\int_0^{\frac{1}{2}} x^{p-1}(1-x)^{q-1}\,dx$ は存在します。

$x \in \left[\dfrac{1}{2}, 1\right)$ においては，$|x^{p-1}| \leqq 2$ が任意の $p > 0$ に対して成り立ちます。したがって，$|x^{p-1}(1-x)^{q-1}| \leqq |2(1-x)^{q-1}| = \dfrac{2}{(1-x)^{1-q}}$ となります。$q \geqq 1$ ならば，被積分関数は，$\left[\dfrac{1}{2}, 1\right]$ で連続なので，$\displaystyle\int_{\frac{1}{2}}^{1} x^{p-1}(1-x)^{q-1}\,dx$ は存在し，$q < 1$ ならば，例 12.2 において $x = 0$ の役割を $x = 1$ に代える操作と，定理 12.2 を用いて，広義積分 $\displaystyle\int_{\frac{1}{2}}^{1} x^{p-1}(1-x)^{q-1}\,dx$ は存在することがわかります。以上より，(12.18) のベータ関数の定義式の広義積分が存在することが確かめられました。

## 12.7 課題 12.C の解決

定理 12.5 を区間 $(0, \infty)$ に直して考えましょう。ガンマ関数の定義式 (12.16) を部分積分することによって，

$$
\begin{aligned}
\Gamma(x+1) &= \int_0^\infty t^x e^{-t}\,dt \\
&= \left[t^x(-e^{-t})\right]_{t=0}^{t=\infty} - \int_0^\infty x t^{x-1}(-e^{-t})\,dt \\
&= -\left[t^x e^{-t}\right]_{t=0}^{t=\infty} + x\Gamma(x)
\end{aligned}
$$

となります。上式の第 3 行の第 1 項は，

$$
-\lim_{B \to \infty} B^x e^{-B} + \lim_{\varepsilon \to 0} \varepsilon^x e^{-\varepsilon}
$$

と評価できます。$x > 0$ ですから，$\displaystyle\lim_{\varepsilon \to 0} \varepsilon^x e^{-\varepsilon} = 0$ です。また，任意の $x$ に対して，$n \leqq x < n+1$ となるような $n$ がありますから，$B^n e^{-B} \leqq B^x e^{-B} < B^{n+1} e^{-B}$ となります。課題 8.B を用いると，$B \to \infty$ のとき，この不等式の両側はともに 0 に収束します。したがって，$\displaystyle\lim_{B \to \infty} B^x(e^{-B}) = 0$ となります。以上で，(12.3) は示されました。

(12.16) から，$\Gamma(1)$ を計算してみましょう。

$$\Gamma(1) = \lim_{B \to \infty} \int_0^B e^{-t}\,dt = \lim_{B \to \infty} \left[ -e^{-t} \right]_0^B = \lim_{B \to \infty} (-e^{-B} + 1) = 1$$

を得ます。(12.3) を用いれば，$\Gamma(2) = 1 \cdot \Gamma(1) = 1$ です。同様に，$\Gamma(3) = 2 \cdot \Gamma(2) = 2$，$\Gamma(4) = 3 \cdot \Gamma(3) = 3 \cdot 2$ となります。一般に，$n$ を自然数として，

$$\Gamma(n) = (n-1)\Gamma(n-1) = \cdots = (n-1)!$$

となります。

### 演習問題

**A**

1. 以下の広義積分は存在するか，存在するならばその値を求めよ。

   (1) $\displaystyle\int_0^3 \frac{1}{\sqrt[3]{(x-3)^4}}\,dx$　　　(2) $\displaystyle\int_{-1}^1 \frac{1}{\sqrt{1+x}}\,dx$

2. 以下の広義積分は存在するか，存在するならばその値を求めよ。

   (1) $\displaystyle\int_4^\infty \frac{1}{\sqrt[3]{(x-3)^4}}\,dx$　　　(2) $\displaystyle\int_{-\infty}^\infty \frac{1}{1+2x^2}\,dx$

3. $\displaystyle\int_0^\infty \frac{|\sin x|}{x}\,dx$ は発散することを示せ。

4. 広義積分 $\displaystyle\int_0^\infty \frac{1}{e^{2x}+2}\,dx$ の値を求めよ。

**B**

1. $\displaystyle\int_0^\infty \frac{\sin x}{x}\,dx$ は収束することを示せ。

2. ベータ関数は，$\displaystyle 2\int_0^{\frac{\pi}{2}} \sin^{2p-1} t \cos^{2q-1} t\,dt$ と表されることを示せ。

# 13 | 体積・曲線の長さ

《目標＆ポイント》　定積分の応用として，体積や曲線の長さを求める方法を説明します。具体的な問題を通して理解が進むようにしましょう。また，極座標表示や媒介変数表示など図形をあたえる関数の表現を変えることも学びます。これらの表現に適応した面積を求める方法も紹介します。
《キーワード》　体積，回転体の体積，曲線の長さ，極座標，極方程式，面積

## 13.1　13章の課題

　体積，面積の課題です。あたえられた数式から，数式の表す図形を思い浮かべて下さい。積分の応用に関しては，イメージされた図形をどのように数学的に粉々にするかが鍵になります。例えば，立体であれば断面積が表現しやすいように切断することを考えて下さい。

**課題 13.A**　曲線
$$y = x^3 - x \tag{13.1}$$
と $x$ 軸で囲まれた図形を $x$ 軸のまわりに回転して得られる回転体の体積を求めよ。

**課題 13.B**　曲線
$$y = \cosh x \tag{13.2}$$
の $-1 \leqq x \leqq 1$ の部分の長さを求めよ。

**課題 13.C**　$a > 0$ とする。極方程式で表された関数
$$r = a\sqrt{\cos 2\theta}, \quad 0 \leqq \theta \leqq \frac{\pi}{4} \tag{13.3}$$

のグラフと半直線 $\theta = 0$（$x$ 軸の正の部分）によって囲まれる図形の面積を求めよ。

$$* * * * * * * * *$$

▶ 課題 13.A は，体積の問題です。高等学校などで体験をしている人にとっては，取り扱いやすいかもしれません。回転体の体積の公式を学ぶことで，球の体積の公式を導くことができます。

### 課題 13.A 直感図

曲線

$$y = x^3 - x$$

と $x$ 軸で囲まれた図形を $x$ 軸のまわりに回転して得られる**回転体の体積**を求めよ。

| ─── 覚えよう ─── | ─── 思い出そう ─── |
|---|---|
| ● 曲線 | ● 3 次関数のグラフ |
| ● 体積 | ● 定積分 |
| ● 回転体 | ● 奇関数・偶関数 |

　講義の部分では，定積分を使って，ある性質をもつ立体の体積を求める方法を紹介します。$xy$ 平面上の図形を $x$ 軸のまわりに回転させて得られる図形（回転体）がこの性質を兼ね備えています。課題 13.A の関数は，3 次関数です。グラフはどのような形になるでしょうか，6 章で学習したことを復習しておいて下さい。定積分を計算するときに，奇関数・偶関数の性質を利用すると便利です。3 章の 3.9 節の中で定義が紹介されています。◀

　▶ 課題 13.B の直感図では，「曲線」が大きくなっています。曲線の長さを求める問題です。対象となる関数は，双曲線関数です。

222

## 課題 13.B 直感図

# 曲線
$$y = \cosh x$$
の $-1 \leqq x \leqq 1$ の部分の **長さ** を求めよ。

┌──── 覚えよう ────┐     ┌──── 思い出そう ────┐
- 曲線                                    - 双曲線関数
- 媒介変数表示                       - 指数関数の積分
- 曲線の長さ

媒介変数表示を利用して $xy$ 平面上の曲線をあらためて定義していきます。結果として，関数 $y=f(x)$ のグラフが曲線といえることを確認しましょう。曲線の長さの定義を定積分によってあたえます。この課題では，双曲線関数が対象です。その性質を上手に利用して，定積分を計算しましょう。◀

▶ 課題 13.C では，極座標，極方程式の理解が必要だと一見してわかります。図形を囲む役割を半直線が担っていることが理解できます。はじめての概念が多いかもしれませんが，ここまでの定積分の図形への応用の流れに乗って下さい。

## 課題 13.C 直感図

$a > 0$ とする。**極方程式** で表された関数
$$r = a\sqrt{\cos 2\theta}, \quad 0 \leqq \theta \leqq \frac{\pi}{4}$$

のグラフと **半直線** $\theta = 0$（$x$ 軸の正の部分）によって囲まれる図形の面積を求めよ。

極方程式であたえられた関数を学びます。例 13.4 にカージオイド，課題 13.C ではレムニスケートを紹介しました。図形によっては，$x$, $y$ による直交座標を用いた表現よりも，極座標を使った方が自然に取り扱えることがあります。◀

## 13.2 体　積

定積分を利用して，ある立体 $T$ の体積を求める方法を考えましょう。図 13.1 のように直線 $L$ をとり，これを $x$ 軸とします。直線 $L$ 上に点 $x$ をとり，$L$ に垂直な平面で $T$ を切ったときの切り口の面積（断面積）を $S(x)$ としましょう。このとき，次の定理が成り立ちます。

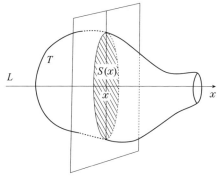

**図 13.1　体積（1）**

**定理 13.1**　立体 $T$ は，$S(x)$ が連続関数になるような立体であるとする。直線 $L$ 上の 2 点 $a$, $b$ において，$L$ に垂直な 2 平面ではさまれた $T$ の部分の体積 $V$ は

$$V = \int_a^b S(x) \, dx \tag{13.4}$$

である。

　定理 13.1 の (13.4) が導出され
る理由を調べてみましょう。点
$a$ において $L$ に垂直な平面と，
点 $x$, $a < x < b$ において $L$ に垂
直な平面とで，はさまれた部分
の体積を $V(x)$ とおきます。

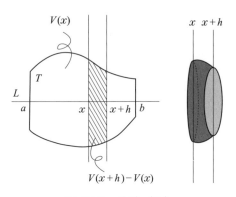

**図 13.2　体積（2）**

　図 13.2 の網の部分の体積は，
$V(x)$ の増分で $V(x+h) - V(x)$
になります [*1]。$t$ が $x$ と $x+h$
の間を動くときの $S(t)$ の最大値を $M$，最小値を $m$ とすれば

$$m|h| \leqq V(x+h) - V(x) \leqq M|h|$$

です。$h \to 0$ のとき，$m \to S(x)$, $M \to S(x)$ なので，

$$\lim_{h \to 0} \frac{V(x+h) - V(x)}{h} = S(x)$$

となります。このことは，$\dfrac{dV}{dx} = V'(x) = S(x)$ を意味していますから，
(13.4) を得ます。

　11 章の 11.4 節で学習したように微少な部分（ここでは体積）をたし
あわせることで説明をしてみましょう。直線 $L$ 上の閉区間 $[a, b]$ に分割
$\Delta$ を (11.14) のように設定します。すなわち，

$$\Delta: \quad a = x_0 < x_1 < \cdots < x_{j-1} < x_j < \cdots < x_n = b$$

です。$c_j$ を小区間 $[x_{j-1}, x_j]$ の代表値としてとり，$S(c_j)(x_j - x_{j-1})$ を
考えれば，$L$ 上の 2 点 $x_{j-1}$, $x_j$ における $L$ に垂直な 2 平面ではさまれ
た微小体積 $\Delta V_j$ を近似しています。したがって，和

$$\sum_{j=1}^{n} S(c_j)(x_j - x_{j-1})$$

---

[*1] 図 13.2 は，$h > 0$ のイメージです。

を作り，$|\Delta| \to 0$ とした極限値として $V$ があたえられます。

例を紹介する前に，定積分の計算に関する定理をひとつ紹介しておきます。3 章の 3.9 節で学んだ奇関数 (3.9) と偶関数 (3.10) を思い出して下さい。

---

**定理 13.2** 関数 $f(x)$ が，左右対称な区間 $I = [-a, a]$ で定義され，$I$ で連続とする。このとき，

(i) $f(x)$ が奇関数ならば，$\displaystyle\int_{-a}^{a} f(x)\, dx = 0$

(ii) $f(x)$ が偶関数ならば，$\displaystyle\int_{-a}^{a} f(x)\, dx = 2\int_{0}^{a} f(x)\, dx$

が成り立つ。

---

以下では，対称区間での定積分の際には，定理 13.2 を用いることにします。

証明を追ってみましょう。11 章の定理 11.1 (iii) より，

$$\int_{-a}^{a} f(x)\, dx = \int_{-a}^{0} f(x)\, dx + \int_{0}^{a} f(x)\, dx \tag{13.5}$$

です。(13.5) の右辺の第 1 項を評価しましょう。$x = -t$ として，置換積分を行えば，

$$\int_{-a}^{0} f(x)\, dx = \int_{a}^{0} f(-t)\,(-1)\, dt = -\int_{a}^{0} f(-t)\, dt$$
$$= \int_{0}^{a} f(-t)\, dt \tag{13.6}$$

となります。

(i) $f(x)$ が奇関数ならば，(3.9) に従い，$f(-t) = -f(t)$ なので，(13.6) より，$\displaystyle\int_{-a}^{0} f(x)\, dx = \int_{0}^{a} (-f(t))\, dt = -\int_{0}^{a} f(x)\, dx$ となります。これと，(13.5) から直ちに，(i) が従います。

(ii) $f(x)$ が偶関数ならば，(3.10) より，$f(-t) = f(t)$ なので，(13.6)

より, $\displaystyle\int_{-a}^{0} f(x)\, dx = \int_{0}^{a} f(t)\, dt = \int_{0}^{a} f(x)\, dx$ となりますから, (13.5)
とあわせて, (ii) が導かれます。

**例 13.1** 中心 O, 半径 $r$ の円を底面とする円柱があります。図 13.3 の
ように, 点 O を通り, 底面と $60°$ の角度で交わる平面によってこの円柱
が切りとられる部分 $T$ の体積を求めましょう。

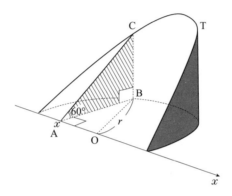

**図 13.3　例 13.1 の図形**

　底面と切り取る平面の交線を $x$ 軸とし, O を $x = 0$ とします。図 13.3
のように, $x$ 軸上に A をとり, A で $x$ 軸と垂直な平面を考え, $T$ の底面
の縁との交点を B, 断面との交点を C とします。A の $x$ 軸上での位置
を $x$, $-r \leqq x \leqq r$ としておきましょう。$\triangle$OAB は直角三角形ですから
$AB = \sqrt{r^2 - |x|^2} = \sqrt{r^2 - x^2}$ です。$BC = AB \cdot \tan 60° = \sqrt{3}\, AB$ なの
で, 直角三角形 ABC の面積を $S(x)$ とすると

$$S(x) = \frac{1}{2} AB \cdot BC = \frac{\sqrt{3}}{2}(r^2 - x^2)$$

となります。定理 13.1 を用いれば, 求める $T$ の体積は,

$$V = \int_{-r}^{r} \frac{\sqrt{3}}{2}(r^2 - x^2)\, dx = \sqrt{3} \int_{0}^{r} (r^2 - x^2)\, dx$$

$$= \sqrt{3} \left[ r^2 x - \frac{1}{3} x^3 \right]_0^r = \frac{2\sqrt{3}}{3} r^3$$

と求まります。

例 13.1 の解法からも理解できるように，定理 13.1 を利用するためには $S(x)$ を求める必要があります。以下で，条件から $S(x)$ が表現可能な回転体の体積について説明します。

閉区間 $I = [a, b]$ で定義された関数 $y = f(x)$ のグラフと直線 $x = a$, $x = b$ および $x$ 軸とで囲まれる図形を，$x$ 軸のまわりに 1 回転させてできる立体 $T$ を考えます。図 13.4 のように，$x$ 軸上の点 $(x, 0)$ を通り $x$ 軸に垂直な平面で $T$ を切ると，その切り口は，半径 $|f(x)|$ の円ですから，断面積 $S(x)$ は，

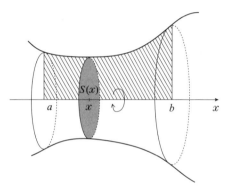

**図 13.4　回転体の体積**

$$S(x) = \pi |f(x)|^2 = \pi f(x)^2$$

となります。定理 13.1 をこれに適用すると，$T$ の体積は，次の定理のように求まります。

---

**定理 13.3**　曲線 $y = f(x)$ と $x$ 軸および直線 $x = a$, $x = b$, $a < b$ で囲まれる図形を $x$ 軸のまわりに 1 回転させてできる立体の体積 $V$ は，

$$V = \pi \int_a^b f(x)^2 \, dx \tag{13.7}$$

である。

---

**例 13.2**　定理 13.3 を利用して，半径 $r$ の球の体積の公式を導いてみましょう。ここでは，原点中心，半径 $r$ の円を考えます。この円の上半分

228

は，$y = \sqrt{r^2 - x^2}$ と表されます。半径 $r$ の球は，このグラフと $x$ 軸で囲まれた図形（半円板）を $x$ 軸のまわりに回転させてできる立体ですから，(13.7) を用いて，この球の体積 $V$ は，

$$V = \pi \int_{-r}^{r} \left(\sqrt{r^2 - x^2}\right)^2 dx = 2\pi \int_0^r \left(r^2 - x^2\right) dx$$
$$= 2\pi \left[r^2 x - \frac{1}{3}x^3\right]_0^r = \frac{4\pi}{3}r^3$$

となります。

## 13.3 課題 13.A の解決

課題の (13.1) 関数のグラフは，図 13.5 のようになります。$x$ 軸との交点は，$-1$，$0$，$1$ の 3 点です。定理 13.3 を用いれば，

$$\pi \int_{-1}^{1} (x^3 - x)^2 dx$$
$$= 2\pi \int_0^1 (x^6 - 2x^4 + x^2) dx$$
$$= 2\pi \left[\frac{1}{7}x^7 - \frac{2}{5}x^5 + \frac{1}{3}x^3\right]_0^1 = \frac{16\pi}{105}$$

と求まります。

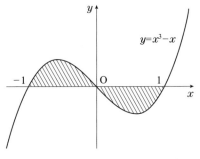

図 13.5　課題 13.A の解決

## 13.4 曲線の長さ

この節では，$xy$ 平面上での曲線の長さを取り扱います。まず，「曲線とは何か」から見直しましょう。ある区間での連続関数 $y = f(x)$ のグラ

フを考えれば，これはひとつの曲線を表します。ここでは，もう少し広い意味で曲線を定義することにします。

閉区間 $I = [a, b]$ で定義された 2 つの連続関数 $x = \varphi(t)$, $y = \psi(t)$ によって決まる点 $\mathrm{P}(t) = (\varphi(t), \psi(t))$ が，$t \in I$ を動くときに描く図形 $C$ を $t$ を媒介変数とする 曲線ということにします。

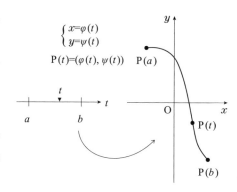

$$\begin{cases} x = \varphi(t) \\ y = \psi(t) \end{cases}$$
$\mathrm{P}(t) = (\varphi(t), \psi(t))$

**図 13.6　曲線の定義**

ここで，$\mathrm{P}(a)$ を $C$ の始点，$\mathrm{P}(b)$ を $C$ の終点といいます。

たとえば，$I = [0, 2\pi]$, $x = r\cos t$, $y = r\sin t$ は，原点中心，半径 $r$ の円を表します。それでは，$y = f(x)$ のグラフは，この定義ではどう表せばよいでしょうか。$x = t$, $x \in I$, $y = f(t)$ とすればよいのです。

曲線 $C$ の長さを定義します。$t$ の閉区間 $[a, b]$ の分割 $\Delta$ を
$$\Delta : \quad a = t_0 < t_1 < \cdots < t_{j-1} < t_j < \cdots < t_n = b$$
とします。$\Delta$ の分点 $t_0$, $t_1$, ..., $t_n$ に対応する $C$ 上の $\mathrm{P}(t_0)$, $\mathrm{P}(t_1)$, $\cdots$, $\mathrm{P}(t_n)$ を順に結んで得られる折れ線の長さ $L(\Delta)$ を考えます。

$L(\Delta)$ は，$xy$ 平面上の微小距離
$$\mathrm{P}(t_{j-1})\mathrm{P}(t_j) = \sqrt{(\varphi(t_j) - \varphi(t_{j-1}))^2 + (\psi(t_j) - \psi(t_{j-1}))^2}$$
を加えたものですから，
$$L(\Delta) = \sum_{j=1}^{n} \sqrt{(\varphi(t_j) - \varphi(t_{j-1}))^2 + (\psi(t_j) - \psi(t_{j-1}))^2} \qquad (13.8)$$
となります。ここでは，$|\Delta| \to 0$ のとき，$\Delta$ に依らずある一定の値 $\ell$ に近づくとき，$\ell$ を曲線 $C$ の長さとします[*2]。曲線の長さについて，次の

---

[*2] 分割を細かくすれば，(13.8) の値は増加するので，$\ell$ は，$\sup_{\Delta} L(\Delta)$ と一致します。

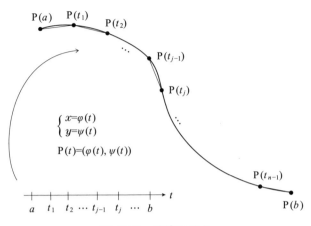

**図 13.7　曲線の長さ**

定理が成り立ちます。

---

**定理 13.4**　曲線 $C$: $\mathrm{P}(t) = (\varphi(t), \psi(t))$, $t \in [a, b]$ が $C^1$ であれば [*3],

$$\ell = \int_a^b \sqrt{\varphi'(t)^2 + \psi'(t)^2} \, dt \tag{13.9}$$

である。

---

　証明は，定積分の定義，平均値の定理を使います。以下で，理論の流れを追ってみましょう。$\varphi(t)$, $\psi(t)$ は微分可能なので，各小区間 $[t_{j-1}, t_j]$ に対して定理 6.3（平均値の定理）を適用すれば，$c_j$, $d_j \in (t_{j-1}, t_j)$ があって，

$$\varphi(t_j) - \varphi(t_{j-1}) = \varphi'(c_j)(t_j - t_{j-1}),$$

$$\psi(t_j) - \psi(t_{j-1}) = \psi'(d_j)(t_j - t_{j-1})$$

をみたします。したがって，

$$\sqrt{(\varphi(t_j) - \varphi(t_{j-1}))^2 + (\psi(t_j) - \psi(t_{j-1}))^2}$$

---

[*3] $\varphi(t)$, $\psi(t)$ がともに微分可能でそれぞれの導関数が連続なこと。

$$= \sqrt{\varphi'(c_j)^2 + \psi'(d_j)^2}\, (t_j - t_{j-1})$$

が成り立ちますから，(13.8) は，

$$L(\Delta) = \sum_{j=1}^{n} \sqrt{\varphi'(c_j)^2 + \psi'(d_j)^2}\, (t_j - t_{j-1}) \qquad (13.10)$$

と表せます。

次に，11 章 11.4 節で学習したリーマン和を関数 $\sqrt{\varphi'(t)^2 + \psi'(t)^2}$ に対して考えます。分割 $\Delta$ に対する各小区間の代表点を $u_j$ とすると，

$$R(\Delta) = \sum_{j=1}^{n} \sqrt{\varphi'(u_j)^2 + \psi'(u_j)^2}\, (t_j - t_{j-1}) \qquad (13.11)$$

です。$L(\Delta)$ と $R(\Delta)$ の差を評価していきます。

一般に，$\left| \sqrt{a_1^2 + a_2^2} - \sqrt{a_3^2 + a_4^2} \right| \leqq |a_1 - a_3| + |a_2 - a_4|$ が成り立ちますから，(13.10)，(13.11) から

$$|L(\Delta) - R(\Delta)|$$

$$\leqq \sum_{j=1}^{n} (|\varphi'(c_j) - \varphi'(u_j)| + |\psi'(d_j) - \psi'(u_j)|)(t_j - t_{j-1})$$

$$\leqq S(\Delta, \varphi') - s(\Delta, \varphi') + S(\Delta, \psi') - s(\Delta, \psi') \qquad (13.12)$$

を得ます。ここで，$S(\Delta, \cdot)$, $s(\Delta, \cdot)$ は，11 章の (11.17) で定義したものです。ここで，$\{\Delta_k\}$ は，$\displaystyle\lim_{k \to \infty} |\Delta_k| = 0$ をみたす $[a, b]$ の分割の列とします。分割 $\Delta$ と $\Delta_k$ の分点をあわせた分割を $\tilde{\Delta}_k$ とします。$\tilde{\Delta}_k$ は，$\Delta$ よりも細かくなっていますから，$L(\Delta) \leqq L(\tilde{\Delta}_k)$ が成り立ちます。分割 $\tilde{\Delta}_k$ に対しても同様の議論をして，(13.12) の $\Delta$ に $\tilde{\Delta}_k$ を代入したものを得ることができます。そこで，極限操作 $k \to \infty$, $|\tilde{\Delta}_k| \to 0$ を行います。$\varphi'(t)$, $\psi'(t)$ は連続と仮定していますから，定理 11.9 によって，$\displaystyle\lim_{k \to \infty} S(\tilde{\Delta}_k, \varphi') = \lim_{k \to \infty} s(\tilde{\Delta}_k, \varphi')$, $\displaystyle\lim_{k \to \infty} S(\tilde{\Delta}_k, \psi') = \lim_{k \to \infty} s(\tilde{\Delta}_k, \psi')$ です。したがって，(13.12) より，

$$\ell = \lim_{k \to \infty} L(\tilde{\Delta}_k) = \lim_{k \to \infty} R(\tilde{\Delta}_k) = \int_a^b \sqrt{\varphi'(t)^2 + \psi'(t)^2}\, dt \qquad (13.13)$$

を得ます。$L(\Delta) \leqq L(\tilde{\Delta}_k)$ であることから，$\ell = \sup_{\Delta} L(\Delta)$ であることも
わかります。

**例 13.3** 原点中心，半径 $r$ の円

$$x^2 + y^2 = r^2$$

の周の長さを求めましょう。

　媒介変数表示をすると $x(t) = r \cos t$, $y(t) = r \sin t$, $0 \leqq t \leqq 2\pi$ とな
ります。$x(t)$, $y(t)$ は，ともに微分可能で導関数もそれぞれ連続です。
$x'(t) = -r \sin t$, $y'(t) = r \cos t$ なので，定理 13.4 を用いると，

$$\int_0^{2\pi} \sqrt{x'(t)^2 + y'(t)^2}\, dt = \int_0^{2\pi} \sqrt{r^2 \sin^2 t + r^2 \cos^2 t}\, dt$$

$$= \int_0^{2\pi} r\, dt = \left[ rt \right]_0^{2\pi} = 2\pi r$$

と求まります。

　では，$a > b > 0$ として，楕円

$$\frac{x^2}{a^2} + \frac{y^2}{b^2} = 1$$

の周の長さはどうなるでしょうか。あたえられた楕円は，媒介変数表示
をすると，$x(t) = a \cos t$, $y(t) = b \sin t$, $0 \leqq t \leqq 2\pi$ で，ともに微分可能
で導関数もそれぞれ連続です。$x'(t) = -a \sin t$, $y'(t) = b \cos t$ ですから，
定理 13.4 を適用し，対称性を考慮して変形すると，

$$\int_0^{2\pi} \sqrt{x'(t)^2 + y'(t)^2}\, dt = \int_0^{2\pi} \sqrt{a^2 \sin^2 t + b^2 \cos^2 t}\, dt$$

$$= 4a \int_0^{\frac{\pi}{2}} \sqrt{1 - k^2 \cos^2 t}\, dt = 4a \int_0^{\frac{\pi}{2}} \sqrt{1 - k^2 \sin^2 t}\, dt$$

となります [*4]。ここで，$k = \dfrac{\sqrt{a^2 - b^2}}{a}$ です [*5]。仮定の $a > b > 0$ から，$0 < k < 1$ です。定積分

$$\int_0^{\frac{\pi}{2}} \sqrt{1 - k^2 \sin^2 t}\, dt$$

は，第2種楕円積分と呼ばれています。

　関数 $y = f(x)$，$a \leqq x \leqq b$ のグラフの長さはどうなるでしょうか。定理 13.4 において，$x(t) = t$，$y(t) = f(t)$ とおけば良いでしょう。積分定数を $x$ に戻して，述べておきます。

---

**定理 13.5**　関数 $f(x)$ は，区間 $[a, b]$ で連続で，$(a, b)$ で微分可能とする。このとき，曲線 $y = f(x)$，$a \leqq x \leqq b$ の長さは

$$\ell = \int_a^b \sqrt{1 + f'(x)^2}\, dx \tag{13.14}$$

である。

---

## 13.5 課題 13.B の解決

　双曲線関数 $\cosh x$ は，3章の 3.9 節で学習しました。(3.13) を見て下さい。グラフは図 13.8 のようになります。

$\cosh x = \dfrac{e^x + e^{-x}}{2}$ ですから，実数全体で微分可能です。微分をすると，

$$(\cosh x)' = \left( \frac{e^x + e^{-x}}{2} \right)'$$

$$= \frac{e^x - e^{-x}}{2}$$

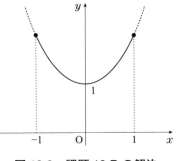

**図 13.8**　課題 13.B の解決

---

[*4] 上式の最後の等式は，$t = \dfrac{\pi}{2} - x$ と置換することで確かめられます。

[*5] 離心率と呼ばれています。

234

ですから，導関数も連続です。実際，$(\cosh x)' = \sinh x$ になります。定理 13.5 が適用できます。(13.14) の被積分関数を先に計算しておきましょう。

$$\sqrt{1 + \left(\frac{e^x - e^{-x}}{2}\right)^2} = \sqrt{\frac{4 + (e^{2x} - 2 + e^{-2x})}{4}}$$

$$= \sqrt{\left(\frac{e^x + e^{-x}}{2}\right)^2} = \frac{e^x + e^{-x}}{2} \ (= \cosh x)$$

ですから，求める曲線の長さは，

$$\int_{-1}^{1} \frac{e^x + e^{-x}}{2}\, dx = \int_{0}^{1} (e^x + e^{-x})\, dx = \left[e^x - e^{-x}\right]_0^1 = e - \frac{1}{e}$$

となります。

## 13.6 極座標と面積

$xy$ 平面上の点 $P = P(x, y)$ に対して，原点 O と P を結ぶ半直線 OP を考えます。OP と $x$ 軸の正の方向とのなす角を $\theta$ とします。角は通常，弧度（ラジアン）であたえられるものとして，反時計回りを正の向きとします。また，OP の長さを $r > 0$ と表します。このとき，$(r, \theta)$ を点 P の極座標といいます。$(x, y)$ と $(r, \theta)$ の関係は，

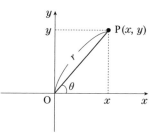

**図 13.9　極座標**

$$x = r\cos\theta, \quad y = r\sin\theta, \quad r = \sqrt{x^2 + y^2}, \quad \tan\theta = \frac{y}{x}$$

です。ただし，原点 $(0, 0)$ には，$r = 0$ が対応し，角 $\theta$ は定めないことにします。

関数 $f(\theta)$ が閉区間 $[\alpha, \beta]$ で定義されているとします。極方程式 $r = f(\theta)$ で表される曲線を考えます。曲線上の点は $(r, \theta)$ と極座標表示されてい

ます。この曲線と面積に関して，
次の定理が成り立ちます。

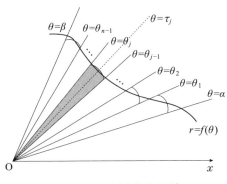

**図 13.10　極座標と面積**

> **定理 13.6**　関数 $f(\theta)$ は，閉区間 $[\alpha, \beta]$ で非負でかつ連続とする。曲線 $r = f(\theta)$ と半直線 $\theta = \alpha$，$\theta = \beta$ で囲まれた図形の面積は，
>
> $$S = \frac{1}{2}\int_\alpha^\beta f(\theta)^2\, d\theta \quad (13.15)$$
>
> である。

　定理 13.6 の主張の (13.15) を導いてみましょう。半径 $r$ の円から切り取られる中心角が $\theta$（ラジアン）の扇形の面積は，$\dfrac{1}{2}r^2\theta$ であることを思い出しておいて下さい。閉区間 $[\alpha, \beta]$ を分割します：

$$\Delta:\ \alpha = \theta_0 < \theta_1 < \cdots < \theta_{j-1} < \theta_j < \cdots < \theta_{n-1} < \theta_n = \beta$$

$|\Delta| = \max\limits_{1 \le j \le n} |\theta_j - \theta_{j-1}|$ とします。図 13.10 のように，各小区間 $[\theta_{j-1}, \theta_j]$ に代表点 $\tau_j$ をとります。曲線 $r = f(\theta)$，半直線 $\theta = \theta_{j-1}$，$\theta = \theta_j$ で囲まれる図形 $S_j$ を，半径が $f(\tau_j)$ で中心角が，$\theta_j - \theta_{j-1}$ の扇形で近似するアイデアを使います。この扇形の面積は，$\dfrac{1}{2}f(\tau_j)^2(\theta_j - \theta_{j-1})$ ですから，

$$S\left(\Delta, \frac{1}{2}f^2\right) = \sum_{j=1}^n S_j = \sum_{j=1}^n \frac{1}{2}f(\tau_j)^2(\theta_j - \theta_{j-1}) \quad (13.16)$$

$\{\Delta_k\}$ は，$\lim\limits_{k\to\infty} |\Delta_k| = 0$ をみたす $[\alpha, \beta]$ の分割の列とします。(13.6) において，$\lim\limits_{k\to\infty} S\left(\Delta_k, \dfrac{1}{2}f^2\right)$ を考えれば，$f(\theta)$ の仮定から，極限 $S$ は存在して，(13.15) の定積分と一致します。

**例 13.4**　図 13.11 のような図形をカージオイド（心臓形）といいます。この図は，$a > 0$ を定数として，極方程式

$$r = a(1 + \cos\theta), \quad 0 \leqq \theta \leqq 2\pi \qquad (13.17)$$

によって描かれたものです。

定理 13.6 を用いて，この曲線によって囲まれた部分の面積を求めてみましょう。図形は，$x$ 軸に対して対称ですから，上半分を求めて 2 倍することにします。

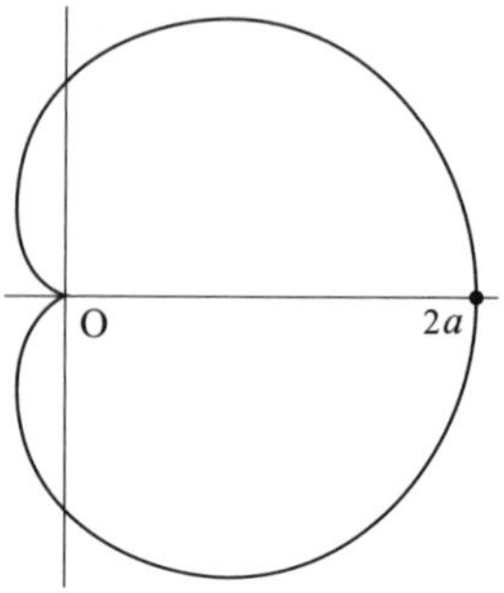

$$
\begin{aligned}
S &= 2 \cdot \frac{1}{2} \int_0^\pi (a(1 + \cos\theta))^2 \, d\theta \\
&= a^2 \int_0^\pi (1 + 2\cos\theta + \cos^2\theta) \, d\theta \\
&= a^2 \int_0^\pi \left( 1 + 2\cos\theta + \frac{1 + \cos 2\theta}{2} \right) \, d\theta \\
&= a^2 \left[ \theta + 2\sin\theta + \frac{1}{2}\theta + \frac{1}{4}\sin 2\theta \right]_0^\pi = \frac{3}{2}\pi a^2
\end{aligned}
$$

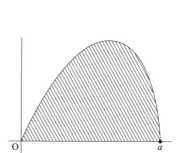

**図 13.11　カージオイド**

と求まります。

## 13.7　課題 13.C の解決

課題 13.C の図形は，図 13.12 のようになります。濃くなっている部分が $r = a\sqrt{\cos 2\theta}$, $0 \leqq \theta \leqq \dfrac{\pi}{4}$ と半直線 $\theta = 0$ で囲まれる部分です。

定理 13.6 を用いて，

$$
\begin{aligned}
S &= \frac{1}{2} \int_0^{\frac{\pi}{4}} a^2 \cos 2\theta \, d\theta \\
&= \frac{a^2}{2} \left[ \frac{1}{2} \sin 2\theta \right]_0^{\frac{\pi}{4}} = \frac{1}{4} a^2
\end{aligned}
$$

**図 13.12　課題 13.C の解決**

と求まります。

　課題 13.C の図形は，図 13.13 のようなレムニスケートと呼ばれる図形の一部になっています。この図形は，$[0, 2\pi]$ の中で $\cos 2\theta$ が非負になる範囲，$0 \leqq \theta \leqq \dfrac{\pi}{4}$，$\dfrac{3\pi}{4} \leqq \theta \leqq \dfrac{5\pi}{4}$，$\dfrac{7\pi}{4} \leqq \theta \leqq 2\pi$ を極方程式 $r = a\sqrt{\cos 2\theta}$，$a > 0$ の定義域に選ぶことで，描くことができます。

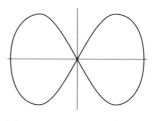

**図 13.13**　レムニスケート

**演習問題**

## A

1. 以下の図形を $x$ 軸のまわりに回転させてできる回転体の体積を求めよ。

   (1) 曲線 $y = x^2 + 1$，$x$ 軸，$y$ 軸，直線 $x = -2$ で囲まれた図形

   (2) 曲線 $y = e^x$，$x$ 軸，直線 $x = \log 2$，$x = \log 4$ で囲まれた図形

2. 以下の曲線の長さを求めよ。

   (1) $x = t - \sin t$，$y = 1 - \cos t$，$0 \leq t \leq 2\pi$

   (2) $y = x\sqrt{x}$，$0 \leq x \leq 2$

3. 曲線 $r = 2\theta$，$0 \leq \theta \leq \dfrac{3\pi}{2}$ と半直線 $\theta = \dfrac{3\pi}{2}$ で囲まれた図形 [*6] の面積を求めよ。

4. 曲線 $r = 3\cos\theta$，$0 \leq \theta \leq \pi$ で囲まれた図形の面積を求めよ。

## B

1. 媒介変数表示された曲線 $x = \cos^3 t$，$y = \sin^3 t$，$0 \leq t \leq \dfrac{\pi}{2}$ と $x$ 軸，$y$ 軸で囲まれる図形 [*7] を $x$ 軸のまわりに回転して得られる回転体の体積を求めよ。

2. 底面積が $D$ で高さが $h$ の三角錐 $T$ の体積 $V$ は，$V = \dfrac{1}{3}hD$ であることを示しなさい。

---

[*6] アルキメデス曲線（螺旋）と呼ばれています。

[*7] アステロイドと呼ばれています。

# 14 | 級　数

《**目標＆ポイント**》　等比数列などの基本的な数列の学習からはじめ，一般的な数列の無限和（級数）を取り扱います。数列を無限個加えるときの状況（収束・発散）を考察します。収束判定法を理解し，これを使って収束判定ができるようになることを目標とします。

《**キーワード**》　級数，収束・発散，正項級数，交項級数，収束判定法，絶対収束，条件収束

## 14.1　14章の課題

　級数の収束・発散を調べることが本章の課題です。講義の部分の解説や定理の証明を通して，数学の学びは，基本的な事柄の積み重ねであることを再認識します。

**課題 14.A**　級数

$$\sum_{n=1}^{\infty} \log\left(1 + \frac{1}{n}\right) \tag{14.1}$$

の収束・発散を調べよ。

**課題 14.B**　級数

$$\sum_{n=1}^{\infty} \frac{n^7}{7^n} \tag{14.2}$$

の収束・発散を調べよ。

**課題 14.C** 級数 $\displaystyle\sum_{n=1}^{\infty} a_n$ が絶対収束するならば,

$$\sum_{n=1}^{\infty} a_n^2 \tag{14.3}$$

も収束することを証明せよ。

\* \* \* \* \* \* \* \* \*

▶ 課題 14.A では，新しい用語が多いかもしれません。級数，収束・発散などの定義や意味から学習しましょう。この課題については，対数の性質をうまく使えるかどうかもポイントになりそうです。

**課題 14.A 直感図**

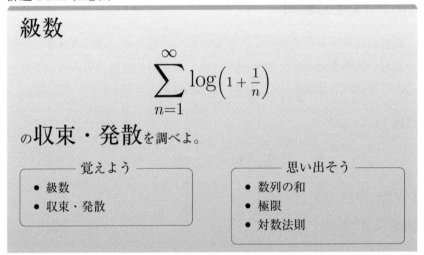

級数

$$\sum_{n=1}^{\infty} \log\left(1+\frac{1}{n}\right)$$

の **収束・発散** を調べよ。

┌─── 覚えよう ───┐
- 級数
- 収束・発散

┌─── 思い出そう ───┐
- 数列の和
- 極限
- 対数法則

　無限個を順に加えるという級数の定義から説明をします。収束・発散の意味をしっかりと理解しましょう。例を通して学習をしていくと，数学的な意味合いがわかってくることがあります。和の記号 $\sum$ や積の記号 $\prod$ も使いこなせるようになることも目標のひとつです。◀

▶ 課題 14.B は，前課題に引き続いて，級数の収束・発散についての問題です。ここでは，加えられる数列が，取り扱いにくそうな有理数（分数）の形をしています。

**課題 14.B 直感図**

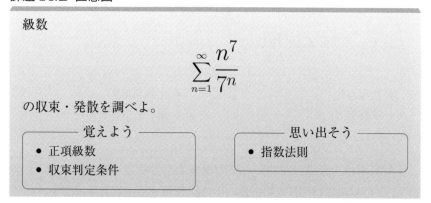

級数

$$\sum_{n=1}^{\infty} \frac{n^7}{7^n}$$

の収束・発散を調べよ。

―― 覚えよう ――
- 正項級数
- 収束判定条件

―― 思い出そう ――
- 指数法則

　講義の部分では，正項級数についての判定条件を，順を追って紹介していきます。証明も可能な限りあたえてありますので，論証を辿ってみて下さい。さらに，例を考えたりすることで，いくつかある収束判定法から，どれを適用すればよいかを判断できるようになることを期待しています。◀

▶ 課題 14.C は証明問題です。絶対収束とはどういう意味でしょう。証明に必要な級数の性質を整理していきましょう。

**課題 14.C 直感図**

級数 $\displaystyle\sum_{n=1}^{\infty} a_n$ が **絶対収束** するならば，

$$\sum_{n=1}^{\infty} a_n^2$$

も収束することを **証明** せよ。

| ── 覚えよう ── | ── 思い出そう ── |
|---|---|
| ・絶対収束<br>・条件収束 | ・比較判定法<br>・絶対値の取り扱い |

　絶対収束は，級数においてその応用面まで含めて重要な概念です。課題 14.C の解決には，収束判定法の中の比較判定法が有効手段です。$a^2 = |a|^2$ のような基本的な性質も含めて，絶対値の評価を上手に使って下さい。◀

## 14.2 級　数

　本章および次章において，登場する数列は，実数からなるものとし，無限の項からなるものとします。無限個ある数列の各項を順にすべて加えたもの

$$\sum_{n=1}^{\infty} a_n = a_1 + a_2 + \cdots \tag{14.4}$$

を，$\{a_n\}$ からなる級数といいます。

　ここでは，(14.4) を，以下のように意味づけをしていきます。数列 $\{a_n\}$ に対して，第 $n$ 項までの和 $S_n = \displaystyle\sum_{k=1}^{n} a_k = a_1 + a_2 + \cdots + a_n$ を部分和といいます。部分和のつくる数列 $\{S_n\}$ がある値 $s$ に収束するとき，級

数 $\displaystyle\sum_{n=1}^{\infty} a_n$ が $s$ に収束するといいます。すなわち,

$$\sum_{n=1}^{\infty} a_n = \lim_{n\to\infty} S_n = s \tag{14.5}$$

とします。数列 $\{S_n\}$ が収束しないとき,級数 $\displaystyle\sum_{n=1}^{\infty} a_n$ は発散するといいます。まとめると,「級数 $\displaystyle\sum_{n=1}^{\infty} a_n$ の収束・発散は,部分和 $S_n$ の収束・発散に従うものとする」ということです。このことから,2 つの級数について,以下の定理が成り立ちます。

---

**定理 14.1**　級数 $\displaystyle\sum_{n=1}^{\infty} a_n$, $\displaystyle\sum_{n=1}^{\infty} b_n$ がともに収束するとする。このとき,

(i) $\displaystyle\sum_{n=1}^{\infty} (a_n + b_n)$ も収束し, $\displaystyle\sum_{n=1}^{\infty} (a_n + b_n) = \sum_{n=1}^{\infty} a_n + \sum_{n=1}^{\infty} b_n$

(ii) 定数 $\alpha$ に対して, $\displaystyle\sum_{n=1}^{\infty} (\alpha a_n)$ も収束し, $\displaystyle\sum_{n=1}^{\infty} (\alpha a_n) = \alpha \sum_{n=1}^{\infty} a_n$

である。

---

部分和の定義から,

$$S_n - S_{n-1} = \sum_{k=1}^{n} a_k - \sum_{k=1}^{n-1} a_k = a_n \tag{14.6}$$

です。(14.6) は,本章で何回か登場してきます。

**例 14.1**　数列 $\{a_n\}$ を,初項 $a$,公比 $r$,$r \neq 1$ の等比数列とします。一般項は,$a_n = ar^{n-1}$ で,第 $n$ 項までの和 $S_n$ は,

$$S_n = \frac{a(1 - r^n)}{1 - r}$$

ですから,$|r| < 1$ のとき等比級数 $\displaystyle\sum_{n=1}^{\infty} a_n$ は収束し

$$\sum_{n=1}^{\infty} a_n = \sum_{n=1}^{\infty} ar^{n-1} = \lim_{n \to \infty} \frac{a(1-r^n)}{1-r} = \frac{a}{1-r}$$

です。$|r| > 1$ のとき，$\lim_{n \to \infty} S_n$ は収束しませんから，等比級数 $\sum_{n=1}^{\infty} a_n$ は発散します。

仮に $S_n = \dfrac{a(1-r^n)}{1-r}$ が，はじめにわかっていたとしましょう。このとき，(14.6) を用いれば，

$$S_n - S_{n-1} = \frac{a(1-r^n)}{1-r} - \frac{a(1-r^{n-1})}{1-r}$$

$$= \frac{a(-r^n + r^{n-1})}{1-r} = \frac{ar^{n-1}(-r+1)}{1-r} = ar^{n-1}$$

となり，$a_n = ar^{n-1}$ であることが確かめられます。

---

**定理 14.2** 級数 $\displaystyle\sum_{n=1}^{\infty} a_n$ が収束すれば，$\displaystyle\lim_{n \to \infty} a_n = 0$ である。

---

証明を (14.6) を使って追ってみましょう。$\displaystyle\sum_{n=1}^{\infty} a_n$ が収束することから，この値を $s$ とおけば，$\displaystyle\lim_{n \to \infty} S_n = \lim_{n \to \infty} S_{n-1} = s$ です。したがって，

$$\lim_{n \to \infty} a_n = \lim_{n \to \infty} S_n - \lim_{n \to \infty} S_{n-1} = s - s = 0$$

を得ます。

この定理から，$\displaystyle\lim_{n \to \infty} a_n = 0$ でなければ，級数 $\displaystyle\sum_{n=1}^{\infty} a_n$ は収束しません。たとえば，級数 $\displaystyle\sum_{n=1}^{\infty} (-1)^{n-1} = 1 - 1 + 1 - \cdots + (-1)^{n-1} + \cdots$ は収束しません。なぜならば $a_n = (-1)^{n-1}$ とすれば，$a_n$ は振動してしまい，収束しない（$\displaystyle\lim_{n \to \infty} a_n = 0$ とならない）からです。

逆についてはどうなるでしょうか。つまり，$\displaystyle\lim_{n \to \infty} a_n = 0$ が成り立て

ば，級数 $\displaystyle\sum_{n=1}^{\infty} a_n$ が収束するのでしょうか。一般には，収束する場合も，発散する場合もあります。

たとえば，$a_n = \dfrac{1}{n}$ ならば，$\displaystyle\lim_{n\to\infty} a_n = 0$ です。また，$a_n = (-1)^{n-1}\dfrac{1}{n}$ としても，$\displaystyle\lim_{n\to\infty} a_n = 0$ です。これらの数列からなる級数

$$\sum_{n=1}^{\infty} \frac{1}{n} = 1 + \frac{1}{2} + \frac{1}{3} + \frac{1}{4} + \cdots + \frac{1}{n} + \cdots \tag{14.7}$$

$$\sum_{n=1}^{\infty} \frac{(-1)^{n-1}}{n} = 1 - \frac{1}{2} + \frac{1}{3} - \frac{1}{4} + \cdots + \frac{(-1)^{n-1}}{n} + \cdots \tag{14.8}$$

は収束するでしょうか。実は，一方は収束し，もう一方は発散します。この後の講義の部分の中で，解説していきます[*1]。

**例 14.2**　級数

$$\sum_{n=1}^{\infty} \frac{1}{n(n+1)} \tag{14.9}$$

の収束・発散を調べましょう。$a_n = \dfrac{1}{n(n+1)}$ とおくと，明らかに，$\displaystyle\lim_{n\to\infty} a_n = 0$ です。この時点ではまだ，収束・発散の判定はできません。定義に基づいて，部分和 $S_n$ を求めて，数列 $\{S_n\}$ の収束・発散を調べることにします。

$$S_n = \sum_{k=1}^{n} \frac{1}{k(k+1)} = \sum_{k=1}^{n} \left( \frac{1}{k} - \frac{1}{k+1} \right)$$
$$= \sum_{k=1}^{n} \frac{1}{k} - \sum_{k=2}^{n+1} \frac{1}{k} = 1 - \frac{1}{n+1}$$

ですから，

---

[*1] (14.7) は調和級数と呼ばれています。

---

$$\lim_{n\to\infty} S_n = \lim_{n\to\infty}\left(1 - \frac{1}{n+1}\right) = 1$$

となります。したがって，(14.9) の級数は収束し，その値は 1 になります。

## 14.3 課題 14.A の解決

$a_n = \log\left(1 + \dfrac{1}{n}\right)$ とおきましょう。$\lim\limits_{n\to\infty} a_n = \lim\limits_{n\to\infty}\log\left(1 + \dfrac{1}{n}\right) = \log 1 = 0$ です。例 14.2 と同様に，この時点での判定はできませんから部分和 $S_n$ を求めて，級数 (14.1) の収束・発散を調べることにします。

$$S_n = \sum_{k=1}^{n}\log\left(1+\frac{1}{k}\right) = \sum_{k=1}^{n}\log\left(\frac{k+1}{k}\right) = \log\prod_{k=1}^{n}\left(\frac{k+1}{k}\right) = \log(n+1)$$

となりますから，

$$\lim_{n\to\infty} S_n = \lim_{n\to\infty}\log(n+1) = \infty$$

を得ます。したがって，(14.1) の級数は発散します。

## 14.4 正項級数

すべての項が非負である数列 $\{a_n\}$，$a_n \geqq 0$ からなる級数 $\sum\limits_{n=1}^{\infty} a_n$ を正項級数といいます。この節では，正項級数の収束判定法を紹介していきます。

非負の数を加えていくのですから，正項級数 $\sum\limits_{n=1}^{\infty} a_n$ は，$\infty$ に発散するか，部分和 $S_n$ が有界であるかのいずれかになります。有界の場合は，(14.6) より，$S_{n+1} - S_n = a_n \geqq 0$ なので，$S_n$ は単調増加数列になります。したがって，定理 1.5（解析学基本定理）により，部分和 $S_n$ が収束し，級数 $\sum\limits_{n=1}^{\infty} a_n$ は収束します。

逆に，$\displaystyle\sum_{n=1}^{\infty} a_n$ が収束するとします。この値を $s$ とすれば，$0 \leqq S_n \leqq S_{n+1} \leqq \cdots s$ ですから，部分和 $\{S_n\}$ は有界になります。まとめると，

> **定理 14.3**　正項級数 $\displaystyle\sum_{n=1}^{\infty} a_n$ が収束することと同値な条件は，部分和 $S_n$ が有界なことである。

2 つの級数の収束について，以下の定理が成り立ちます。

> **定理 14.4**　正項級数 $\displaystyle\sum_{n=1}^{\infty} a_n$，$\displaystyle\sum_{n=1}^{\infty} b_n$ において，任意の $n$ に対して $a_n \leqq b_n$ であるとする。このとき，
>
> (i) $\displaystyle\sum_{n=1}^{\infty} b_n$ が収束すれば，$\displaystyle\sum_{n=1}^{\infty} a_n$ も収束する。
>
> (ii) $\displaystyle\sum_{n=1}^{\infty} a_n$ が発散すれば，$\displaystyle\sum_{n=1}^{\infty} b_n$ も発散する。

定理 14.4 は，比較定理（**比較判定法**）と呼ばれています。証明は以下のようになります。正項級数 $\displaystyle\sum_{n=1}^{\infty} a_n$，$\displaystyle\sum_{n=1}^{\infty} b_n$ の部分和をそれぞれ，$S_n$，$T_n$ とおきましょう。$a_n \leqq b_n$ なので，$S_n \leqq T_n$ です。

$\displaystyle\sum_{n=1}^{\infty} b_n$ が収束すると仮定します。定理 14.3 から，ある定数 $t > 0$ があって，$T_n \leqq t$ です。ゆえに，$S_n \leqq t$ となり，$S_n$ は有界になります。したがって，定理 14.3 より，$\displaystyle\sum_{n=1}^{\infty} a_n$ は収束します。これで，(i) は示されました。

(ii) については，$\displaystyle\sum_{n=1}^{\infty} a_n$ が発散するとします。もし，$\displaystyle\sum_{n=1}^{\infty} b_n$ が収束するとすれば，$T_n$ は有界です。$S_n \leqq T_n$ なので，$S_n$ も有界になります。定

理 14.3 より, $\displaystyle\sum_{n=1}^{\infty} a_n$ は収束することになって矛盾します。したがって,

$\displaystyle\sum_{n=1}^{\infty} b_n$ も発散します。

**例 14.3** 実数 $\alpha > 0$ をひとつ取ります。$a_n = \dfrac{1}{n^{\alpha}}$ として, 正項級数 $\displaystyle\sum_{n=1}^{\infty} a_n$ の収束・発散を調べましょう [*2]。

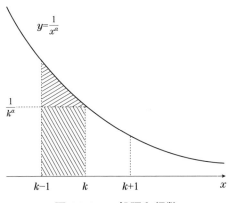

**図 14.1　一般調和級数**

図 14.1 からもわかるように, 任意の自然数 $k$ に対して, $k-1 \leqq x \leqq k$ ならば, $\dfrac{1}{x^{\alpha}} \geqq \dfrac{1}{k^{\alpha}}$ なので

$$\int_{k-1}^{k} \frac{1}{x^{\alpha}} \, dx \geqq \frac{1}{k^{\alpha}} \tag{14.10}$$

であり, $k \leqq x \leqq k+1$ ならば, $\dfrac{1}{x^{\alpha}} \leqq \dfrac{1}{k^{\alpha}}$ なので

$$\int_{k}^{k+1} \frac{1}{x^{\alpha}} \, dx \leqq \frac{1}{k^{\alpha}} \tag{14.11}$$

---

[*2] 正項級数 $\displaystyle\sum_{n=1}^{\infty} \frac{1}{n^{\alpha}}$ は, 一般調和級数, 汎調和級数と呼ばれています。

となります。

正項級数 $\displaystyle\sum_{n=1}^{\infty} a_n$ の部分和を $S_n$ とします。

まず，$\alpha > 1$ の場合を考察しましょう。評価の中で (14.10) が有効に機能します。

$$S_n = \sum_{k=1}^{n} a_k = \sum_{k=1}^{n} \frac{1}{k^\alpha} \le 1 + \sum_{k=2}^{n} \int_{k-1}^{k} \frac{1}{x^\alpha}\,dx$$

$$= 1 + \int_{1}^{n} \frac{1}{x^\alpha}\,dx = 1 + \left[ \frac{1}{1-\alpha} \cdot \frac{1}{x^{\alpha-1}} \right]_{1}^{n}$$

$$= 1 + \frac{1}{1-\alpha}\left( \frac{1}{n^{\alpha-1}} - 1 \right) \le 1 + \frac{1}{\alpha-1}$$

となり，$S_n$ は有界になります。したがって，定理 14.3 より，正項級数 $\displaystyle\sum_{n=1}^{\infty} a_n$ は収束します。

次に，$0 < \alpha \le 1$ の場合を取り扱います。ここでは，(14.11) を使います。

$$S_n = \sum_{k=1}^{n} a_k = \sum_{k=1}^{n} \frac{1}{k^\alpha} \ge \sum_{k=1}^{n} \int_{k}^{k+1} \frac{1}{x^\alpha}\,dx = \int_{1}^{n+1} \frac{1}{x^\alpha}\,dx$$

$$= \begin{cases} \left[ \dfrac{1}{1-\alpha} \cdot \dfrac{1}{x^{\alpha-1}} \right]_{1}^{n+1} = \dfrac{1}{1-\alpha}((n+1)^{1-\alpha} - 1), & 0 < \alpha < 1 \\[2mm] \Big[ \log|x| \Big]_{1}^{n+1} = \log(n+1), & \alpha = 1 \end{cases}$$

となり，$n \to \infty$ のとき，いずれの $0 < \alpha < 1$，$\alpha = 1$ の場合も $S_n$ を下から評価する式は無限大に発散します。すなわち，$S_n$ は非有界であることがわかります。したがって，定理 14.3 より，正項級数 $\displaystyle\sum_{n=1}^{\infty} a_n$ は発散します。

まとめると，「正項級数 $\sum_{n=1}^{\infty} \dfrac{1}{n^{\alpha}}$ は，$\alpha > 1$ のとき収束し，$0 < \alpha \leqq 1$ のとき発散する」となります。

この結果から，調和級数 (14.7) の収束・発散が判定できます。(14.7) では，$a_n = \dfrac{1}{n}$ ですから，$\alpha = 1$ の場合にあたります。したがって，(14.7) は，発散することがわかりました。

次に紹介する判定法は，**ダランベール** [*3]**の判定法**と呼ばれています。

---

**定理 14.5** 正項級数 $\sum_{n=1}^{\infty} a_n$ において，
$$\lim_{n \to \infty} \frac{a_{n+1}}{a_n} = \rho, \quad 0 \leqq \rho \leqq \infty \tag{14.12}$$
とする。

(i) $\rho < 1$ ならば，収束する。

(ii) $\rho > 1$ ならば，発散する。

---

1章の 1.4 節で紹介した数列 $\{a_n\}$ の収束に関する $\varepsilon$–$N$ 論法を復習しておきましょう。「任意の $\varepsilon > 0$ に対して，ある $N$ があって，$n > N$ ならば，$|a_n - \alpha| < \varepsilon$ が成り立つとき，$\lim_{n \to \infty} a_n = \alpha$ とする」でした。ここで，$N$ は $\varepsilon$ に依存しても構いません。適当な $N$ をとりなおして '$n > N$' を '$n \geqq N$' としても良いでしょう。

これを使って，定理 14.5 の証明を追ってみましょう。

まず (i) から取り組みましょう。実数の連続性から，$\varepsilon > 0$ を $\rho + \varepsilon < 1$ となるように選ぶことができます。仮定の (14.12) から，この $\varepsilon$ に対して，ある $N$ があって，$n \geqq N$ ならば，$\left| \dfrac{a_{n+1}}{a_n} - \rho \right| < \varepsilon$ とできます。したがって，$n \geqq N$ ならば，

---
[*3] Jean Le Rond d'Alembert, 1717–1783, フランス

$$\frac{a_{n+1}}{a_n} < \rho + \varepsilon \ (< 1)$$

が成り立ちます。すなわち，$a_{N+1} < (\rho + \varepsilon)a_N$ を得ます。$N+2$ のとき
も $a_{N+2} < (\rho + \varepsilon)a_{N+1}$ ですから，これらを併せれば，$a_{N+2} < (\rho + \varepsilon)^2 a_N$
となります。同様に，$n > N$ に対して

$$a_n < (\rho + \varepsilon)a_{n-1} < (\rho + \varepsilon)^2 a_{n-2} < \cdots < (\rho + \varepsilon)^{n-N} a_N \qquad (14.13)$$

を得ます。

$$\sum_{n=1}^{\infty} a_n = \sum_{n=1}^{N} a_n + \sum_{n=N+1}^{\infty} a_n \qquad (14.14)$$

と表します。$N$ は固定していますから，$\displaystyle\sum_{n=1}^{N} a_n$ は有限な値です。よっ
て，$\displaystyle\sum_{n=N+1}^{\infty} a_n$ が収束すれば，$\displaystyle\sum_{n=1}^{\infty} a_n$ が収束することになります。(14.13)
において，$(\rho + \varepsilon)^{-N} a_N = K$ とおけば，$a_n < K(\rho + \varepsilon)^n$，$n = N+1$，
$N+2, \ldots$ となります。$\rho + \varepsilon < 1$ なので，$\displaystyle\sum_{n=N+1}^{\infty} K(\rho + \varepsilon)^n$ は収束しま
す。したがって，定理 14.4 (i) から $\displaystyle\sum_{n=1}^{\infty} a_n$ が収束することが証明されま
した。

　(ii) についても同様の方法で考えてみましょう。$\varepsilon > 0$ を $\rho - \varepsilon > 1$ と
なるように選びます。(14.12) から，この $\varepsilon$ に対して，ある $N$ があって，
$n \geqq N$ ならば，

$$\frac{a_{n+1}}{a_n} > \rho - \varepsilon \ (> 1)$$

が成り立ちます。すなわち，$a_{N+1} > (\rho - \varepsilon)a_N$ を得ます。(i) と同様に，
$n > N$ に対して

$$a_n > (\rho - \varepsilon)a_{n-1} > (\rho - \varepsilon)^2 a_{n-2} > \cdots > (\rho - \varepsilon)^{n-N} a_N \qquad (14.15)$$

を得ます。(14.14) を用いれば，$\displaystyle\sum_{n=N+1}^{\infty} a_n$ が発散すれば，$\displaystyle\sum_{n=1}^{\infty} a_n$ が発散

することになります。(14.15) において，$(\rho - \varepsilon)^{-N} a_N = K' > 0$ とおけ
ば，$a_n > K'(\rho - \varepsilon)^n$，$n = N + 1, N + 2, \ldots$ となります。$\rho - \varepsilon > 1$ な
ので，$\displaystyle\sum_{k=N+1}^{n} K'(\rho - \varepsilon)^k$ は発散します。したがって，定理 14.4 (ii) か
ら，定理 14.5 (ii) は示されました。

次の判定法は，**コーシー** [*4]・**アダマール** [*5] **の判定法**と呼ばれています。

---

**定理 14.6**　正項級数 $\displaystyle\sum_{n=1}^{\infty} a_n$ において，

$$\lim_{n \to \infty} \sqrt[n]{a_n} = \lambda, \quad 0 \leqq \lambda \leqq \infty \tag{14.16}$$

とする。

(i) $\lambda < 1$ ならば，収束する。

(ii) $\lambda > 1$ ならば，発散する [*6]。

---

定理 14.6 の証明方法は，定理 14.5 と理論の流れは同じです。実際，(i)
に関しては，(14.16) から，$\varepsilon > 0$ に対して，ある $N$ があって，$n > N$ な
らば，$\left| \sqrt[n]{a_n} - \lambda \right| < \varepsilon$ とできます。したがって，$n > N$ ならば，

$$\sqrt[n]{a_n} < \lambda + \varepsilon \ (< 1)$$

が成り立ちます。すなわち，$a_n < (\lambda + \varepsilon)^n$ を得ます。(14.14) より，
$\displaystyle\sum_{n=N+1}^{\infty} a_n$ が収束すれば，$\displaystyle\sum_{n=1}^{\infty} a_n$ が収束することになります。$\lambda + \varepsilon < 1$
なので，$\displaystyle\sum_{n=N+1}^{\infty} (\lambda + \varepsilon)^n$ は収束します。したがって，定理 14.4 (i) から
$\displaystyle\sum_{n=1}^{\infty} a_n$ が収束することが示されます。

---

[*4] Augustin Louis Cauchy，1789–1857，フランス

[*5] Jacques Salomon Hadamard，1865–1963，フランス

[*6] 条件 (14.16) を $\displaystyle\limsup_{n \to \infty} \sqrt[n]{a_n} = \lambda$ にかえても定理の主張は成立します。

(ii) についても，定理の仮定から，$a_n > (\lambda - \varepsilon)^n$，$\lambda - \varepsilon > 1$ がある $N$ よりも大きい任意の $n$ に対して成り立ちます。したがって，定理 14.5 (ii) の証明と同様に証明することができます。

**例 14.4**　正項級数

$$\sum_{n=1}^{\infty}\left(1 + \frac{1}{n}\right)^{n^2} \tag{14.17}$$

の収束・発散を調べてみましょう。

いままで学習した判定法の中で，どの判定法が使いやすいでしょうか。ここでは，定理 14.6 を適用することにします。

$$\sqrt[n]{\left(1 + \frac{1}{n}\right)^{n^2}} = \left(\left(1 + \frac{1}{n}\right)^{n^2}\right)^{\frac{1}{n}} = \left(1 + \frac{1}{n}\right)^{n}$$

なので，(1.10) より

$$\lim_{n\to\infty} \sqrt[n]{\left(1 + \frac{1}{n}\right)^{n^2}} = e$$

です。$e > 1$ ですから，正項級数 (14.17) は，発散します。

## 14.5　課題 14.B の解決

課題 14.B の正項級数 (14.2) の収束判定には，定理 14.5 を適用しましょう。

$$\lim_{n\to\infty} \frac{a_{n+1}}{a_n} = \lim_{n\to\infty} \frac{\dfrac{(n+1)^7}{7^{n+1}}}{\dfrac{n^7}{7^n}} = \lim_{n\to\infty} \frac{\left(\dfrac{n+1}{n}\right)^7}{7} = \frac{1}{7} < 1$$

ですから，定理 14.5 (i) より，正項級数 (14.2) は収束することがわかります。

## 14.6 交項級数

数列 $\{a_n\}$ の各項が非負であるとします。このとき，$\{(-1)^{n-1}a_n\}$ からなる級数

$$\sum_{n=1}^{\infty}(-1)^{n-1}a_n = a_1 - a_2 + a_3 - a_4 + \cdots + (-1)^{n-1}a_n + \cdots \quad (14.18)$$

を，**交項級数**といいます。交項級数は，符号が一つおきに入れかわる数列を加えて得られるものです。

交項級数の収束に関して，次の定理が成り立ちます。

> **定理 14.7** 交項級数 (14.18) において，$a_n$ が単調減少でかつ $\displaystyle\lim_{n\to\infty} a_n = 0$ であれば，(14.18) は収束する。

証明を追ってみましょう。

$$S_{2n} = (a_1 - a_2) + (a_3 - a_4) + \cdots + (a_{2n-1} - a_{2n}),$$
$$S_{2n+1} = a_1 - (a_2 - a_3) - (a_4 - a_5) - \cdots - (a_{2n} - a_{2n+1})$$

とおきます。$\{a_n\}$ は単調減少数列ですから，任意の $n$ に対して，$a_n - a_{n+1} \geqq 0$ です。ゆえに，$\{S_{2n}\}$ は単調増加数列であり，$\{S_{2n+1}\}$ は単調減少数列であることがわかります。

さらに，

$$S_{2n} = a_1 - (a_2 - a_3) - (a_4 - a_5) - \cdots - (a_{2n-2} - a_{2n-1}) - a_{2n}$$

とみれば，$S_{2n} \leqq a_1$ ですから，$\{S_{2n}\}$ は上に有界です。また，

$$S_{2n+1} = (a_1 - a_2) + (a_3 - a_4) + \cdots + (a_{2n-1} - a_{2n}) + a_{2n+1}$$

とみれば，$S_{2n+1} \geqq a_1 - a_2$ ですから，$\{S_{2n+1}\}$ は下に有界です。したがって，定理 1.5 により，$\displaystyle\lim_{n\to\infty} S_{2n}$，$\displaystyle\lim_{n\to\infty} S_{2n+1}$ はそれぞれ収束します。

また，定理の仮定の $\displaystyle\lim_{n\to\infty} a_n = 0$ より，

$$\lim_{n\to\infty}(S_{2n+1} - S_{2n}) = \lim_{n\to\infty} a_{2n+1} = 0$$

となり，$\displaystyle\lim_{n\to\infty} S_{2n+1}$ と $\displaystyle\lim_{n\to\infty} S_{2n}$ は一致します。以上で，定理 14.7 は示されました。

定理 14.7 を用いることで，級数 (14.8) の収束・発散を調べることができます。(14.8) は符号が一つおきに入れかわる数列 $\left\{\dfrac{(-1)^{n-1}}{n}\right\}$ を加えていますから，交項級数です。数列 $\left\{\dfrac{1}{n}\right\}$ は，単調減少で，$\displaystyle\lim_{n\to\infty}\dfrac{1}{n}=0$ です。したがって，定理 14.7 の条件を満足しています。以上から，級数 (14.8) は収束することがわかりました。

## 14.7 絶対収束

級数 $\displaystyle\sum_{n=1}^{\infty} a_n$ において，級数 $\displaystyle\sum_{n=1}^{\infty} |a_n|$ が収束するならば，$\displaystyle\sum_{n=1}^{\infty} a_n$ は**絶対収束**するといいます。級数 (14.8) は収束しましたが，各項の絶対値をとった級数 (14.7) は発散しました。このことは，絶対収束はしなくとも収束する級数があることを示しています。このように，$\displaystyle\sum_{n=1}^{\infty} a_n$ は収束するが，$\displaystyle\sum_{n=1}^{\infty} |a_n|$ は発散するとき，$\displaystyle\sum_{n=1}^{\infty} a_n$ は**条件収束**するといいます。

---

**定理 14.8** 絶対収束する級数 $\displaystyle\sum_{n=1}^{\infty} a_n$ は収束する。

---

正項級数の比較判定法を使って証明を試みましょう。級数 $\displaystyle\sum_{n=1}^{\infty} a_n$ が絶対収束する，すなわち，$\displaystyle\sum_{n=1}^{\infty} |a_n|$ が収束するとします。$p_n = \dfrac{1}{2}(a_n + |a_n|)$，$q_n = \dfrac{1}{2}(-a_n + |a_n|)$ とすれば，$p_n$ は，$a_n$ の中で正のものを選んだ（負

または 0 のものは，0 として）ものです。すなわち，

$$p_n = \begin{cases} a_n, & a_n > 0 \\ 0, & a_n \leqq 0 \end{cases}$$

です。また，$q_n$ は，$a_n$ の中で負のものを選んで絶対値をとった（正または 0 のものは，0 として）ものです。すなわち，

$$q_n = \begin{cases} 0, & a_n \geqq 0 \\ -a_n, & a_n < 0 \end{cases}$$

です。定義より $p_n \geqq 0$，$q_n \geqq 0$ ですから，$\displaystyle\sum_{n=1}^{\infty} p_n$，$\displaystyle\sum_{n=1}^{\infty} q_n$ はともに正項級数です。さらに，定義から，$p_n \leqq |a_n|$，$q_n \leqq |a_n|$ が成り立ちます。したがって，定理 14.4 から，$\displaystyle\sum_{n=1}^{\infty} p_n$，$\displaystyle\sum_{n=1}^{\infty} q_n$ はともに収束します。また，$a_n = p_n - q_n$ ですから，

$$\sum_{n=1}^{\infty} a_n = \sum_{n=1}^{\infty} (p_n - q_n) = \sum_{n=1}^{\infty} p_n - \sum_{n=1}^{\infty} q_n$$

となります。定理 14.1 から，$\displaystyle\sum_{n=1}^{\infty} a_n$ は収束することが示されます。

絶対収束する級数の特徴として，次の定理が成り立ちます。

**定理 14.9** 級数 $\displaystyle\sum_{n=1}^{\infty} a_n$ が絶対収束するならば，どのように項の順序をかえても収束し，和の値は変わらない。

定理 14.8 の証明で用いた，補助級数 $\displaystyle\sum_{n=1}^{\infty} p_n$，$\displaystyle\sum_{n=1}^{\infty} q_n$ を使います。便宜上，$\displaystyle\sum_{n=1}^{\infty} p_n = P$，$\displaystyle\sum_{n=1}^{\infty} q_n = Q$ とおきます。$P$ は，$a_n$ の中の正の項を集めた正項級数で，$Q$ は，$a_n$ の中の負の項の絶対値を集めた正項級数で，と

もに収束することが示されています。級数 $\sum_{n=1}^{\infty} a_n$ の項の順序をかえて得

られる級数を $\sum_{n=1}^{\infty} a_n^*$ と書くことにします。これに対応して，$a_n^*$ の中の正

の項を集めた正項級数 $\sum_{n=1}^{\infty} p_n^*$，負の項の絶対値を集めた正項級数 $\sum_{n=1}^{\infty} q_n^*$

を調べましょう。これらの部分和については，任意の $n$ に対して

$$\sum_{k=1}^{n} p_k^* \leqq P, \quad \sum_{k=1}^{n} q_k^* \leqq Q \tag{14.19}$$

が成り立ちます。したがって，部分和がそれぞれ有界なので，定理 14.3

から，$\sum_{n=1}^{\infty} p_n^*$, $\sum_{n=1}^{\infty} q_n^*$ は収束します。(14.19) より

$$\sum_{n=1}^{\infty} p_n^* = P^* \leqq P, \quad \sum_{n=1}^{\infty} q_n^* = Q^* \leqq Q \tag{14.20}$$

です。$\sum_{n=1}^{\infty} p_n^*$, $\sum_{n=1}^{\infty} q_n^*$ の収束と，$|a_n^*| = p_n^* + q_n^*$ を用いれば，$\sum_{n=1}^{\infty} |a_n^*| =$

$\sum_{n=1}^{\infty} p_n^* + \sum_{n=1}^{\infty} q_n^*$ も収束します。このことは，$\sum_{n=1}^{\infty} a_n^*$ もまた絶対収束する

ことを意味しています。

　一方，$\sum_{n=1}^{\infty} a_n$ は $\sum_{n=1}^{\infty} a_n^*$ を並べかえたものと考えることもできますか

ら，(14.20) でそれぞれの役割を入れかえた評価式，$P \leqq P^*$, $Q \leqq Q^*$ を

得ます。したがって，$P = P^*$, $Q = Q^*$ となり

$$\sum_{n=1}^{\infty} a_n^* = \sum_{n=1}^{\infty} p_n^* - \sum_{n=1}^{\infty} q_n^* = P^* - Q^*$$

$$= P - Q = \sum_{n=1}^{\infty} p_n - \sum_{n=1}^{\infty} q_n = \sum_{n=1}^{\infty} a_n$$

が示されました。

▷▷▷ **学びの扉 14.1** ▬▬▬▬▬

級数 $\displaystyle\sum_{n=1}^{\infty} a_n$ が条件収束するとします。このとき，項の順番をかえると発散してしまうことがあるのでしょうか。実際は，**リーマンの級数定理**と呼ばれる結果があります。

---

**定理 14.10** 級数 $\displaystyle\sum_{n=1}^{\infty} a_n$ が条件収束するならば，これを適当に並べかえることによって任意の実数値を和としてもたせることができる。また，$\infty$，$-\infty$ に発散させたり，振動させたりすることができる。

---

また，2つの絶対収束する級数についての結果として，次の定理が成り立ちます。

---

**定理 14.11** 級数 $\displaystyle\sum_{n=0}^{\infty} a_n,\ \sum_{n=0}^{\infty} b_n$ が絶対収束するとする。このとき，

$$c_n = \sum_{k=0}^{n} a_k b_{n-k} = a_0 b_n + a_1 b_{n-1} + \cdots + a_n b_0, \quad n = 0, 1, 2, \ldots$$

とおくと，級数 $\displaystyle\sum_{n=0}^{\infty} c_n$ も収束し

$$\sum_{n=0}^{\infty} c_n = \left(\sum_{n=0}^{\infty} a_n\right)\left(\sum_{n=0}^{\infty} b_n\right)$$

が成り立つ。

---

定理 14.11 は，微分方程式などの関数方程式の取り扱う際に役立ちます。

この学びの扉で紹介した2つの定理は，大変興味深いものですが，本書では証明を省略することにいたします。興味のある読者は，巻末の関連図書 [4] などを参照して下さい。

▬▬▬▬▬ ◁◁◁

## 14.8 課題 14.C の解決

課題 14.C の条件より，級数 $\displaystyle\sum_{n=1}^{\infty} a_n$ が絶対収束するので，$\displaystyle\sum_{n=1}^{\infty} |a_n| = \alpha$ とおきましょう。任意の $n$ に対して，$|a_n| \leqq \alpha$ なので，

$$a_n^2 = |a_n|^2 \leqq \alpha |a_n| \tag{14.21}$$

です。級数 $\displaystyle\sum_{n=1}^{\infty} |a_n|$ が収束しますから，$\displaystyle\alpha \sum_{n=1}^{\infty} |a_n| = \sum_{n=1}^{\infty} \alpha |a_n|$ も収束します。したがって，(14.21) と定理 14.4 によって，課題 14.C (14.3) の級数 $\displaystyle\sum_{n=1}^{\infty} a_n^2$ も収束することが示されます。

一般に，逆は成立しません。すなわち，$\displaystyle\sum_{n=1}^{\infty} a_n^2$ が絶対収束しても，$\displaystyle\sum_{n=1}^{\infty} a_n$ が収束するとは限りません。たとえば，$a_n = \dfrac{1}{n}$ とすれば，例 14.3 でも紹介しましたように，$\displaystyle\sum_{n=1}^{\infty} \dfrac{1}{n^2}$ は絶対収束しますが，$\displaystyle\sum_{n=1}^{\infty} \dfrac{1}{n}$ は発散します。

**260**

演習問題

A

1. 以下の級数の収束・発散を調べよ。

$$(1) \sum_{n=1}^{\infty} \frac{1}{\sqrt{n+1}+\sqrt{n}} \qquad (2) \sum_{n=1}^{\infty} \frac{1}{n^2+1}$$

2. 以下の級数の収束・発散を調べよ。

$$(1) \sum_{n=1}^{\infty} \frac{n^2}{n!} \qquad (2) \sum_{n=1}^{\infty} \frac{1}{n\sqrt[3]{n}}$$

3. 級数 $\displaystyle\sum_{n=1}^{\infty} \frac{(-1)^n}{\sqrt{n}}$ の収束・発散を調べよ。

4. 級数 $\displaystyle\sum_{n=1}^{\infty} \frac{(-1)^n}{\sqrt[3]{n}}$ が絶対収束するか調べよ。

B

1. 数列 $\{a_n\}$ が正値，減少とする。このとき，$\displaystyle\sum_{n=1}^{\infty} \sqrt{a_n a_{n+1}}$ が収束すれば，$\displaystyle\sum_{n=1}^{\infty} a_n$ も収束することを示せ。

2. 数列 $\{a_n\}$ について，$\displaystyle\sum_{n=1}^{\infty} a_n^2$ が収束すれば，$\displaystyle\sum_{n=1}^{\infty} \frac{a_n}{n}$ が絶対収束することを示せ。

# 15 | 整級数・関数の表現

《目標＆ポイント》　独立変数のベキに数列をかけたものを無限個加えた整級数について学習します。整級数は，収束すれば，収束する変数の範囲を定義域として関数になります。この関数の導関数や原始関数についても学びます。また，関数を整級数で表現する方法を説明します。整級数の微分方程式への応用も紹介します。

《キーワード》　整級数，収束半径，項別微分，項別積分，微分方程式への応用

## 15.1　15章の課題

　整級数の収束半径，項別積分，微分方程式への応用の3問です。もし，和の記号シグマの取り扱いに不慣れな人は，この機会に体得してしまいましょう。

**課題 15.A**　整級数

$$\sum_{n=0}^{\infty} \frac{(n+1)^n}{n!} x^n \tag{15.1}$$

の収束半径を求めよ。

**課題 15.B**　整級数

$$\sum_{m=0}^{\infty} \frac{(-1)^m}{(2m)!} x^{2m} \tag{15.2}$$

の収束半径 $R$ を求めよ。さらに，$(-R, R)$ において，この整級数で表された関数を $f(x)$ とするとき，$\int_0^x f(t)\, dt$ を求めよ。

### 課題 15.C　微分方程式

$$y' - 2y = 0 \tag{15.3}$$

の原点を中心とする整級数解を求めよ。ただし，$y(0) = \alpha \, (\neq 0)$ とする。

\* \* \* \* \* \* \* \* \*

▶ 課題 15.A は，14 章で学んだ級数の延長線上の学習です。整級数という概念が登場します。関数を級数によって定義しています。

### 課題 15.A 直感図

整級数

$$\sum_{n=0}^{\infty} \frac{(n+1)^n}{n!} x^n$$

の収束半径を求めよ。

───── 覚えよう ─────
- 整級数
- 収束半径

───── 思い出そう ─────
- 級数
- 収束判定法
- ネピア数

整級数について説明をしていきます。$x$ の値によって級数が収束することもしないこともありますから，収束する範囲を求める学習をします。14 章で学習した内容をしばしば参考にします。課題 15.A の解決には，ネピア数（自然対数の底 $e$）をあたえる極限が必要になってきます。1 章で学んだことも復習しておきましょう。◀

▶ 課題 15.B では，様々な知識が要求されています。整級数のベキが偶数項のみになっています。どのように収束半径を導く公式を適用すればよいでしょうか。整級数を関数として扱って，積分することが求めら

れています。

## 課題 15.B 直感図

整級数

$$\sum_{m=0}^{\infty} \frac{(-1)^m}{(2m)!} x^{2m}$$

の収束半径 $R$ を求めよ。さらに，$(-R, R)$ において，この整級数で

表された**関数**を $f(x)$ とするとき，$\displaystyle\int_0^x f(t)\, dt$ を求めよ。

───── 覚えよう ─────
- 飛び飛びの級数
- 項別積分

───── 思い出そう ─────
- 多項式の積分

　偶数番目のみを加える級数に関しては，技術的な対処でこれまでに学んだ判定方法が使用できます。類題としての例などを参考にして下さい。関数としての整級数については，微分や積分を考えることは自然です。項別微分や項別積分は，解析学の中でも重要な概念です。証明の流れも追ってみて下さい。◀

　▶ いよいよ最後の課題です。課題 15.C では，整級数の応用として微分方程式の初期値問題が出題されています。整級数の係数としての数列に対して，漸化式が導かれます。漸化式を解いて整級数解を見つけ，存在範囲（定義域）を特定して下さい。

課題 15.C 直感図

# 微分方程式

$$y' - 2y = 0$$

の原点を中心とする**整級数解**を求めよ。ただし, $y(0) = \alpha \,(\neq 0)$ とする。

---- 覚えよう ----
- 微分方程式
- 整級数解

---- 思い出そう ----
- 漸化式
- 収束半径

微分方程式については，本書では最後の節にのみ記述をしました。ここでは，整級数の応用として登場しています。2 階の線形微分方程式の例を類題としてあげてあります。問題解決の流れを読み取って，課題 15.C の解決に役立たせて下さい。◀

## 15.2 整級数

数列 $\{a_n\}$ と定点 $a$ に対して

$$\sum_{n=0}^{\infty} a_n(x-a)^n \tag{15.4}$$

を $a$ を中心とする整級数（ベキ級数）といいます。この節では，主に，(15.4) の級数としての収束・発散についての結果を述べていくことにします。$x - a$ をあらためて，$x$ と書けば，中心が 0 の整級数

$$\sum_{n=0}^{\infty} a_n x^n \tag{15.5}$$

になります。以下では，便宜上，整級数 (15.5) に対して説明をしますが，一般性を失うことはありません。また，14 章では級数を $a_1$ から加えて

いきましたが，この章では $a_0$ から加えていきます。

---

**定理 15.1**　整級数 (15.5) について，

(i) $x = x_0$ で収束すれば，$|x| < |x_0|$ なるすべての $x$ に対して，絶対
収束する。

(ii) $x = x_0$ で発散すれば，$|x| > |x_0|$ なるすべての $x$ に対して，発散
する。

---

14 章で学んだ級数の収束判定法を使って，定理 15.1 を証明してみま
しょう。まず，$x = x_0$ で (15.5) が収束すると仮定します。定理14.2 より，
$\lim_{n \to \infty} a_n x_0^n = 0$ が成り立ちます。よって，ある $K > 0$ があって，$|a_n x_0^n| < K$
がすべての $n$ に対して成り立ちます。したがって，$|x| < |x_0|$ ならば，

$$|a_n x^n| = |a_n|\,|x_0|^n \left|\frac{x}{x_0}\right|^n < K \left|\frac{x}{x_0}\right|^n$$

となります。$\left|\dfrac{x}{x_0}\right| < 1$ ですから，級数 $\displaystyle\sum_{n=0}^{\infty} \left|\frac{x}{x_0}\right|^n$ は収束します。したがっ
て，定理 14.4 より，$\displaystyle\sum_{n=0}^{\infty} |a_n x^n|$ は収束します。これは，級数 (15.5) が絶
対収束することを示しています。これで，(i) が証明されました。

次に，(ii) を示しましょう。もし，ある $x$，$|x| > |x_0|$ で (15.5) が収束
するとすれば，(i) より $x_0$ でも収束します。これは，(ii) の仮定に矛盾し
ます。

定理 15.1 より，整級数 (15.5) が $x = a$ で収束し，$x = b$ で発散するとす
れば，$|a| \leqq R \leqq |b|$ なる $R$ で「$|x| < R$ ならば，(15.5) は収束し，$|x| > R$
ならば (15.5) は発散する」をみたすものが唯一存在します。このような
$R$ を (15.5) の収束半径といいます。

$R = 0$ ならば $x = 0$ のみで収束し，$R = \infty$ ならば，すべての $x$ で収束
するとします。ただし，$|x| = R$ のところでは，収束する場合も発散する
場合もあり，個々の評価が必要になります。

　実際には，すべての $x$ について整級数 (15.5) が絶対収束するときは，$R = \infty$ とし，整級数 (15.5) が絶対収束する $|x|$ の集合が有界なときは，その集合の上限を $R$ として定めます。

　別の角度から $R$ の存在を確かめてみましょう。$x = a$ で収束し，$x = b$ で発散するとしましょう。便宜上，$|a| = \alpha_1$，$|b| = \beta_1$ とおきます。まず，明らかに $\alpha_1 \leqq \beta_1$ です。次に，$x = \dfrac{\alpha_1 + \beta_1}{2}$ において，(15.5) が収束すれば，$\alpha_2 = \dfrac{\alpha_1 + \beta_1}{2}$，$\beta_2 = \beta_1$ とします。$x = \dfrac{\alpha_1 + \beta_1}{2}$ において，(15.5) が発散すれば，$\alpha_2 = \alpha_1$，$\beta_2 = \dfrac{\alpha_1 + \beta_1}{2}$ とします。同様に，$x = \dfrac{\alpha_2 + \beta_2}{2}$ において，(15.5) が収束すれば，$\alpha_3 = \dfrac{\alpha_2 + \beta_2}{2}$，$\beta_3 = \beta_2$ とします。$x = \dfrac{\alpha_2 + \beta_2}{2}$ において，(15.5) が発散すれば，$\alpha_3 = \alpha_2$，$\beta_3 = \dfrac{\alpha_2 + \beta_2}{2}$ とします。このようにして，数列 $\{\alpha_n\}$，$\{\beta_n\}$ を構成すれば，$\{\alpha_n\}$ は単調増加であり，$\{\beta_n\}$ は単調減少になります。また，$\{\alpha_n\}$ は上に有界で，$\{\beta_n\}$ は下に有界です。したがって，定理 1.5 から，$\displaystyle\lim_{n \to \infty} \alpha_n$，$\displaystyle\lim_{n \to \infty} \beta_n$ が存在します。さらに，数列 $\{\alpha_n\}$，$\{\beta_n\}$ の構成方法から

$$\lim_{n \to \infty} (\beta_n - \alpha_n) = \lim_{n \to \infty} \left( \frac{\beta_1 - \alpha_1}{2^{n-1}} \right) = 0$$

となりますから，$\displaystyle\lim_{n \to \infty} \alpha_n = R = \lim_{n \to \infty} \beta_n$ となります。

　たとえば，整級数

$$\sum_{n=0}^{\infty} x^n = 1 + x + x^2 + \cdots + x^n + \cdots \tag{15.6}$$

は，公比が $x$ の等比級数とみなせますから，部分和は，$x \neq 1$ のとき，$S_n = \dfrac{1 - x^n}{1 - x}$ となります。したがって，$|x| < 1$ のとき (15.6) は収束し，$|x| > 1$ のとき発散します。したがって，収束半径は 1 になります。

　具体的に，収束半径を求める公式を紹介しましょう。ただし，以下の 2 つの定理においては，0 の逆数は $\infty$，$\infty$ の逆数は 0 と約束しておきます。

**定理 15.2**　整級数 (15.5) について，極限

$$\lim_{n\to\infty}\left|\frac{a_{n+1}}{a_n}\right| \tag{15.7}$$

が存在するとする。この極限値の逆数を $R$, $0 \leqq R \leqq \infty$ とすれば，(15.5) の収束半径は $R$ と等しい。

**定理 15.3**　整級数 (15.5) について，極限

$$\lim_{n\to\infty}\sqrt[n]{|a_n|} \tag{15.8}$$

が存在するとする。この極限値の逆数を $R$, $0 \leqq R \leqq \infty$ とすれば，(15.5) の収束半径は $R$ と等しい。

14 章の定理 14.5, 定理 14.6 をそれぞれ適用することで証明されます。ここでは，定理 15.2 の証明をあたえておきます。

級数 $\sum_{n=0}^{\infty}|a_n x^n|$ は正項級数になりますから，14 章の定理 14.5 を用います。

$$\lim_{n\to\infty}\frac{|a_{n+1}x^{n+1}|}{|a_n x^n|}=\lim_{n\to\infty}|x|\left|\frac{a_{n+1}}{a_n}\right| \tag{15.9}$$

$0<R=\lim_{n\to\infty}\left|\dfrac{a_n}{a_{n+1}}\right|<\infty$ ならば，(15.9) の極限値は $\dfrac{|x|}{R}$ になります。ゆえに，$\dfrac{|x|}{R}<1$, すなわち，$|x|<R$ のとき収束し，$\dfrac{|x|}{R}>1$, すなわち，$|x|>R$ のとき発散します。したがって，(15.5) の収束半径は $R$ になります。

$R=0$ ならば，$\lim_{n\to\infty}\left|\dfrac{a_{n+1}}{a_n}\right|=\infty$ なので，$x \neq 0$ なる任意の $x$ に対して (15.9) は $\infty$ になります。したがって，$x \neq 0$ なる任意の $x$ に対して，(15.5) は発散します。すなわち，収束半径は 0 です。

$R=\infty$ ならば，$\lim_{n\to\infty}\left|\dfrac{a_{n+1}}{a_n}\right|=0$ なので，任意の $x$ に対して (15.9) は 0 になります。したがって，任意の $x$ に対して，(15.5) は収束します。す

なわち，収束半径は $\infty$ です。

**例 15.1** 整級数

$$\sum_{n=1}^{\infty} \frac{1}{n} x^n \tag{15.10}$$

について考えましょう。

$$\lim_{n \to \infty} \frac{\dfrac{1}{n+1}}{\dfrac{1}{n}} = \lim_{n \to \infty} \frac{n}{n+1} = 1$$

ですから，定理 15.2 より収束半径 $R$ は，$R = 1$ となります。では $|x| = 1$ のところではどうなっているでしょうか。$x = 1$ では，(15.10) は，14 章で学んだ調和級数 (14.7) と等しくなります。よって，例 14.3 で見たように，発散します。

一方，$x = -1$ では，(15.10) は交項級数 (14.8) を $-1$ 倍したものと等しくなります。したがって，14.6 節で評価したように，(15.10) は収束します。

**例 15.2** $\alpha \neq 0$ を定数とします。整級数

$$\sum_{n=0}^{\infty} \frac{\alpha^n}{n!} x^n \tag{15.11}$$

の収束半径はどうなるでしょうか。

$$\lim_{n \to \infty} \frac{\dfrac{\alpha^{n+1}}{(n+1)!}}{\dfrac{\alpha^n}{n!}} = \lim_{n \to \infty} \frac{\alpha}{n+1} = 0$$

が任意の定数 $\alpha$ について成り立ちます。したがって，定理 15.2 より整級数 (15.11) の収束半径は $\infty$ となります。すなわち，任意の $x$ に関して，整級数 (15.11) は，収束します。

**例 15.3** $a > 0$ として，整級数

$$\sum_{n=0}^{\infty} a^n x^{2n} \tag{15.12}$$

の収束半径を調べましょう。$x^2 = X$ とおくと，(15.12) は，$\displaystyle\sum_{n=0}^{\infty} a^n X^n$ となります。この級数に定理 15.3 を適用しましょう。

$$\lim_{n\to\infty} \sqrt[n]{a^n} = a$$

ですから，収束半径は $\dfrac{1}{a}$ です。これは，$0 \leqq x^2 < \dfrac{1}{a}$ なる $x$ について収束し，$x^2 > \dfrac{1}{a}$ なる $x$ について発散することを意味しています。したがって，級数 (15.12) の収束半径は，$\dfrac{1}{\sqrt{a}}$ であることがわかります。

**例 15.4**　整級数

$$\sum_{n=0}^{\infty} n^n x^n \tag{15.13}$$

の収束半径を求めましょう。この例では，定理 15.3 を使ってみましょう。

$$\lim_{n\to\infty} \sqrt[n]{n^n} = \lim_{n\to\infty} n = \infty$$

より，整級数 (15.13) の収束半径は 0 です。すなわち，0 以外の $x$ に関して，整級数 (15.13) は発散します。

## 15.3　課題 15.A の解決

整級数 (15.1) に対して，定理 15.2 を適用しましょう。極限を求める過程で，ネピア数を定める極限 (1.10) を用います。

$$\lim_{n\to\infty} \frac{\dfrac{(n+2)^{n+1}}{(n+1)!}}{\dfrac{(n+1)^n}{n!}} = \lim_{n\to\infty} \left(\frac{n+2}{n+1}\right)^{n+1} = \lim_{n\to\infty} \left(1 + \frac{1}{n+1}\right)^{n+1} = e$$

となります。したがって，収束半径 $R$ は，$R = \dfrac{1}{e}$ となります。

## 15.4 項別微分・項別積分

整級数 (15.5) の収束半径が $R \neq 0$ とすると，区間 $(-R, R)$ における任意の $x$ に対して (15.5) は収束しますから，整級数 (15.5) は $x$ にその極限値を対応させる関数とみなすことができます。ここでは，$\displaystyle\sum_{n=0}^{\infty} a_n x^n = F(x)$ とおくことにしましょう。

それでは $F(x)$ を微分するとどうなるのでしょうか。$F(x)$ の各項は，$a_n x^n$ ですから，$(a_n x^n)' = n a_n x^{n-1}$ を項とする整級数 $G(x) = \displaystyle\sum_{n=1}^{\infty} n a_n x^{n-1}$ になることが期待されます。この節では，この問題を考えてみましょう。

まず，補題を準備します。

**補題 15.1** 整級数 $F(x) = \displaystyle\sum_{n=0}^{\infty} a_n x^n$，$G(x) = \displaystyle\sum_{n=1}^{\infty} n a_n x^{n-1}$ について，収束半径をそれぞれ $R$，$R'$ とすれば，$R = R'$ が成り立つ。

ある $x_0$ で $F(x)$ が収束すると仮定します。定理 14.2 より，$\displaystyle\lim_{n\to\infty} a_n x_0^n = 0$ ですから，ある正の定数 $K$ があって，$|a_n| \, |x_0|^n \leqq K$ です。ゆえに，$|x| < |x_0|$ なる $x$ に対して，

$$|n a_n x^{n-1}| \leqq |n x^{n-1}| \frac{K}{|x_0|^n} = \left(\frac{K}{|x_0|}\right) \cdot n \left|\frac{x}{x_0}\right|^{n-1}$$

定理 14.5 より，$\left(\dfrac{K}{|x_0|}\right) \displaystyle\sum_{n=1}^{\infty} n \left|\dfrac{x}{x_0}\right|^{n-1}$ は収束しますから，定理 14.4 から，$\displaystyle\sum_{n=1}^{\infty} |n a_n x^{n-1}|$ も収束します。このことは，$G(x)$ が絶対収束することを意味しています。したがって，$R \leqq R'$ です。実際，もし $R' < R$ とすれば，$x_0$，$R' < |x_0| < R$ がみつかり，$x_0$ で $F(x)$ が収束して，$G(x)$

が発散することになりますから，矛盾します。

上の議論で，$F(x)$ と $G(x)$ の役割をかえてみます。ある $x_0$ で $G(x)$ が収束すると仮定します。このとき，ある正の定数 $K'$ があって，$n|a_n| |x_0|^{n-1} \leqq K'$ です。よって，$|x| < |x_0|$ なる $x$ に対して，

$$|a_n x^n| \leqq |x^n| \frac{K'}{n|x_0|^{n-1}} \leqq (K'|x_0|) \left| \frac{x}{x_0} \right|^n$$

です。例 14.1 より，$(K'|x_0|) \displaystyle\sum_{n=1}^{\infty} \left| \frac{x}{x_0} \right|^n$ は収束しますから，定理 14.4 より，$F(x)$ が絶対収束します。したがって，$R' \leqq R$ です。以上より，$R = R'$ が示されました。

---

**定理 15.4**　整級数 (15.5) の収束半径を $R$ とする。このとき，(15.5) を項別微分した整級数 $\displaystyle\sum_{n=1}^{\infty} na_n x^{n-1}$ の収束半径も $R$ に等しく，$|x| < R$ において，

$$\left( \sum_{n=0}^{\infty} a_n x^n \right)' = \sum_{n=1}^{\infty} na_n x^{n-1} \tag{15.14}$$

が成り立つ。

---

収束半径が一致する部分の主張は，補題 15.1 によって既に示されています。補題と同じ記号を採用し，$F(x) = \displaystyle\sum_{n=0}^{\infty} a_n x^n$，$G(x) = \displaystyle\sum_{n=1}^{\infty} na_n x^{n-1}$ としましょう。以下で，$F'(x) = G(x)$ を証明しますが，そのために積分をした形，すなわち

$$\int_0^x G(t) \, dt + a_0 = F(x) \tag{15.15}$$

を示すことにします。

$x \in (-R, R)$ に対して，$|x| < c_1 < c_2 < R$ をみたすように，$c_1$，$c_2$ をとります。$c_2$ において，$G(x)$ は収束しますから，補題の証明と同様の議

論によって，ある $K > 0$ があって $|na_n c_2^{n-1}| \leqq K$ が成り立ちます。このことから，

$$|na_n x^{n-1}| \leqq |na_n c_1^{n-1}| \leqq K \left( \frac{c_1}{c_2} \right)^{n-1} \tag{15.16}$$

となります。ここで，それぞれの級数の部分和を

$$F_n(x) = \sum_{k=0}^{n} a_k x^k, \quad G_n(x) = \sum_{k=1}^{n} k a_k x^{k-1}$$

と表します。部分和に対しては，$F_n'(x) = G_n(x)$ が成り立ちます。ゆえに，

$$F_n(x) = \int_0^x G_n(t)\, dt + a_0 \tag{15.17}$$

となります。簡単のため，$\frac{c_1}{c_2} = \sigma, \ 0 < \sigma < 1$ とおくことにします。
(15.16), (15.17) より，$x \geqq 0$ のときには，

$$\left| \int_0^x G(t)\, dt + a_0 - F_n(x) \right| = \left| \int_0^x G(t)\, dt - \int_0^x G_n(t)\, dt \right|$$

$$\leqq \int_0^x |G(t) - G_n(t)|\, dt = \int_0^x \left| \sum_{k=n+1}^{\infty} k a_k t^{k-1} \right| dt$$

$$\leqq \int_0^x \left| \sum_{k=n+1}^{\infty} K \sigma^{k-1} \right| dt = \frac{K\sigma^n}{1-\sigma} \int_0^x dt = \frac{K\sigma^n}{1-\sigma} x$$

と評価できます。したがって，$n \to \infty$ とすれば，$\sigma^n \to 0$ ですから，右辺 $\to 0$，また $F_n(x) \to F(x)$ ですから，(15.15) が示されます。$x < 0$ の場合も同様に取り扱うことができます。

　同様の議論によって，項別積分についての定理も得られます。

---

**定理 15.5**　整級数 (15.5) の収束半径を $R$ とする。このとき，(15.5) を項別積分した整級数 $\displaystyle\sum_{n=0}^{\infty} \frac{a_n}{n+1} x^{n+1}$ の収束半径も $R$ に等しく，$|x| < R$ において，

$$\int_0^x \sum_{n=0}^{\infty} a_n t^n \, dt = \sum_{n=0}^{\infty} \frac{a_n}{n+1} x^{n+1} \tag{15.18}$$

が成り立つ。

## 15.5　課題 15.B の解決

例 15.3 と同じように，(15.2) で，$x^2 = X$ とおいて，

$$\sum_{m=0}^{\infty} \frac{(-1)^m}{(2m)!} X^m$$

を考えましょう。定理 15.2 を適用すると，$|a_m| = \dfrac{1}{(2m)!}$ なので，

$$\lim_{m \to \infty} \frac{\dfrac{1}{(2(m+1))!}}{\dfrac{1}{(2m)!}} = \lim_{m \to \infty} \frac{1}{(2m+2)(2m+1)} = 0$$

なので，$X$ についての整級数とみたときの収束半径は $\infty$ です。したがって，$x$ についての整級数 (15.2) の収束半径も $\infty$ になります。

定理 15.5 を用いると，

$$\int_0^x \sum_{m=0}^{\infty} \frac{(-1)^m}{(2m)!} \, t^{2m} \, dt = \sum_{m=0}^{\infty} \int_0^x \frac{(-1)^m}{(2m)!} \, t^{2m} \, dt$$

$$= \sum_{m=0}^{\infty} \left[ \frac{(-1)^m}{(2m)!(2m+1)} \, t^{2m+1} \right]_0^x = \sum_{m=0}^{\infty} \frac{(-1)^m}{(2m+1)!} \, x^{2m+1}$$

となります。

実際，課題 15.B の整級数 (15.2) は，

$$\sum_{m=0}^{\infty} \frac{(-1)^m}{(2m)!} x^{2m} = 1 - \frac{1}{2!} x^2 + \frac{1}{4!} x^4 - \frac{1}{6!} x^6 + \cdots$$

となり，(7.19) からもわかるように $\cos x$ のテイラー展開です。項別積

分して得られた整級数は,

$$\sum_{m=0}^{\infty} \frac{(-1)^m}{(2m+1)!}\, x^{2m+1} = x - \frac{1}{3!}x^3 + \frac{1}{5!}x^5 - \frac{1}{7!}x^7 + \cdots$$

ですから, $\sin x$ のテイラー展開 (7.18) になっています。

## 15.6 微分方程式への応用

独立変数を $x$ とする関数 $y = f(x)$ とその導関数 $y'$, $y''$, ... を含む関係式

$$\Omega(x, y, y', y'', \dots, y^{(k)}) = 0 \qquad (15.19)$$

を微分方程式といいます。ここで, $k$ は自然数です。未知関数 $y$ の第 $k$ 次の導関数 $y^{(k)}$ が最も微分の階数の高いものであれば, これを $k$ 階の微分方程式といいます。微分方程式の解とは, (15.19) を満たす関数のことです。付帯条件によって, 解はただ 1 つのこともありますし, 無限個ある場合もあります。また, 関数としての解は, 実数全体で定義される場合もありますし, ある区間のみで定義される場合もあります。

本書では, 微分方程式の一般的な内容を記述するのではなく, 例をあげて, 微分方程式の級数解法と呼ばれるものを紹介することに留めます[*1]。

**例 15.5** 微分方程式

$$y'' - 2xy' - 2y = 0 \qquad (15.20)$$

が整級数

$$y = f(x) = \sum_{n=0}^{\infty} a_n x^n \qquad (15.21)$$

を解に持つとします。定理 15.4 より

$$f'(x) = \sum_{n=1}^{\infty} n a_n x^{n-1}, \quad f''(x) = \sum_{n=2}^{\infty} n(n-1) a_n x^{n-2} \qquad (15.22)$$

---

[*1] 興味のある読者は巻末の関連図書 [3] などで学習をして下さい。

第 15 章　整級数・関数の表現　|　**275**

ですから，(15.22)，(15.21) を (15.20) に代入すると

$$\sum_{n=2}^{\infty} n(n-1)a_n x^{n-2} - 2x \sum_{n=1}^{\infty} na_n x^{n-1} - 2\sum_{n=0}^{\infty} a_n x^n$$

$$= \sum_{n=0}^{\infty}(n+2)(n+1)a_{n+2}x^n - 2\sum_{n=1}^{\infty} na_n x^n - 2\sum_{n=0}^{\infty} a_n x^n$$

$$= \sum_{n=0}^{\infty}\left((n+2)(n+1)a_{n+2} - (2n+2)a_n\right)x^n = 0 \qquad (15.23)$$

となります。

　整級数 (15.21) の係数をあたえる数列 $\{a_n\}$ は，(15.23) から，漸化式

$$a_{n+2} = \frac{2}{n+2}a_n, \quad n \geqq 0 \qquad (15.24)$$

をみたすことが示されます。漸化式 (15.24) によって，$a_0 = 1$，$a_1 = 0$ ととれば，奇数番目をすべて $0$ にとって，偶数番目を $a_{2m} = \dfrac{1}{m!}$ とした整級数解が得られ，$a_0 = 0$，$a_1 = 1$ ととれば，偶数番目をすべて $0$ にとって，奇数番目を $a_{2m+1} = \dfrac{2^{2m}m!}{(2m+1)!}$ とした整級数解が得られます。すなわち，

$$y_1(x) = \sum_{m=0}^{\infty} \frac{1}{m!}x^{2m}, \quad y_2(x) = \sum_{m=0}^{\infty} \frac{2^{2m}m!}{(2m+1)!}x^{2m+1} \qquad (15.25)$$

を得ることができます。

　しかしながら，(15.25) で得られた整級数が，ある区間での関数になっているかどうかわかりません。もしかしたら，収束半径が，$0$ であるかもしれません。そこで，本章で学習した判定法を用いて，(15.25) の整級数の収束半径を調べましょう。$y_2(x)$ に関しましては，$y_2(x) = x\sum_{m=0}^{\infty} \dfrac{2^{2m}m!}{(2m+1)!}x^{2m}$ とみます。$y_2(x)$ の収束半径と，$\sum_{m=0}^{\infty} \dfrac{2^{2m}m!}{(2m+1)!}x^{2m}$ の収束半径は同じであることに注意しましょう。例 15.3 や課題 15.B にならって，$X = x^2$ と

して，

$$y_1(x) = \sum_{m=0}^{\infty} \frac{1}{m!} X^m, \quad y_2(x) = x \sum_{m=0}^{\infty} \frac{2^{2m} m!}{(2m+1)!} X^m \tag{15.26}$$

と表して，定理 15.2 を用いると，$y_1(x)$ については，

$$\lim_{m \to \infty} \frac{\dfrac{1}{(m+1)!}}{\dfrac{1}{m!}} = \lim_{m \to \infty} \frac{1}{m+1} = 0$$

ですから，$X$ の整級数としての収束半径は $\infty$ です。したがって，$y_1(x)$ の収束半径も $\infty$ になります。$y_2(x)$ については，

$$\lim_{m \to \infty} \frac{\dfrac{2^{2(m+1)}(m+1)!}{(2(m+1)+1)!}}{\dfrac{2^{2m} m!}{(2m+1)!}} = \lim_{m \to \infty} \frac{2^2(m+1)}{(2m+3)(2m+2)} = \lim_{m \to \infty} \frac{2}{2m+3} = 0$$

なので，$X$ の整級数としての収束半径は $\infty$ で，$y_2(x)$ の収束半径も $\infty$ になります。

## 15.7 課題 15.C の解決

例 15.5 にならって解決を試みましょう。求める整級数解を

$$y = f(x) = \sum_{n=0}^{\infty} a_n x^n \tag{15.27}$$

とおきます。定理 15.4 から，$f'(x) = \sum_{n=1}^{\infty} n a_n x^{n-1}$ ですから，これらを微分方程式 (15.3) に代入すると

$$\sum_{n=1}^{\infty} n a_n x^{n-1} - 2 \sum_{n=0}^{\infty} a_n x^n = \sum_{n=0}^{\infty} (n+1) a_{n+1} x^n - 2 \sum_{n=0}^{\infty} a_n x^n$$

$$= \sum_{n=0}^{\infty} \big((n+1)a_{n+1} - 2a_n\big)x^n = 0 \quad (15.28)$$

となります。したがって，整級数 (15.27) の係数をあたえる数列 $\{a_n\}$ は，(15.28) から，漸化式

$$a_{n+1} = \frac{2}{n+1}a_n, \quad n \geqq 0 \tag{15.29}$$

をみたすことがわかります。課題 15.C の付帯条件の $y(0) = \alpha\ (\neq 0)$ から，漸化式 (15.29) を用いて，$a_n = \dfrac{2^n}{n!}\alpha$ とした整級数解が得られます。すなわち，

$$y(x) = \sum_{n=0}^{\infty}\left(\frac{2^n}{n!}\alpha\right)x^n \tag{15.30}$$

を得ます。この整級数解 (15.30) の収束半径を定理 15.2 を利用して求めましょう。

$$\lim_{n\to\infty} \frac{\dfrac{2^{n+1}}{(n+1)!}}{\dfrac{2^n}{n!}} = \lim_{n\to\infty}\frac{2}{n+1} = 0$$

ですから，収束半径は $\infty$ になります。

実際，(15.30) より，

$$y(x) = \sum_{n=0}^{\infty}\left(\frac{2^n}{n!}\alpha\right)x^n = \alpha\sum_{n=0}^{\infty}\frac{1}{n!}(2x)^n$$

$$= \alpha\left(1 + 2x + \frac{1}{2!}(2x)^2 + \frac{1}{3!}(2x)^3 + \cdots\right)$$

ですから，(7.17) より，$y(x) = \alpha e^{2x}$ になっていることがわかります。

**演習問題**

## A

1. 以下の整級数の収束半径を求めよ。

(1) $\displaystyle\sum_{n=0}^{\infty} 5^n x^n$ (2) $\displaystyle\sum_{n=0}^{\infty} \frac{e^{\frac{n}{2}}}{n!} x^n$

2. 以下の整級数の収束半径を求めよ。

(1) $\displaystyle\sum_{n=0}^{\infty} \frac{(n!)^2}{(2n)!} x^n$ (2) $\displaystyle\sum_{n=0}^{\infty} \left(\frac{1}{3}\right)^n x^{2n+1}$

3. 次の整級数の収束半径を求めよ。

$$\sum_{n=0}^{\infty} \frac{1}{\sqrt[n]{n!}} x^n$$

4. 項別積分を利用して，$\log(x+1) = \displaystyle\sum_{n=1}^{\infty} \frac{(-1)^{n-1}}{n} x^n$, $|x| < 1$ を導け。

## B

1. $\tan^{-1} x$ の $|x| < 1$ におけるテイラー展開を求めよ。

2. フィボナッチ数列 $\{a_n\}$, $a_0 = a_1 = 1$, $a_{n+1} = a_n + a_{n-1}$ $(n \geqq 1)$ を係数にもつ整級数 $\displaystyle\sum_{n=0}^{\infty} a_n x^n$ の収束半径を求めよ。

# 演習問題の解答

第 1 章

A

1. (1) 上限 1, 下限 $\dfrac{2}{3}$　　(2) 上限 $\infty$, 下限 2

2. (1) $\sqrt[3]{e}$　　(2) $e^2$

3. 下極限 $-2$, 上極限 2

4. $a_n = \sqrt[n]{2}$ とおくと, $\sqrt[n+1]{2} < \sqrt[n]{2}$ なので, $a_n$ は, 単調減少です。また, $\sqrt[n]{2} > 1$ なので, $a_n$ は下に有界です。したがって, 定理 1.5 より, $\lim\limits_{n \to \infty} a_n = \alpha \geqq 1$ が存在します。仮に, $\alpha > 1$ とすると, $h = \alpha - 1 > 0$ なので $a_n > 1 + h$, $2 > (1+h)^n > nh$ がすべての $n$ に対して成り立つことになります。しかし, $n \to \infty$ のとき, $nh \to \infty$, なのでこれは矛盾です。ゆえに, $\alpha = 1$ となります。

B

1. $a_n - \alpha = b_n$ とすると,

$$A_n - \alpha = \frac{a_1 + a_2 + \cdots + a_n}{n} - \alpha = \frac{(a_1 - \alpha) + (a_2 - \alpha) + \cdots + (a_n - \alpha)}{n}$$
$$= \frac{b_1 + b_2 + \cdots + b_n}{n}$$

です。$\lim\limits_{n \to \infty} a_n = \alpha$ より, $\lim\limits_{n \to \infty} b_n = 0$ ですから, 任意の $\varepsilon > 0$ に対して, ある自然数 $N$ があって, $n > N$ について, $|b_n| < \dfrac{\varepsilon}{2}$ となります。ここで, $|b_1 + b_2 + \cdots + b_N| = K$ とおいて, $N_1 > N$ を, $N_1 > \dfrac{2K}{\varepsilon}$ ととれば, $n > N_1$ に対して,

$$|A_n - \alpha| = \left| \frac{b_1 + b_2 + \cdots + b_n}{n} \right|$$
$$\leqq \left| \frac{b_1 + b_2 + \cdots + b_N}{n} \right| + \left| \frac{b_{N+1} + b_{N+2} + \cdots + b_n}{n} \right|$$
$$< \left| \frac{K}{N_1} \right| + \frac{n - N}{n} \cdot \frac{\varepsilon}{2} < \frac{\varepsilon}{2} + \frac{\varepsilon}{2} = \varepsilon$$

となって，$\displaystyle \lim_{n\to\infty} A_n = \alpha$ が示されました。

2. 前問 B-1 を参考にして，数列 $\{a_n\}$ に対して，

$$A_n = \frac{a_1 + a_2 + \cdots + a_n}{n}$$

とすると，$\displaystyle \lim_{n\to\infty} a_n = \infty$ ならば，$\displaystyle \lim_{n\to\infty} A_n = \infty$ が示されます。$\log \sqrt[n]{n!} = \dfrac{\log 1 + \log 2 + \cdots + \log n}{n}$ ですから，$\displaystyle \lim_{n\to\infty} \log n = \infty$ なので，$\displaystyle \lim_{n\to\infty} \log \sqrt[n]{n!} = \infty$ です。したがって，問題の極限は $\displaystyle \lim_{n\to\infty} \sqrt[n]{n!} = \infty$ となります。

第 2 章

A

1. (1) $-\dfrac{7}{4}$    (2) $-2\sqrt{2}$

2. (1) $\dfrac{1}{3}$    (2) 2

3. 2

4. $f(x) = 3^x + x$ とおくと，$f(x)$ は，$[-1, 0]$ で連続です。$f(-1) = \dfrac{1}{3} - 1 = -\dfrac{2}{3}$, $f(0) = 1$ ですから，定理 2.4（中間値の定理）より，$-\dfrac{2}{3} < \alpha < 1$ なる任意の $\alpha$ に対して，$f(x) = \alpha$ となる $x$ が $(-1, 0)$ の中に少なくともひとつ存在することがいえます。$\alpha = 0$ と，とることで，題意は証明されたことになります。

B

1. $a$ を任意の実数とします。差を積に直す公式

$$\cos x - \cos a = -2 \sin \frac{x+a}{2} \sin \frac{x-a}{2}$$

と (2.15) を用いれば，

$$|\cos x - \cos a| = 2\left| \sin \frac{x+a}{2} \sin \frac{x-a}{2} \right|$$

$$\leqq 2\left| \sin \frac{x+a}{2} \right|\left| \frac{x-a}{2} \right| \leqq |x-a|$$

となり，$\cos x$ は，実数全体で連続です。

2. $E$ 上に 2 点 P, Q をとって $\ell$ を 2 等分しておきます。直線 PQ と $x$ 軸とのなす角を $\theta_0$ とします。直線 PQ によって，$E$ は 2 つの部分に分けられてい

ます。このうちで P から Q へ反時計回りに向かう周側にある面積を $A(\theta_0)$ とします。P, Q を周上で反時計回りに同じだけ動かして P′, Q′ へ移動させます。このとき，$x$ 軸とのなす角が $\theta$ へと変わります。周は 2 等分されたままです。P′, Q′ をあらためて $\mathrm{P}_\theta$, $\mathrm{Q}_\theta$ と書きましょう。同様に，$\mathrm{P}_\theta$ から $\mathrm{Q}_\theta$ へ反時計回りに向かう周側にある面積を $A(\theta)$ とします。このとき，$A(\theta)$ は，$\theta$ についての連続関数になります。$A(\theta_0) = \dfrac{S}{2}$ であれば，題意は示されています。$A(\theta_0) < \dfrac{S}{2}$ としましょう。$\theta_0$ から $\pi$ 動かすと，直線 PQ で $S$ を分けたときと部分が入れ代わりますから $A(\theta_0 + \pi) > \dfrac{S}{2}$ となります。したがって，定理 2.4（中間値の定理）より，$A(\theta) = \dfrac{S}{2}$ となる $\theta$ が存在します。$A(\theta_0) > \dfrac{S}{2}$ の場合も同様に説明ができます。

## 第 3 章

### A

1. (1) $x = \dfrac{2y+1}{y}$, $y \neq 0$    (2) $x = -\dfrac{1}{2}\left(\sqrt{y} - 3\right)$, $y \geqq 0$

2. (1) $\dfrac{\pi}{3}$    (2) $-\dfrac{\pi}{4}$

3. $(f \circ g)(x) = \dfrac{3x^2+1}{x^2}$, $(g \circ f)(x) = \dfrac{1}{(x+3)^2}$

4. $\dfrac{1+\sqrt{5}}{2}$, $\dfrac{1-\sqrt{5}}{2}$, $-1$, $0$

### B

1. $g(x) = \dfrac{f(x)+f(-x)}{2}$, $h(x) = \dfrac{f(x)-f(-x)}{2}$ とおくと，$g(-x) = \dfrac{f(-x)+f(x)}{2} = g(x)$, $h(-x) = \dfrac{f(-x)-f(x)}{2} = -h(x)$ となり，$g(x)$ は偶関数，$h(x)$ は奇関数になります。$g(x) + h(x) = f(x)$ ですから，題意は証明されました。

2. 逆正接関数 $\tan^{-1} x$ の性質から，$0 < \beta < \alpha < \dfrac{\pi}{2}$ なる $\alpha$, $\beta$ を選んで，$\alpha = \tan^{-1}\dfrac{1}{5}$, $\beta = \tan^{-1}\dfrac{1}{239}$ とすることができます。このとき，$\tan\alpha = \dfrac{1}{5}$,

$\tan\beta = \dfrac{1}{239}$ です。課題は，$\dfrac{\pi}{4} = 4\alpha - \beta$ を示すことです。正接についての加法定理 $\tan(x+y) = \dfrac{\tan x + \tan y}{1 - \tan x \tan y}$ を用いて，$\tan 2\alpha = \dfrac{2\tan\alpha}{1-\tan^2\alpha} =$

$\dfrac{5}{12}$，$\tan 4\alpha = \dfrac{2\tan 2\alpha}{1-\tan^2 2\alpha} = \dfrac{2\cdot\dfrac{5}{12}}{1-\left(\dfrac{5}{12}\right)^2} = \dfrac{120}{119}$ を得ます。$\tan 2\alpha < 1$ より，$2\alpha < \dfrac{\pi}{4}$ であり，$\tan 4\alpha > 1$ より，$\dfrac{\pi}{4} < 4\alpha < \dfrac{\pi}{2}$ がわかります。したがって，$0 < 4\alpha - \beta < \dfrac{\pi}{2}$ がいえます。再び加法定理を用いると，

$$\tan(4\alpha - \beta) = \dfrac{\tan 4\alpha - \tan\beta}{1 + \tan 4\alpha \tan\beta} = \dfrac{\dfrac{120}{119} - \dfrac{1}{239}}{1 + \dfrac{120}{119}\cdot\dfrac{1}{239}}$$
$$= \dfrac{28680 - 119}{28441 + 120} = \dfrac{28561}{28561} = 1$$

なので，$4\alpha - \beta = \dfrac{\pi}{4}$ が示せました。

第 4 章

A

1. (1) 2  (2) $\dfrac{1}{3}$

2. (1) $y = 6x + 3$  (2) $y = -2x + 1$

3. $y = -x - 4$

4. 定義式に基づいて，計算します。

$$y' = \lim_{h\to 0}\dfrac{\dfrac{1}{x+h}-\dfrac{1}{x}}{h} = \lim_{h\to 0}\dfrac{1}{h}\left(\dfrac{-h}{(x+h)x}\right) = \lim_{h\to 0}\dfrac{-1}{(x+h)x} = -\dfrac{1}{x^2}$$

となります。

B

1. $3f'(a)$（微分係数の定義に基づいて，与式を変形します。

$$\lim_{h\to 0}\dfrac{f(a+2h)-f(a-h)}{h}$$

$$= \lim_{h \to 0} \frac{f(a+2h) - f(a) + f(a) - f(a-h)}{h}$$

$$= 2 \lim_{h \to 0} \frac{f(a+2h) - f(a)}{2h} + \lim_{h \to 0} \frac{f(a-h) - f(a)}{-h} = 3f'(a)$$

となります。)

2. 求める接線の接点を $(\alpha, \alpha^3 - 4\alpha)$ とおきます。$f'(x) = 3x^2 - 4$ なので，求める接線の方程式は，(4.8) より $y - (\alpha^3 - 4\alpha) = (3\alpha^2 - 4)(x - \alpha)$，すなわち，$y = (3\alpha^2 - 4)x - 2\alpha^3$ となります。この直線が，点 $(2, -4)$ を通るから，$\alpha^3 - 3\alpha^2 + 2 = 0$ です。$\alpha^3 - 3\alpha^2 + 2 = (\alpha - 1)(\alpha^2 - 2\alpha - 2)$ なので，$\alpha = 1$, $\alpha = 1 - \sqrt{3}$, $\alpha = 1 + \sqrt{3}$ を得ます。したがって，求める接線の方程式は，$y = -x - 2$, $y = (6\alpha + 2)x - 12\alpha - 8$, $\alpha = 1 \pm \sqrt{3}$ となります。実際，後半の式は，$y = \left(8 - 6\sqrt{3}\right)x + 12\sqrt{3} - 20$, $y = \left(8 + 6\sqrt{3}\right)x - 12\sqrt{3} - 20$ となります。

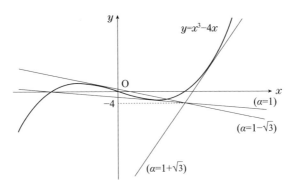

第 5 章

A

1. (1) $2\cos 2x \cos 3x - 3\sin 2x \sin 3x$ (2) $-\dfrac{1}{e^x}$

2. (1) $(\cos x - \sin^2 x)e^{\cos x}$ (2) $\dfrac{2^x(\log 2 + 3^x \log 2 - 3^x \log 3)}{(1 + 3^x)^2}$

3. $\dfrac{1}{\cos^2 x \sqrt{1 - \tan^2 x}}$

4. $x^{x^2}(x + 2x\log x)$（対数を考えれば，$\log y = \log x^{x^2} = x^2 \log x$ です。両辺

を微分して，$\dfrac{y'}{y} = 2x\log x + x^2\dfrac{1}{x} = 2x\log x + x$ となります。したがって，

$y' = y(x + 2x\log x) = x^{x^2}(x + 2x\log x)$ を得ます。）

## B

1. $\tan^{-1}x = \alpha$ とおけば，$x = \tan\alpha$ なので，

$\cos(\tan^{-1}x) = \cos\alpha = \dfrac{1}{\sqrt{1+\tan^2\alpha}} = \dfrac{1}{\sqrt{1+x^2}}$ となります。

したがって，$\qquad y' = -\dfrac{2x}{2\sqrt{1+x^2}}\dfrac{1}{1+x^2}$

となり，証明する式が得られます。

2. 定理 5.3（媒介変数表示についての微分公式）より，$\dfrac{dy}{dx} = \dfrac{(2\sin t)'}{(3\cos t)'} = \dfrac{2\cos t}{-3\sin t}$

なので，$t = \dfrac{\pi}{3}$ のときの導関数の値は，$-\dfrac{2}{3\sqrt{3}}$ です。接点の座標は，

$\left(3\cos\dfrac{\pi}{3}, 2\sin\dfrac{\pi}{3}\right) = \left(\dfrac{3}{2}, \sqrt{3}\right)$ です。したがって，定理 4.2 を用いれば，

求める接線の方程式は，$y = -\dfrac{2}{3\sqrt{3}}x + \dfrac{4}{\sqrt{3}}$ となります。

## 第 6 章

### A

1. (1) $x > 3$　　(2) $x > \dfrac{1}{e}$

2. (1) 極値はない（導関数は $y' = 3x^2 - 12x + 12 = 3(x-2)^2 \geqq 0$ なので，符号が変わる点は存在しません。したがって，増加から減少（または減少から増加）に変わる点は存在しません。）

   (2) 極大値 $\dfrac{1}{4}$ $(x=2)$，極小値 $-\dfrac{1}{4}$ $(x=-2)$（導関数は $y' = -\dfrac{(x-2)(x+2)}{(x^2+4)^2}$ なので，$y'$ の分母は常に正です。したがって，導関数の分子の零点，$x = -2$，$x = 2$ のところで符号が変化します。実際，$x < -2$，$x > 2$ のとき，$y' < 0$ なので，ここで題意の関数は減少します。また，$-2 < x < 2$ のとき，$y' > 0$ なので，ここで増加します。以上より，$x = -2$ のとき，極小値 $-\dfrac{1}{4}$ をもち，$x = 2$ のとき，極大値 $\dfrac{1}{4}$ をとります。）

3. $a = 4$（関数 $f(x)$ の導関数を計算すると，$f'(x) = \dfrac{x^2 - 6x + 9 - a}{(x-3)^2}$ となり

ます。実際，$f'(1) = \dfrac{4-a}{4}$ なので，$a = 4$ とすると，$x = 1$ が極値をあたえ

る点の候補となります。$a = 4$ とすると，$f'(x) = \dfrac{(x-1)(x-5)}{(x-3)^2}$ なので，

$x < 1$ では，関数は増加し，$1 < x < 5$ の範囲で関数は減少します（$x = 3$ は

不連続点です）。したがって，このとき $f(x)$ は，$x = 1$ で極大値をもつこと

がわかります。）

4. グラフは以下のようになります。関数 $f(x)$ の導関数，2 階導関数を計算す

る と，$f'(x) = \dfrac{3x-4}{x^3}$，$f''(x) = -\dfrac{6(x-2)}{x^4}$ となります。$f'(x) = 0$ となる

点は，$x = \dfrac{4}{3}$ であり，$f''(x) = 0$ となる点は，$x = 2$ です。それぞれの符号

を調べて，増減表を書くと，次のようになります。

| $x$ | $\cdots$ | $0$ | $\cdots$ | $\dfrac{4}{3}$ | $\cdots$ | $2$ | $\cdots$ |
|---|---|---|---|---|---|---|---|
| $f'(x)$ | $+$ | | $-$ | $0$ | $+$ | $+$ | $+$ |
| $f''(x)$ | $+$ | | $+$ | $+$ | $+$ | $0$ | $-$ |
| $f(x)$ | ↗ | | ↘ | 極小 | ↗ | 変曲点 | ↗ |

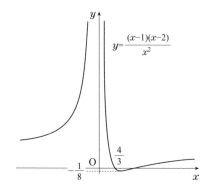

B

1. $f(x) = e^x$ とすれば，$f(x)$ は微分可能で，$f'(x) = e^x > 0$ より単調増加で

す。区間 $[a, b]$ において，定理 6.3（平均値の定理）を適用すれば，ある $c$,

$a < c < b$ があって，$f'(c) = \dfrac{e^b - e^a}{b - a}$ が成り立ちます。関数 $f(x)$ は単調増

加で $f'(c) = f(c)$ なので, $f(a) < f(c) = f'(c) < f(b)$ が得られます。これは証明する不等式に他なりません。

2. $f(x) = a^{p(1-x)}b^{qx}$ とおきます。このとき,

$$f'(x) = -(p\log a - q\log b)a^{p(1-x)}b^{qx},$$
$$f''(x) = (p\log a - q\log b)^2 a^{p(1-x)}b^{qx}$$

となります。特に, $f''(x) \geqq 0$ となり, 関数は下に凸になります。区間 $[0,1]$ で凸性を使いましょう。実際, (6.15) において, $x_1 = 0$, $x_2 = 1$ とし, この区間の $x$ を $x = t\cdot 0 + (1-t)\cdot 1$ とすれば, $f(x) \leqq tf(0) + (1-t)f(1) = ta^p + (1-t)b^q$ が成り立ちます。ここで, $t = \dfrac{1}{p}$, $1-t = \dfrac{1}{q}$ とすれば, $f(x) = f(1-t) = f\left(\dfrac{1}{q}\right) = ab$ なので, 証明する不等式が得られました。

## 第 7 章

### A

1. (1) $24x(5x^2 + 3)$　　(2) $\dfrac{10}{27x^2\sqrt[3]{x^2}}$

2. (1) $1 - \dfrac{x}{2} + \dfrac{3}{8}x^2 - \dfrac{5}{16}x^3 + \cdots$　　(2) $x + \dfrac{x^3}{3} + \cdots$

3. $0.92$（$f(x) = \cos 2x$ は原点の近くで何度も微分可能で, $f'(x) = -2\sin 2x$, $f''(x) = -4\cos 2x$ です。$f'(0) = 0$, $f''(0) = -4$ なので, $f(x) = \cos 2x \fallingdotseq 1 + \dfrac{(-4)}{2!}x^2$ となります。ゆえに, 上式で $x = 0.2$ を代入して, $1 - 2\cdot(0.2)^2 = 1 - 0.08 = 0.92$ が近似値として得られます。）

4. $2^x = 2\displaystyle\sum_{n=0}^{\infty} \dfrac{(\log 2)^n}{n!}(x-1)^n$（指数関数の高階微分の公式 (7.7) を用いて, $f^{(n)}(x) = (\log 2)^n 2^x$ であるから, (7.10) より, $f(x) = 2^x = 2 + (2\log 2)(x-1) + \dfrac{2(\log 2)^2}{2!}(x-1)^2 + \cdots + \dfrac{2(\log 2)^n}{n!}(x-1)^n + \cdots$ となります。）

### B

1. $\sinh x = \displaystyle\sum_{n=0}^{\infty} \dfrac{1}{(2n+1)!}x^{2n+1}$（双曲線関数の導関数は $(\sinh x)' = \dfrac{e^x + e^{-x}}{2} = $

$\cosh x$, $(\cosh x)' = \dfrac{e^x - e^{-x}}{2} = \sinh x$ なので, $n$ が奇数のときは, $(\sinh x)^{(n)} = \cosh x$ であり, $n$ が偶数のときは, $(\sinh x)^{(n)} = \sinh x$ になります。$\sinh 0 = 0$, $\cosh 0 = 1$ ですから, 求めるマクローリン展開は,

$\sinh x = \displaystyle\sum_{n=0}^{\infty} \dfrac{1}{(2n+1)!} x^{2n+1}$ となります。)

2. $e^a = \displaystyle\sum_{n=0}^{\infty} \dfrac{1}{n!} a^n$, $e^b = \displaystyle\sum_{n=0}^{\infty} \dfrac{1}{n!} b^n$ と表します。左辺は,

$$e^a e^b = \left(\sum_{n=0}^{\infty} \frac{1}{n!} a^n\right)\left(\sum_{n=0}^{\infty} \frac{1}{n!} b^n\right) = \sum_{n=0}^{\infty} \sum_{k=0}^{n} \frac{1}{(n-k)!} a^{n-k} \frac{1}{k!} b^k$$

$$= \sum_{n=0}^{\infty} \frac{1}{n!} \sum_{k=0}^{n} \frac{n!}{(n-k)! k!} a^{n-k} b^k = \sum_{n=0}^{\infty} \frac{1}{n!} (a+b)^n = e^{a+b}$$

となり右辺と一致します。

第 8 章

A

1. (1) $-\dfrac{1}{2}$ (2) $\dfrac{1}{4}$

2. (1) $0$ (2) $\infty$

3. $1$

4. $-1$

B

1. $-\dfrac{1}{3}$ (まず, 通分しましょう。$\dfrac{\sin^2 x - x^2}{x^2 \sin^2 x}$ となります。(7.18) を利用すれば, $\sin^2 x = \left(x - \dfrac{x^3}{6} + O(x^5)\right)^2 = x^2 - \dfrac{x^4}{3} + O(x^6)$ なので, $\sin^2 x - x^2 = -\dfrac{x^4}{3} + O(x^6)$ となります。したがって,

$$\lim_{x\to 0} \frac{\sin^2 x - x^2}{x^2 \sin^2 x} = \lim_{x\to 0} \frac{-\dfrac{x^4}{3} + O(x^6)}{x^4 - \dfrac{x^6}{3} + O(x^8)} = -\frac{1}{3}$$

を得ます。)

2. $e$ (まず, $\dfrac{1}{x} = t$ とおいて, 与式を書き代えると, $x \to \infty$ のとき, $t \to +0$ な

ので $\displaystyle\lim_{t \to +0} (\cos t + \sin t)^{\frac{1}{t}}$ となります。ここで, $\displaystyle\lim_{t \to +0} \log\left((\cos t + \sin t)^{\frac{1}{t}}\right)$

を求めましょう。ロピタルの定理を用いて,

$$\lim_{t \to +0} \frac{(\log(\cos t + \sin t))'}{t'} = \lim_{t \to +0} \frac{-\sin t + \cos t}{\cos t + \sin t} = 1$$

なので, 求める極限は $e$ となります。)

第 9 章

A

1. (1) $\dfrac{2}{15}\sqrt{x}(3x^2 - 10x + 15)$　　(2) $3\sqrt[3]{x^2} + \dfrac{6}{7}\sqrt[6]{x^7}$

2. (1) $\dfrac{1}{2}\sin x + \dfrac{1}{10}\sin 5x$　　(2) $-\dfrac{3}{8}\cos 2x + \dfrac{1}{24}\cos 6x$

3. $\sin^{-1}(x - 2)$

4. $\dfrac{1}{2}\tan^{-1}\dfrac{x + 3}{2}$

B

1. $\dfrac{1}{2}\log\left|\dfrac{x^2 - 1}{x^2}\right|$ （被積分関数を部分分数展開すると,

$$-\frac{1}{x} + \frac{1}{2}\frac{1}{x - 1} + \frac{1}{2}\frac{1}{x + 1}$$

となります。したがって求める積分は

$$\int \frac{1}{x(x - 1)(x + 1)}\,dx = -\log|x| + \frac{1}{2}\log|x - 1| + \frac{1}{2}\log|x + 1|$$

$$= \frac{1}{2}\log\left|\frac{x^2 - 1}{x^2}\right|$$

と求まります。)

2. $\dfrac{1}{6}\cos\dfrac{3}{2}x - \dfrac{3}{2}\cos\dfrac{x}{2}$ （3 倍角の公式より,

$$\int \sin^3\frac{x}{2}\,dx = \frac{1}{4}\int\left(-\sin\frac{3}{2}x + 3\sin\frac{x}{2}\right)dx$$

$$= \frac{1}{6}\cos\frac{3}{2}x - \frac{3}{2}\cos\frac{x}{2}$$

となります。)

## 第 10 章

### A

**1.** (1) $\frac{1}{4}(x^3+1)^4$　(2) $\frac{2}{3}(x-4)\sqrt{x+2}$

**2.** (1) $-(x+4)e^{-x}$　(2) $\frac{1}{2}x\cos 2x + \frac{1}{4}(2x^2-1)\sin 2x$

**3.** $\log\log x \cdot \log\log\log x - \log\log x$

**4.** $-3\tan^{-1}x + \frac{1}{2}\log(x^2+1)$

### B

**1.** $\log\left|\dfrac{1+\tan\dfrac{x}{2}}{1-\tan\dfrac{x}{2}}\right|$ $\left(\tan\dfrac{x}{2}=t$ とおくと, $\cos x = \dfrac{1-t^2}{1+t^2}$, $dx = \dfrac{2}{1+t^2}\,dt$ なので

$$\int \frac{1}{\cos x}\,dx = \int \frac{1+t^2}{1-t^2}\cdot\frac{2}{1+t^2}\,dt = \int \frac{2}{1-t^2}\,dt$$

$$= \int\left(\frac{1}{t+1}-\frac{1}{t-1}\right)dt = \log\left|\frac{1+t}{1-t}\right| = \log\left|\frac{1+\tan\dfrac{x}{2}}{1-\tan\dfrac{x}{2}}\right|$$

となります。)

**2.** 部分積分を用いて, $I_n = x(\log x)^n - \displaystyle\int x((\log x)^n)'\,dx = x(\log x)^n - \displaystyle\int nx(\log x)^{n-1}\cdot\frac{1}{x}\,dx = x(\log x)^n - nI_{n-1}$ となります。

## 第 11 章

### A

**1.** (1) $\dfrac{25}{2}$　(2) $\log 2$

**2.** (1) $8\pi$　(2) $-\dfrac{1}{2}$

3. $2(e-1)$

4. $F'(x) = \displaystyle\int_0^x f(t)\,dt$

**B**

1. $\displaystyle\int_0^{\frac{\pi}{2}} \cos^n x\,dx$ において，$\dfrac{\pi}{2}-x=t$ とおくと，$t$ の積分範囲は，$\dfrac{\pi}{2}$ から $0$ に変わり，$-dx = dt$ に注意すれば，

$$\int_0^{\frac{\pi}{2}} \cos^n x\,dx = \int_{\frac{\pi}{2}}^0 \cos^n\left(\frac{\pi}{2}-t\right)(-dt) = \int_0^{\frac{\pi}{2}} \sin^n t\,dt$$

となります。定積分の値は積分変数には無関係なので，問題の等式は証明されました。

2. 積分区間の $x$，すなわち $0<x<1$ においては，$x^2 > x^3$ なので，$\displaystyle\int_0^1 \frac{1}{1+x^2}\,dx < \int_0^1 \frac{1}{1+x^3}\,dx$ が成り立ちます。ここで，$\displaystyle\int_0^1 \frac{1}{1+x^2}\,dx = \left[\tan^{-1} x\right]_0^1 = \tan^{-1} 1 - \tan^{-1} 0 = \dfrac{\pi}{4}$ ですから，問題の不等式が得られました。

第 12 章

**A**

1. (1) 存在しない　　(2) $2\sqrt{2}$

2. (1) 3　　(2) $\dfrac{\pi}{\sqrt{2}}$

3. 任意の自然数 $k$ に対して，$\displaystyle\int_{k\pi}^{(k+1)\pi} |\sin x|\,dx = \int_0^\pi \sin x\,dx = \left[-\cos x\right]_0^\pi = 2$ になります。任意の自然数 $n$ に対して，

$$\int_0^{n\pi} \frac{|\sin x|}{x}\,dx = \sum_{k=0}^{n-1} \int_{k\pi}^{(k+1)\pi} \frac{|\sin x|}{x}\,dx$$

$$\geqq \sum_{k=0}^{n-1} \frac{1}{(k+1)\pi} \int_{k\pi}^{(k+1)\pi} |\sin x|\,dx = \frac{2}{\pi} \sum_{k=0}^{n-1} \frac{1}{k+1}$$

調和級数の発散から，$\displaystyle\sum_{k=0}^{n-1} \frac{1}{k+1}$ は，$n \to \infty$ のとき限りなく大きくなりま

す。したがって，問題の広義積分は発散します。

4. $\dfrac{\log 3}{4}$ （まず，あたえられた式で $e^x = t$, $x = \log t$ とおくと，積分範囲は，1
から $\infty$ にかわり，$dx = \dfrac{1}{t} dt$ なので，$\displaystyle\int_1^\infty \dfrac{1}{t^2 + 2} \cdot \dfrac{1}{t} \, dt$ となります。

部分分数展開をすると，$\dfrac{1}{t^2 + 2} \cdot \dfrac{1}{t} = \dfrac{1}{2}\left(\dfrac{1}{t} - \dfrac{t}{t^2 + 2}\right)$ なので，

$$\lim_{A \to \infty} \int_1^A \frac{1}{2}\left(\frac{1}{t} - \frac{t}{t^2 + 2}\right) dt$$

$$= \lim_{A \to \infty} \frac{1}{2}\left[\log t - \frac{1}{2}\log(t^2 + 2)\right]_1^A = \lim_{A \to \infty} \frac{1}{2}\left[\log \frac{t}{\sqrt{t^2 + 2}}\right]_1^A$$

$$= \frac{1}{2}\left(\lim_{A \to \infty} \log \frac{A}{\sqrt{A^2 + 2}} - \log \frac{1}{\sqrt{3}}\right) = \frac{\log 3}{4}$$

と求まります。）

**B**

1. 2 章 (2.14) にあるように，$\displaystyle\lim_{x \to 0} \dfrac{\sin x}{x} = 1$ なので，$\displaystyle\int_0^1 \dfrac{\sin x}{x} \, dx$ は，存在します。したがって，$\displaystyle\int_1^\infty \dfrac{\sin x}{x} \, dx$ の収束を示せばよいことになります。部分積分 (11.25) を用いて，

$$\int_1^A \frac{\sin x}{x} \, dx = \left[\frac{-\cos x}{x}\right]_1^A - \int_1^A \frac{\cos x}{x^2} \, dx$$

と表して，右辺のそれぞれの項の $A \to \infty$ のときの収束を示します。まず
第 1 項は，$\displaystyle\lim_{A \to \infty}\left(-\dfrac{\cos A}{A} + \cos 1\right) = \cos 1$ ですから，収束します。また，

$$\lim_{A \to \infty}\left|\int_1^A \frac{\cos x}{x^2} \, dx\right| \leqq \lim_{A \to \infty} \int_1^A \left|\frac{\cos x}{x^2}\right| \, dx \leqq \lim_{A \to \infty} \int_1^A \frac{1}{x^2} \, dx$$ となりますから，例 12.5 より第 2 項の積分は絶対収束します。以上より，問題の広義積分は収束することが示されました。

2. ベータ関数の定義式 (12.18) $B(p, q) = \displaystyle\int_0^1 x^{p-1}(1 - x)^{q-1} \, dx$ において，$x = \sin^2 t$ とおけば，積分範囲は，0 から $\dfrac{\pi}{2}$ にかわり，$dx = 2\sin t \cos t \, dt$

なので,

$$B(p,q) = \int_0^{\frac{\pi}{2}} (\sin^2 t)^{p-1} (1 - \sin^2 t)^{q-1} \cdot (2\sin t \cos t) \, dt$$

$$= 2\int_0^{\frac{\pi}{2}} (\sin t)^{2p-1} (\cos t)^{2q-1} \, dt$$

となり,問題の等式は証明されました。

第 13 章

A

1. (1) $\dfrac{206}{15}\pi$    (2) $6\pi$

2. (1) $8$（加法定理 $\cos t = 1 - 2\sin^2 \dfrac{t}{2}$ を使います。）

   (2) $\dfrac{2}{27}\big(11\sqrt{22} - 4\big)$

3. $\dfrac{9\pi^3}{4}$

4. $\dfrac{9\pi}{4}$

B

1. $\dfrac{16}{105}\pi$（求める体積は,$\pi\displaystyle\int_0^1 y^2 \, dx$ です。置換積分によってこの積分を $t$ の積分に書き変えます。$x = 0$ のとき,$t = \dfrac{\pi}{2}$,$x = 1$ のとき,$t = 0$ ですから,$dx = 3\cos^2 t(-\sin t) \, dt$ に注意すると

$$\pi \int_0^1 y^2 \, dx = \pi \int_{\frac{\pi}{2}}^0 (\sin^3 t)^2 \cdot 3\cos^2 t(-\sin t) \, dt$$

$$= 3\pi \int_0^{\frac{\pi}{2}} \sin^7 t \cos^2 t \, dt$$

$$= 3\pi \int_0^{\frac{\pi}{2}} \sin^7 t (1 - \sin^2 t) \, dt$$

$$= 3\pi \left( \int_0^{\frac{\pi}{2}} \sin^7 t \, dt - \int_0^{\frac{\pi}{2}} \sin^9 t \, dt \right)$$

となります。ここで，11 章で学習した漸化式 (11.28) を用いれば，

$$\int_0^{\frac{\pi}{2}} \sin^7 t \, dt = \frac{6}{7} \cdot \frac{4}{5} \cdot \frac{2}{3} \cdot 1 = \frac{48}{105}, \quad \int_0^{\frac{\pi}{2}} \sin^9 t \, dt = \frac{8}{9} \cdot \frac{6}{7} \cdot \frac{4}{5} \cdot \frac{2}{3} \cdot 1 = \frac{384}{945}$$

なので，求める体積は $3\pi \left( \dfrac{48}{105} - \dfrac{384}{945} \right) = \dfrac{16}{105}\pi$ となります。)

2. 三角錐 $T$ の頂点 O から底面におろした垂線の足を P として直線 OP を $x$ 軸，O を原点，P を $x = h$ と設定しましょう。OP ($x$ 軸) 上に点 $x$ をとって，$x$ を通り底面と平行な平面で $T$ を切ったときの断面を $S$ とすれば，$S$ は底面と相似な三角形（相似比 $\dfrac{x}{h}$）なので，断面積 $S(x)$ は，$S(x) = \left( \dfrac{x}{h} \right)^2 D$ と表されます。したがって，求める体積 $V$ は，$\displaystyle\int_0^h S(x) \, dx = \int_0^h \frac{x^2}{h^2} D \, dx = \frac{D}{h^2} \left[ \frac{x^3}{3} \right]_0^h = \frac{1}{3}Dh$ と求まります。

## 第 14 章

### A

1. (1) 発散（分母の有理化をして，与式 $= \displaystyle\lim_{n \to \infty} \sum_{k=1}^n (\sqrt{k+1} - \sqrt{k})$ を使います。）

   (2) 収束（$\dfrac{1}{n^2 + 1} < \dfrac{1}{n^2}$ を用いて，定理 14.4（比較定理）を使います。）

2. (1) 収束（定理 14.5（ダランベールの判定法）を適用します。）

   (2) 収束（一般調和級数の性質，例 14.3，を用います。）

3. 収束（定理 14.7（交項級数）を用います。）

4. 絶対収束しない（一般調和級数の性質，例 14.3，を用います。）

### B

1. 数列 $\{a_n\}$ は，正値減少数列なので，$a_n \geqq a_{n+1}$ より，$a_{n+1} = \sqrt{a_{n+1}^2} \leqq \sqrt{a_n a_{n+1}}$ です。定理 14.4（比較定理）より，$\displaystyle\sum_{n=1}^\infty \sqrt{a_n a_{n+1}}$ が収束しますから，$\displaystyle\sum_{n=1}^\infty a_{n+1}$ も収束します。したがって，$\displaystyle\sum_{n=1}^\infty a_n$ も収束します。

2. 相加平均・相乗平均の関係から，$\left| \dfrac{a_n}{n} \right| = \sqrt{a_n^2 \cdot \dfrac{1}{n^2}} \leqq \dfrac{1}{2} \left( a_n^2 + \dfrac{1}{n^2} \right)$ です。

一般調和級数の性質，例 14.3 を用いれば，級数 $\displaystyle\sum_{n=1}^{\infty} \frac{1}{n^2}$ は収束します。また，仮定から $\displaystyle\sum_{n=1}^{\infty} a_n^2$ が収束します。したがって，定理 14.4（比較定理）から，級数 $\displaystyle\sum_{n=1}^{\infty} \left|\frac{a_n}{n}\right|$ は収束することがわかります。

## 第 15 章

### A

1. (1) $\dfrac{1}{5}$（定理 15.3 を用います。）

   (2) $\infty$（例 15.2 で，$\alpha = \sqrt{e}$ とすればよい。）

2. (1) 4（定理 15.2 を用います。）

   (2) $\sqrt{3}$（まず，$\displaystyle\sum_{n=0}^{\infty}\left(\frac{1}{3}\right)^n x^{2n+1} = x\sum_{n=0}^{\infty}\left(\frac{1}{3}\right)^n x^{2n}$ と表して，偶数番目を加えた級数として収束・発散を調べる。例 15.3 で，$a = \dfrac{1}{3}$ とすればよい。）

3. 1（数学的帰納法によって $n! \leqq n^n$，$n = 1, 2, \ldots$ が示されるので，$1 \leqq \sqrt[n]{n!} \leqq n$ となります。よって，$1 \leqq \lim_{n \to \infty} \sqrt[n]{\sqrt[n]{n!}} \leqq \lim_{n \to \infty} \sqrt[n]{n} = 1$ です。したがって，定理 15.3 より，収束半径は 1 になります。）

4. 例 14.1 から，$|x| < 1$ に対して，$\dfrac{1}{1+x} = \displaystyle\sum_{n=0}^{\infty}(-1)^n x^n$ なので，この式の両辺を積分して，

$$\int_0^x \frac{1}{1+x}\,dx = \int_0^x \sum_{n=0}^{\infty}(-1)^n x^n\,dx$$

となります。右辺に対して，定理 15.5 を用いて，証明する式に至ります。

### B

1. $\displaystyle\sum_{n=0}^{\infty} \frac{(-1)^n}{2n+1} x^{2n+1}$（問題 A-4 と同様に，$|x| < 1$ に対して，

$$\frac{1}{1+x^2} = \sum_{n=0}^{\infty}(-1)^n (x^2)^n$$ を利用します。この式の両辺を積分して，

$$\int_0^x \frac{1}{1+x^2}\,dx = \int_0^x \sum_{n=0}^{\infty} (-1)^n x^{2n}\,dx \text{ となります。右辺に対して, 定理 15.5}$$

を用いて, 右辺 $= \displaystyle\sum_{n=0}^{\infty} \frac{(-1)^n}{2n+1} x^{2n+1}$ です。

　　すなわち, $\tan^{-1} x = x - \dfrac{x^3}{3} + \dfrac{x^5}{5} - \cdots + (-1)^n \dfrac{x^{2n+1}}{2n+1} + \cdots$ となります。)

2. $\dfrac{2}{1+\sqrt{5}}$ (与漸化式において, $\dfrac{a_{n+1}}{a_n} = A_n$ とおけば, $A_{n+1} = 1 + \dfrac{1}{A_n}$ をみ

たすことがわかります。また, $a_0 = a_1 = 1$ より, 任意の $n$ に対して $a_n > 0$

ですから, $A_n > 0$ になります。$\displaystyle\lim_{n\to\infty} A_n = \alpha \geqq 0$ が存在すれば, $\alpha = 1 + \dfrac{1}{\alpha}$

より, $\alpha = \dfrac{1+\sqrt{5}}{2}$ となるので, 収束半径は $\dfrac{2}{1+\sqrt{5}}$ となります。$\alpha$ が存在

することは, 2 階線形同次漸化式の解が, 特性方程式の解のベキの一次結合

によって表されることから示されます。)

# 関連図書

[1] 熊原啓作, 押川元重『微分と積分』放送大学教育振興会 (2012)

[2] 熊原啓作, 河添健『解析入門』放送大学教育振興会 (2008)

[3] 熊原啓作, 室政和『微分方程式への誘い』放送大学教育振興会 (2011)

[4] 小松勇作『解析概論』廣川書店 (1962)

[5] 佐藤恒雄, 吉田英信, 野澤宗平, 宮本育子『初歩から学べる微積分学』培風館 (1999)

[6] 丹野雄吉, 福田途宏, 日野義之, 安田正實『教養の微分積分』培風館 (1985)

[7] 戸田暢茂『微分積分学要論』学術図書出版社 (1987)

[8] 柳原二郎, 飯尾力, 越川浩明, 沢達男, 西尾和弘, 長谷川研二, 山川陸夫『微分積分学』理学書院 (1989)

[9] 矢野健太郎, 石原繁『微分積分 (改訂版)』裳華房 (1991)

# 索引

●配列は五十音順。

# 著者紹介

## 石崎　克也（いしざき・かつや）

| | |
|---|---|
| 1961 年 | 千葉県に生まれる |
| 1985 年 | 千葉大学理学部数学科卒業 |
| 1987 年 | 千葉大学大学院理学研究科修士課程数学専攻 修了 |
| 現在 | 放送大学教授・博士（理学） |
| 専攻 | 函数論，函数方程式論 |
| 主な著書 | 『数理科学 —離散モデル—』（放送大学教育振興会） |
| | 『微分方程式』（放送大学教育振興会） |
| | 『身近な統計』（放送大学教育振興会） |
| | 『数理科学 —離散数理モデル—』（放送大学教育振興会） |

放送大学教材　1760165-1-2211（テレビ）

改訂版　入門微分積分

発　行　2022 年 3 月 20 日　第 1 刷
著　者　石崎克也
発行所　一般財団法人　放送大学教育振興会
　　　　〒105-0001　東京都港区虎ノ門 1-14-1　郵政福祉琴平ビル
　　　　電話　03（3502）2750

市販用は放送大学教材と同じ内容です。定価はカバーに表示してあります。
落丁本・乱丁本はお取り替えいたします。

Printed in Japan　ISBN978-4-595-32354-6　C1341